解密「你」的大腦設計圖

香蒂爾·帕特
Chantel Prat

著

王年愷 譯

The Neuroscience of You

How Every Brain Is Different and How to Understand Yours

獻給賈絲敏、安德烈和可可琳娜——
謝謝你們深愛著我，我也愛你們。

目 次

序
從我的大腦到你的大腦

　　俗話說，每個人腦袋裡都有一本書，但從來沒人說過把這本書寫**出來**會有多困難——至少沒人跟**我**說過。老實說，就算有人跟我提過，我大概也聽不進去。我的大腦是那種「要摸一摸火爐才會知道**有多燙**」，才能學會一件事的腦袋。說實在的，就算我一路走來偶爾會被燙傷，這依然讓我十分感激，因為假如我不是這樣的人，很多困難的事情我可能就不會去做了，那麼我就寫不出這本書。我為了寫這本書學到很多事情，就算你讀完後只有學到**一半**，那也很值得了。

　　這是我第一次寫作一整本書，但這個經驗完全不「正常」，姑且不論「正常」是什麼樣子，這個經驗有大半發生在二〇二〇年開始的超大型實驗當中——而且我相信，實驗開始之前沒有人簽過同意書。你應該知道我在說什麼吧？就是那個跟某個病毒有關的事。我認為這是心理學家所謂「先天與後天之爭」的超暴力版：你生而為**你**，到底有多少是取決於你的生

理組成，有多少是你對環境的反應？新冠疫情大爆發時，很多人日常例行的事情突然變了，取而代之的是無時無刻不對自己和親友的健康感到焦慮。

　　幸好，我的「日常工作」是西雅圖華盛頓大學的科學家和教授，因此我有些工具可以幫助我理解這種情況下會發生哪些事。但如本書後半所言，我就算知道這些事，也沒有馬上就因此做得更好。我看著我的生活轉變，有一部分被迷住，有一部分卻無比恐慌。我看到自己的感受，也看到周遭的人怎麼因應生活的劇變，當中的種種差異深深吸引了我的注意。有些人是「這輩子從來沒這麼健康過」，但我就沒什麼變動。有些人會互相交流食譜，然後一心一意想做出世界上最棒的酸種麵包。我自己不僅比以前**更少下廚**，就連以前我說「只要有時間，就一定要做」的事，**我一項**都沒有做到。

　　我到底做了什麼呢？我竭盡所能把 Netflix 上的節目全部看完；我逼著我先生玩了不知道多少小時的《瘟疫危機》（*Pandemic*）──這是一款桌遊，目標是解救全世界脫離病毒大流行；我吃得像頭豬一樣、喝酒也遠比平常多，在夜深人靜時，我看著肚子越來越凸，不禁又問了當初讓我踏入這個研究領域的問題。

　　「我為什麼會**像**這個樣子？」

　　這個問題的答案其實很簡單，但從生物學和哲學的角度來看，相關的討論可以塞滿一整個書櫃。

　　我的**大腦**讓我像這個樣子。

我還記得最初意識到這件事的**那一瞬間**，以及那一瞬間有多快改變了我的一生。那時我十九歲，《天才小醫生》（*Doogie Howser, M.D.*）影集看了太多之後，正準備申請就讀醫學院。那時我在購物中心的鞋店裡工作，由於還差最後一項申請條件，我就到附近的短期大學報名去上一門跟工作時間錯開的心理學課程。第一堂課的時候，講師就講了費尼斯·蓋吉（Phineas Gage）的故事。

費尼斯·蓋吉是一名鐵路工人，一八四八年在工作時一不小心，一根鐵棍從左臉頰向上刺穿他的頭部，導致他的大腦有一大塊受損。就算有現今的醫術，受了這樣的傷也很難存活——但蓋吉竟然有辦法直接站起來走掉，這實在匪夷所思。意外發生後，他的身體機能和心智多半漸漸恢復「正常」，但由於他大腦的額葉（frontal lobe）受損，**個性**發生了根本、永久的變化。[1]蓋吉原本受人敬重又十分可靠，能理性地規畫和執行各種事情，但意外發生後，他的醫生這樣形容他：「易怒、無禮……[2]幾乎無視他的同伴，無法接受與一己所願相違的建言，也難以克制自己，時而冥頑不靈，時而又善變無常，往往計畫接下來要做一件事，但又立刻改變計畫去做其他看似更好做的事。」簡單來說，蓋吉大腦受傷後，**整個人**就變了。

我覺得這**太有趣了**。

那天下課時，我就在思索這件事：人類大腦只不過是一個器官，跟心或肺沒什麼兩樣，但就是因為這個器官在運作，你才會是**你**。肺讓血液含氧，接著心臟把含氧血循環到全身

各處，最後大腦再用含氧血製造出能量，產生出所有讓你是「你」的想法、感受、情緒和行為。只要大腦變了，人就會跟著改變。

疫情開始大流行後大約三個月，我察覺到一件事：**我自己**的大腦也在改變，只是幅度沒那麼大（而且希望這不是永久的改變）。此時我的大腦浸在皮質醇（cortisal）裡，這種神經化學物質跟長期壓力相關，[3]「應該這樣做」和「想要這樣做」這兩股動力在我的大腦裡拉鋸，讓它難以找到兩者之間的平衡。還有一件事我想大家都知道：長期壓力過大，**會嚴重**損害創造力。

幸好，我在寫〈調和的學問〉一章時靈光乍現，讓我看到另一種觀點：我意識到**為什麼**每個人對疫情的反應都不一樣。說到底，每個人面對壓力時為什麼會有不同的反應，就跟為什麼有些人第一次吸大麻時會感到惶恐不安，有些人卻只是覺得餓一樣：這都得回到先天與後天之爭，而且答案幾乎都是「跟兩者都有關」。每個人生理上的基準本來就有差異，**再加上我**們的生命經驗之後，這一切都會影響我們面對環境變化時的思考、感受，以及**反應**方式。我也知道，在這樣的情況之下，**我的大腦**已經盡它所能了，它一定會盡其所能。我由衷希望**你的大腦**讀完我們合力完工的成果後，會喜歡學到跟它自己有關的知識。

緒論

關於「你」的神經科學概論

首先我得說：我真的很高興，能有機會向**你**介紹**你自己**的大腦！畢竟被你的大腦控制的人是你，假如我比你對它更熟識，這樣實在不太對。當然，我從事這方面的研究有一陣子了，所以已經搶先你幾步。我在一九九〇年代中進入大腦發育實驗室工作，從此之後我一直處在神經科學、心理學、語言學和神經工程的交會點。我的研究目的相當直白，但一點都不簡單——我想要弄懂大腦功能的**差異**會怎麼影響我們處理資訊的方式。簡單來說，我想要知道你和其他像你一樣的人是怎麼運作的。

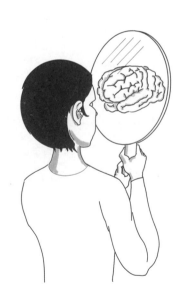

我相信大多數的讀者多多少少都知道，你之所以會有獨特的思考方式、感受和行為，一定和你大腦的運作方式有關；但是，市面上絕大多數的神經科學書籍都採用一體適用的觀點，這也是這個領域超過一世紀以來的主流看法。我們得面對一個事實：任何「一體適用」的東西，其實對**任何人**都不完全適用。事實上，我在現實世界中觀察我和別人的互動，而當中最有趣、獲益最深的，正好印證了我在工作中學到的新知。

我們的運作方式**並非**完全一樣。

這本書不只是說明**大多數**的大腦怎麼運作，更要讓你理解**你的**大腦怎麼運作。雖然這一句話可能只是老調重彈，但是每一個人的頭腦確實都獨一無二。即使是同卵雙生的連體嬰，大腦也會有所不同！你或許會覺得訝異，不過即使是健全的人類大腦也會有一些差異，而這些差異可能對大腦的運作方式有深遠的影響。

還記得二〇一五年在網路上瘋傳的那條裙子嗎？當時大家為了它的顏色爭論不休：它到底是「藍色和黑色」，或是「白色和金色」？*那張照片之所以有**好幾百萬人**關注，我想是因為：大腦會讓我們看到它建構出來的真實情況，而且這對我們**深具說服力**。「裙子是什麼顏色？」這麼基本的問題，竟然也會出現不同的解讀，實在有點讓人震驚。不過，等到你讀完〈適應〉一章後，應該就可以理解不同的大腦看到「藍黑白金裙」後，為什麼會辨認出不同的顏色。你對那條裙子的感知不會改變，但你可能會對「眼見為憑」這幾個字有新的認知，

因為你等一下就會學到這件事：我們的大腦在運作時會有所差異，而這些差異不僅會影響我們看待世界的方式，我們在這個世界裡活動時，各種決定也會受此影響。

準備好認識你的大腦了嗎？

雙手握拳，然後把兩個拳頭轉一下，讓你的大拇指面向自己，再把雙手的指關節靠在一起。看吧！你的大腦差不多就是**這麼大**。

是不是小得有點出乎意料呢？

它也許比你想的還要**小**，但它很**強大**。在這一團大約一‧五公斤的東西裡，有大約八百六十億個叫做「神經元」（neuron）的腦細胞在產生訊號，「外在世界」的物理能量要轉變成**你**所認知的現實，全部由它們一手包辦。† 當然，它在「閒暇時間」裡還得控制你的各種生理機能，讓你活著。大腦的重量大約只佔你體重的2%，[1] 但由於它需要做的事情非常重要，因此它隨時都在消耗你全身**至少**20%的能量。換句話說，你的大腦運作起來**很貴**。

更不用說它的設計有多麼出色。由於大量的腦力必須裝進一顆可以移來移去的頭顱裡，大型的腦部在這樣的演化壓力之下便出現腦迴化（gyrification）的現象，也就是大腦表面反折

---

* 假如你錯過了這一切，英文維基百科的「The Dress」條目（中文維基百科：「藍黑白金裙」）裡有當時的照片。

† 既然現在是雙手握拳，那應該要講「兩手包辦」才對──對不起，這是個冷笑話。都是我的大腦害的啦！假如你不想再看註解也沒關係，這是我自找的。

回來，[2]以便塞進更小的空間裡。這個過程就像是把一張紙揉成紙團一樣。假如把大腦表面具有強大運算能力的神經元——也就是大腦皮質（cerebral cortex）——「攤平」開來，它的面積大約跟兩個中型披薩一樣。[*][3]另外，由於腦細胞在裡面塞得密密麻麻的，大腦和其他人體器官不一樣，根本沒有空間存放備用能量。因此，它必須有**持續不斷**的葡萄糖供應，就算是在你睡覺時也不能間斷。簡而言之，我們就算沒把身體能負荷得了的腦力全部消耗殆盡，老實說也幾乎罄盡了。

但你大概還在疑惑，拳頭般的大小到底和大腦的運作有什麼關係？我可能得先跟你說：假如你以為看了這本書之後，發現自己有一雙巨手，就自認你的大腦比一般人更好、更快、更強大，那你恐怕就要失望了。[†]請不要誤會：在某些情況下，越大**確實**越好，但這不是本書的重點。你之所以會是**你**，是因為大腦某些重要的特性使然，但這些特性多半可不是「越大越好」這麼簡單。

舉例來說，我們來看看麥可‧麥丹尼爾（Michael McDaniel）的論文〈頭腦越大的人越聰明〉（Big-Brained People Are Smarter）。[4]麥丹尼爾收集了超過一千五百人的資料，分析腦容量和標準化智力測驗的關係。從這篇論文的標題來看，大腦越大的人**確實**更常在智力測驗獲得高分。[‡]根據他的分析，這兩個變數的**相關性**——這指的是當你知道某一個變數（像是大腦的大小）的數值時，能否推得另一個變數（像是智力測驗分數）的數值——是 0.33。假如取這個數字的平方，再乘

以100，就能得到另一個更容易理解的數字：其中一個變數數值的差異性，多大程度上受另一個變數數值影響。以這個例子來說，這個數值是10.89％；換言之，假如你要想辦法解釋為什麼大家的智力測驗成績不一樣，知道每個人的大腦有多大，只足以解釋這些差異的近11%。沒錯，這樣的確能解釋不少，但我**希望**你看到這個數字後，就會去想**剩下的**89%要怎麼解釋，畢竟任何智力測驗的成績都是大腦百分之百造成的。

你的大腦是怎麼建構的

人類大腦的差異──或者說，最起碼是我的大腦替我打造出來的模樣──其實遠比「越大越好」更複雜。§這不無道理，畢竟在過去幾億年裡，演化機制**老早**就在努力運作，在我們的頭殼裡塞進越來越多的腦力。但是，演化機制雖然塑造出**你的**大腦，卻不太在意大腦到最後究竟變得多大。一顆大腦到

---

* 實際面積大約是二‧五平方英尺（〇‧二三二二平方公尺，或〇‧〇七坪）。

† 光從統計數據來看，假如你真的有一雙巨手，你可能真的比一般人強壯，但**這**完全不是重點。

‡ 我盡可能不用「更聰明」、「智力更高」等字眼，來描述在智力測驗中獲得高分的人。「智力」是什麼？該怎麼去衡量？這些問題科學家至今仍然爭論不休。基本上，我的看法和心理學家艾德溫‧波林（Edwin Boring）一樣，他在一九二三年寫道：「『智力』只不過是智力測驗測出來的東西。」[5]

§ 若非如此，抹香鯨光是憑牠們重達十公斤的巨無霸大腦，早就成為世界的霸主了。

底有多麼**成功**，看的是它怎麼驅動它所處的軀殼，讓這個生物的身體在世上生存，而且至少存活到找到願意跟它繁衍後代的另一顆大腦。經年累月下來，各式各樣的大腦紛紛演化出來，每一種都分別針對各種軀體所處的周遭環境，發展出最適切的構造來驅動這些軀體。*

我也得在這裡提醒你一件事：這本書並不會教你怎麼找到另一半，不過最後一章〈連結〉確實會描述兩顆大腦分別創造出自己的世界之後，彼此之間在溝通時會碰到什麼挑戰。這本書只會專注在**你的大腦**，而且這臺巨大的資訊處理機器只屬於你。正如引擎的各個元件會合力將電池或燃料燃燒的能量轉換成機械力，讓車子移動，不論是什麼樣的大腦，用途都是將外在環境中的物理能量轉換成它能利用的資訊，好讓它能做出決定，以增加它在這個世界裡的生存率。

但問題來了：你的大腦身處在一個**無止境**又不斷在變化的環境裡，而大腦再怎麼強大，力量也是有限的。它在應付外在世界的資訊時，必須分成一個又一個的小區塊來處理。這種做法就像是拍下一連串低解析度的截圖，然後用這些截圖拼湊出一整部電影。大腦在這樣做時，必須下幾百萬個決定，來判斷哪些資訊才是最重要的，當資訊有缺漏時又得從線索一步步拼湊出全貌。在這本書裡，你會看到不同的大腦會用不同的方式，來控管它們先天的限制。

不同的引擎會用不同的機制（像是汽缸的數量，或是傳動系統的種類），將能量轉變為機械運動。同理，每個大腦都有

各種設計特徵，當大腦吸收不完整的資料時，這些功能會決定大腦怎麼重建這些資料；另外，各種驅動**你自己**的想法、感受和決策模式，也是這些大腦特徵製造出來的。我們就是要從這裡切入，來弄清楚**你自己**的大腦是怎麼運作的。我在實驗室裡有各種光鮮亮麗的儀器來直接測量，但既然我們現在沒有這些儀器，就只能透過你思考、感受和行為的方式，用逆向工程來重建你的大腦。

我在接下來的章節安排了一系列的評測，讓你更清楚你的大腦是怎麼設計的。[†] 等到我們開始進行逆向工程，每次提到各種設計特徵時，你會知道它們分別有什麼樣的成本效益。這很合理，畢竟演化機制長期運作，就是要把無法在任何情況下適用任何人的設計給淘汰掉。沒錯，在某些特定的狀況下，某一種大腦可能會比另一種大腦更有用，但另一種大腦很有可能在某些其他狀況下更有用。

換言之，假如問哪一種大腦才是「最好的」，有點像是在問 Honda Civic 房車和 Subaru Outback 休旅車哪輛比較好。我的確有我自己的想法，但說實在的，這兩款是不同的車型，分別針對不同的需求來設計。要說哪一款比較好，得看你想用車子

---

[*] 一個特別出色的例子是章魚：牠有八個大腦，分別控制牠的八條腕足，另外還有一個小型的中樞神經系統，負責協調這些大腦之間的活動。假如叫一顆章魚大腦操控人類身體，光是要驅動這個人穿上褲子就已經夠牠忙翻天了。

[†] 如果你讀完這本書後，還想更了解你的大腦，歡迎到我的網站 chantelprat. com 點選「Brain Games」頁面，進行更多大腦評測。

來做什麼。接下來，當你試著理解你的大腦怎麼運作，我**希望**你能記住這一點：這本書的目標不是讓你「脫穎而出」，而是幫助你「找到最適合的道路」！

在二〇〇〇年，倫敦計程車司機的大腦有一陣子成為熱門話題，[6] 他們的大腦正好印證了上一段的主旨。在取得倫敦計程車司機執照前，考生必須通過一項難到無法想像的測驗，測驗的名稱也同樣嚇人：倫敦知識大全（The Knowledge）。在這項測驗裡，考生必須記下大倫敦都會區超過兩萬條街道的排列方式——要完成這項壯舉，得有非常強大的記憶力才行。我的腦袋裡可以說只有一關機記憶就會消失的RAM，沒有可以長期存放資料的硬碟，你大概可以想像，像我這樣的人參加測驗一定會馬上被刷掉。事實上，報名的人就算花了兩、三年準備，最後只有不到50%[7]的人通過測驗！而且，倫敦計程車司機的大腦和沒有開計程車的凡人大腦相比也不一樣，這些差異反映出他們超強的記憶能力。大腦內有一區叫做海馬迴（hippocampus），顧名思義形狀有如海馬，其中最常被認為與空間記憶相關的是海馬尾巴那一帶；事實上，倫敦計程車司機的海馬尾巴比平均值**更大**。* 但是，當這件事讓他們名揚國際時，還有另一件事卻被大家忽略了——計程車司機的海馬頭部比平均值**更小**！

愛爾蘭神經科學家艾莉諾・馬奎爾（Eleanor Maguire）發現倫敦計程車司機的大腦異於常人之後，進行了一項追蹤研究來理解這種奇特的大腦設計會有哪些影響。計程車司機的大

腦在運作時，必須避免車子在鬧街穿梭時撞到東西，因此馬奎爾為了控制這一項環境變因，挑選的對照組是倫敦的公車司機，[8]因為他們的大腦也需要在相似的環境下運作。雙方的頭腦相比，結果相當有趣：在辨認倫敦地標、判別常見目的地之間的距離等測驗裡，計程車司機的表現比公車司機好，但公車司機卻比計程車司機更擅長憑記憶畫出複雜的圖形，以及背下一長串的單詞。換言之，計程車司機的大腦顯現出某一方面的記憶力增強——這讓他們在研究地圖時，可以從中獲得大量的空間資訊。不過，這項能力增強時，其他記憶能力也會出現相當程度的**減損**，因為腦內負責其他功能的鄰近部位會受到排擠。計程車司機和公車司機，究竟誰更**聰明**？拿這個問題問他們，我想一定能讓他們吵個老半天；但從測驗結果來看，他們表現相同的項目其實比有差異的項目更多，其中表現相同的測驗包括記憶故事的能力和辨認人臉的能力。

　　這本書談論的是大腦構造的原則，而計程車和公車司機的大腦正好印證了其中幾項原則。第一項是成本和效益，假如馬奎爾當時沒有去深入了解原因，我們很可能就直接認為越大**一定就**越好。在計程車司機的大腦裡，負責空間記憶的部位較大，因此更能背下大量的地圖；而且，假如我在路上隨便問人想不想要更好的記憶力，大多數人一定想要。但是，假如我的問題變成：你想要記住大量的空間資訊，還是要記住購物清單

---

* 　如果你想知道為什麼會這樣，請繫好安全帶，下一章就會說明了。

或憑記憶畫出只看過一眼的東西？你的答案可能就取決於你的需求，或是你想用大腦來做哪些事，對吧？

這裡又要回到大腦設計的第二個重點：假如不先想一想你會拿它來做**什麼**，光問「哪一種設計比較好？」沒有意義。前面曾以Honda Civic房車和Subaru Outback休旅車來比喻，但不同的地方是，外在環境和需要處理的工作也會塑造大腦的模樣。換言之，你現在的大腦也許像一輛Subaru Outback、Honda Civic，甚至是Ford F-150貨卡，但你出生的時候它可能比較像一輛金龜車或Fiat 500，而你經歷過的各種事情**把你**塑造成現在的樣子。

在接下來的篇幅裡，我會描述一些大腦設計的特點，藉此讓你更了解你的大腦，當你生活在自己所屬的環境裡，這些特點的影響最大。第一部分會由內而外，談論各種影響大腦樣貌的生物壓力，包括讓大腦不同區域出現特化功能的不對稱特性，以及驅動腦內通訊系統的化學物質。在第二部分裡，我們會看看外在壓力怎麼一面形塑你的大腦，一面跟它先天的設計互動。大腦若要成功，它需要做到哪些事？這些事可能用不同的方式來完成，這些方式又會怎麼反映在各種的大腦設計裡？我們可能會想要大腦有適應不同環境的能力，或者想要理解別人、和別人交流的欲望等等，當我們實際看到大腦在運作時的反應，就會發現一些明顯的差異。但在講這一切之前，我想先灌輸一點**背後的理論**，讓你更懂這句話代表的意義：「你的大腦讓你變成這個樣子。」

「不一樣」是什麼意思？

我樂於承認這件事：假如我看了一本書之後（不管是文學或非文學書），覺得自己的怪異之處其實再**正常**不過，我會感到非常欣慰。但是，我對**正常**和**不正常**的定義很可能跟你不一樣，所以我們應該拿這個當作討論的起點。首先要注意：「正常」和「不正常」幾乎不會是單純的二分法。我們這些**懂門道**的科學家可不會看著一群人，腦子裡就直接指認這些人「正常、正常、正常、**怪人**、正常、正常」。我們不可能這樣子做事的。

實際情形是這樣的：不論你想研究的是一個人對未來有多樂觀，或是他的頭腦有多大，任何你想要研究的主題通常都能轉化成一些數值來描述。這樣一來，我們會問的問題就是：你在「正常範圍內」，或是「正常範圍外」？可是，我們又怎麼知道範圍是什麼？

這裡就要講到一件不是大家都理解的事：我們得先理解造成人與人之間有所差異的本質，才能**以科學的方式**定義「正常」與「不正常」。我們在下定義的時候，必須記住**正常**有兩種不同的定義方式：一、某一種形態有多麼典型，或多麼不典型？二、這種形態是否能夠運作？

就以注意力不足過動症（ADHD）為例，因為我在這方面既有個人經驗，也有專業經驗。根據美國精神醫學學會（American Psychiatric Association）《精神疾病診斷與統計手

冊》（*Diagnostic and Statistical Manual of Mental Disorder*）的定義，病患必須有至少**五項**[9]注意力不足（或過動）[*]的症狀，而症狀必須持續至少六個月，且對社交、學習和工作有負面影響，才能診斷為ADHD。這些症狀包括：因不注意而犯錯、不注意細節、難以維持專注、難以聆聽別人、無法完成工作或遵從指示、東西雜亂無章、避開需要長時間用腦的工作、遺失東西、容易分心和健忘。假如你看了上述的症狀後驚覺「天啊，這根本就是在說我！」，會這樣想的不只有你，我曾經有一位絕頂聰明，但生產力大起大落的學生，他在讀研究所期間被診斷出ADHD之後，我就開始懷疑我和我先生安德烈（Andrea）到底有沒有在「正常範圍內」。[†]

還好，我研究的主題正好也包括專注的能力，只是我是從「不同的大腦會用哪些不同的方式」這個角度切入。在接下來講「專注」的一章裡，你會看到不論是什麼樣的大腦，要它「付出」力氣來注意一件事都所費不貲，但有些人明顯更有能力維持注意力，不被其他事物分心。

不過，挑戰來了：假如我用實驗室的測驗把人分成「正常範圍內」和「正常範圍外」兩大類，這是因為我希望觀察某個行為有多麼**典型**。教師用曲線來評分的時候，會根據全班平均來加權每個人的分數（通常會把平均分數定為C）；同理，科學家在研究某個群體時，可以藉由統計數據推估在這個群體裡觀察到某種思考方式、感覺或行為的機率，來判定典型與否。不過，機率要多低才算「不正常」？這個界定就有點說不出道

理了。大多數科學家習慣把界線畫在95%：在這95%裡面的人「屬於正常範圍」，剩下5%的極端值就是「不正常」的。

　　但當你畫出界線後，就會發現界線兩邊各有一個人，雖然被歸到**不同的**類別裡，但他們的表現卻和同類別大多數人不一樣，反而是兩人彼此之間更加相近，可是一個人落在「正常範圍內」，另一個人卻在「正常範圍外」。假如你是被歸到「正常範圍外」的那個人，就更容易獲得協助，像是相關單位根據這個類別裡多數人的情況來提供的治療和服務。但那位落在「正常範圍內」的同伴，遇到的困難很可能和你非常相近，卻得不到相關的關注和資源。不過反過來說，他們也不會被冠上「不正常」的標籤，以及隨之而來的偏見或歧視。

　　精神醫學學會的手冊會以「真實生活中」干擾注意力的情況當作診斷的依據，但假如我**硬是**用注意力實驗裡的典型表現來把人們分類，這樣會不會對應到手冊裡的診斷條件？簡單來說並不會，原因如下：人的「抗擾」能力不是單獨存在的，而

---

* 　假如你想知道的話，過動的症狀包括：焦躁、手腳躁動、無法坐著不動或久坐、在應該靜止時仍然跑跳或坐立難安、聒噪、在聽完問題前就搶先回答、做事情難以等待輪到自己的時候，以及經常打斷別人的話。

† 　看到這本書有多少註解之後，我有沒有在「正常範圍內」，你可能已經自有評斷了[10]——但認真說，假如你想要知道更多，我強力推薦《分心不是我的錯：正確診療ADD，重建有計畫的生活方式》（*Driven to Distraction: Recognizing and Coping with Attention Deficit Disorder*）這本書，作者愛德華・哈洛威爾（Edward Hallowell）和約翰・瑞提（John Ratey）兩人都有ADHD，也都有相關的臨床專業背景。

是和大腦裡各種其他功能並存，有可能因而受阻，也有可能和其他功能互補。除此之外，這顆大腦也身處在現實環境之中，大腦本身的設計特徵有可能非常適合這個環境，也有可能不適合。

這就是為什麼ADHD的診斷不是看典型與否，而是以**功能性**（functionality）為主。臨床醫生不會到實驗室裡測試病患有多麼容易分心，而是問他各種問題，看他的狀況是否「對日常功能造成負面影響」。事實上，根據美國疾病管制與預防中心（Centers for Disease Control and Prevention，CDC）的數據，有9.4%的美國兒童被診斷患有ADHD，而且比例還不斷增加。假如將近十分之一的兒童有ADHD，這種情況就不能算**不正常**了，對吧？我要講的只有一個重點：當我們討論大腦的構造時，假如要定義什麼是「正常」的樣子，我們必須知道有**典型性**（typicality，某項設計特徵在大腦裡出現的頻率）和**功能性**（某項設計特徵是否能讓人在周遭環境裡運作良好）兩種不同的判斷標準。

「WEIRD」的科學

更麻煩的事還在後頭。容我提醒你一件事，讓你思考一下以往我們在定義**典型性**和**功能性**的時候，文化扮演了什麼樣的角色。首先，不管你是科學家，或者只是吸收科學知識的一般人，在討論**典型性**時都需要問自己一個重要的問題：當我們推

斷世人會是什麼樣子時，他們和科學研究的對象是否一致？

　　這問題的答案幾乎一定是「不一致」。演化生物學教授約瑟夫・亨里奇（Joseph Henrich）和同事用犀利的文字指出，我們研究的對象（也就是說，我們用這些人來定義**典型性**）其實是WEIRD的「異類」。[11]換言之，我們對於人類運作方式的認知，**絕大多數**來自以某一個群體為對象的學術研究，也就是西方（Western）、受過教育（Educated）、工業化（Industrialized）、富裕（Rich）、民主（Democratic）國家的人，其中多數又是白人大學生。假如你跟我一樣經常和大學生相處，這個事實可能會讓你有些不安。＊

　　我不會粉飾這個事實：這本書談的的科學研究，包括一些我自己的研究，都有不少以WEIRD群體為樣本。這樣當然侷限了我能怎麼幫你理解**你**是怎麼運作的，假如你不屬於WEIRD族群，這個阻礙又更明顯。我們現在做神經科學實驗會盡可能讓受試者多元化，所以如果你想把你的大腦借給科學家用一用，或者只是想要更深入了解這件事，歡迎你到我的網站chantelprat.com點研究相關的連結。雖然當今的研究有明顯的缺陷，我還是深信**所有人**的大腦都適用這本書談論的基本原則：大腦作為生物體可以佔據什麼樣的空間？我們的環境又會

＊　請不要誤會，我喜歡和尊重絕大多數跟我接觸的學生，但他們的腦袋有太多地方只對青澀大學生的同溫層有用，我實在很難想像要怎麼把他們當作標準，來看所有人類是怎麼運作的！

怎麼影響這些空間，並且與之互動？

　　這就要帶到第二點：我們在定義某一種思考、感受或行為方式的**功能性**時，文化會扮演什麼樣的角色？公車和計程車司機就是一個淺顯易懂的例子，說明大腦設計的**功能性**取決於大腦運作的周遭環境。「容易分心」也有可能是有用的功能，你應該能想到這個能力在某些職業裡會很有用：或許你在工作的時候必須察覺環境裡突如其來的變化，還得想辦法來**因應**這些變化？在〈適應〉一章中會再詳細說明，人類的大腦很有可能是在這種情境之下演化的，而不是在辦公室或教室裡朝九晚五的生活。

　　說了這麼多，只是要說明這本書**沒法**讓你知道你的大腦是否正常，或是它否能運作。就算我**真的**想告訴你，我也沒資格。整體而言，我在實驗室裡觀察的對象都屬於「典型」這一類的人。*當一個人被指是「不正常」的時候，到底是**什麼意思**？我很希望我的研究可以幫助我們弄懂這件事，但同時我也必須說，假如這個世界不這樣把大家分類，我完全不會在意。

　　假如我們把每個人當作立體、多面向的個體來理解，也就是把他們當作真真實實的人來看待呢？這樣的世界觀一定會讓教育、疾病診斷和治療更艱困，但我深信也一定會更有效。我希望ADHD的例子讓你理解一件事：我們生而為人，都座落在許多軸線的**某個位置**上。也許我們落在某個層面的極端裡，但這樣到底是不是**有問題**，還要看許多其他的因素身，其中包括我們身處的環境。反之亦然：也許我們的思考、感受或行為

方式**確實**有問題，但背後的原因不只有一個，而是由許多因素共同造成的，這些因素個別來看的時候，也許分別都在「正常範圍內」，但合併起來就變成一場超完美風暴。

在這本書裡，我會描述大腦裡的一些軸線，讓你更清楚認知到在這個多維度、由各種差異形成的空間裡，你會座落在哪個位置上。在**我**童年大腦成形時，電視上的弗雷德．羅傑斯先生（Fred Rogers）[†]對我影響深遠，他曾說：「我們生而為人，[12] 這輩子要做的事情是讓每個人發現自己有多麼珍貴，每個人都擁有別人沒有也不會有的東西。」正因如此，當這顆大腦聽到心理學家史迪芬．平克（Steven Pinker）說出這句話：「所有**正常人**[13] 都有相同的生理器官，……也一定都有相同的心理器官。」它馬上就在想：「這是什麼**屁話**！」[‡]

更何況菲董（Pharrell Williams）都說了：「都一樣就太無聊了。」

---

* 我也有和別人合作研究自閉症類群障礙（autism spectrum disorder，但要注意的是，這個類別裡也有很多差異）。

† 譯註：美國公共電視長年著名兒童節目《羅傑斯先生的鄰居》（*Mr. Rogers' Neighborhood*，臺灣曾有電視臺在一九九〇年代以《羅傑叔叔說故事》為名播出）的主持人，美、加兩國有將近半世紀的兒童深受其節目影響，其生平故事在二〇一九年改編為電影《知音有約》（*A Beautiful Day in the Neighborhood*）。

‡ 但在更高、更客觀的層面上，我知道我們兩個都錯了，只是錯的方式不一樣。

這一切到底有什麼差別呢？

　　認真來說，我想史迪芬‧平克並非想跟他的讀者說大家都**完全一模一樣**。我想他要表達的意思是，我們之間的差異到底**重不重要**，如果以我們的相同之處來對照，差異可能就更顯得不重要了。他說：「即使我們深深著迷於人與人之間的差異怎麼影響我們的生活，[14]只要我們開始探究心智是怎麼運作的，這些差異就顯得不重要了。」我這輩子的工作都在關注這種「不重要」的小事，但假如我暫且忘掉這件事，我懂他的意思。

　　為了把上述兩種觀點放在神經科學的框架裡，＊我要向你介紹另一種神經系統：這個神經系統的主人是一種線蟲（nematode），†名為秀麗隱桿線蟲，學名是 *Caenorhabditis elegans*，以下就簡稱為 *C. elegans*。這種線蟲的神經系統有高達三百零二個神經細胞（或者稱為「神經元」），而這些神經元又會與一百三十二條肌肉和二十六個器官連結。[15]簡單來說：*C. elegans* **並不複雜**。假如我們想要研究心智是怎麼運作的，我想就算是史迪芬‧平克也會覺得 *C. elegans* 和人類的大腦結構**確實有**顯著的差異；但就算如此，我們之所以能知道人類大腦的結構和運作方式，有許多知識其實來自對比較單純的樣本的研究。換句話說，假如我們要探究大腦是怎麼運作的，人類和線蟲的差異就顯得不重要了──至少在某個層面上是如此。

　　什麼？

　　到頭來，兩種生物的神經系統都是偵測資訊的機器，用

來收集身體與環境的資料，並根據這些資料來決定接下來要做什麼。‡它們為了做到這件事，使用了許多相同的機制。神經元是它們處理資料的基本單位，這種細胞十分奇特，會用巧妙的手法收集周遭環境相關的各種實證。它收到資訊後，會把當下情境的「摘要」傳到通訊鏈的下一個單位。神經元的接收端有樹枝狀的樹突（dendrite）§伸向其他鄰近的細胞，藉此試著偷聽它們對當下周遭環境的看法。神經元會看它接收到的訊號數量和種類，將每一刻的實證累積下來，一直等到它累積到一個門檻為止。到了門檻後──「碰！」它就會開始跟大家一起八卦，將自己的化學訊號釋放出來，進到其他神經元會來偷聽的空間裡。如果你想深入了解化學訊號怎麼開啟和關閉實體通道，進而改變神經元內部的電壓，再開啟更多條通道，可以到YouTube搜尋「動作電位」（action potential）[16]，就會看到各種酷炫的動畫。在這裡我們只需要知道：不論是 C. elegans 或人類，這種機制的運作方式基本上一樣。

---

* 　所以我才想要研究大腦──這樣我才能從抽象、哲學的領域，轉換到讓我比較安心的具體現實裡。

† 　事實上，nematode 只是寄生的「圓蟲」（roundworm）換一個好聽一點的名字而已。

‡ 　沒錯，圓蟲**真的**會自己做決定。

§ 　人類神經元的樹突遠比 C. elegans 來得精細。人類的每一個神經元可能會接收來自一萬個其他神經元的訊號；如果 C. elegans 的神經元要接收這麼多訊號，它得再找三十三隻圓蟲朋友串起來才行。

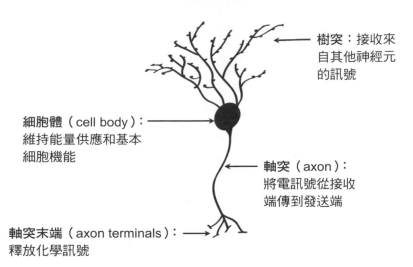

神經元的運作方式

樹突：接收來自其他神經元的訊號

細胞體（cell body）：維持能量供應和基本細胞機能

軸突（axon）：將電訊號從接收端傳到發送端

軸突末端（axon terminals）：釋放化學訊號

　　事實上，正因為人類和線蟲神經元的生理機能有太多相通之處，有上億美元的國家研究經費會注入 *C. elegans* 相關的研究。這方面的成果已經夠我們裝滿幾十本專書，[17]其中包括《秀麗隱桿線蟲基因組的神經生物學》（*Neurobiology of the Caenorhabditis Elegans Genome*）、《老化：秀麗隱桿線蟲教我們的事》（*Ageing: Lessons from C. Elegans*），還有我最喜歡的一本：《蟲蟲之書》（*WormBook*）。當然，看到我們有多少東西**和圓蟲**相同之後，你很可能會覺得人與人之間的大腦差異根本微不足道了。

　　不過，我們再來看看另一個極端：人類和黑猩猩的心智有

哪些**差異**呢？黑猩猩是最接近人類的近親，因此人類的大腦和黑猩猩的十分相似。這點應該不出你所料，畢竟人類和黑猩猩的大腦都根據DNA來打造，而這兩種生物的DNA有大約95%是一樣的。[18]但是，**光是**這5%的差異，就足以使得我能用一種**你我**都了解的符號系統來寫出一本書，而那些野生黑猩猩還在耗費大半的日子來覓食、為彼此理毛來維持社交連結。

這樣比較之後，你大概就能看出一件事：講到大腦和心智的關聯時，差一點就差很多了。但你沒當過黑猩猩，所以我們來看一些比較切身相關的例子。你還記得你在青春期的思考、感受和行為方式嗎？*你現在的大腦還有當年留下來的痕跡，一輩子下來的神經變化對你的心智影響甚巨。另一個更細微的例子：想想你在一天裡剛起床是什麼感覺，深夜時又是什麼感覺。光在一個二十四小時的周期裡，負責調節大腦律動的視交叉上核（suprachiasmatic nucleus）就會有神經化學訊號的變化，進而大幅影響你身體內部的運作。看到自己大腦和心智可能的差異範圍之後，你大概就能更加理解細微的差異可以有多麼**顯著**。但在你論斷這些差異到底**重不重要**之前，讓我先提一下它們隱含的科學意義。

拿我早年的研究當例子：大腦的兩個半球會怎麼合作，讓

---

* 在此鄭重澄清：這裡不是把青春期的人類大腦比作黑猩猩大腦。另外，假如現在在讀這本書的你正值青春期，希望這本書能替你不斷成長的大腦注入活力，讓你更了解你是怎麼運作的！

你理解讀到或聽到的故事？為了讓你更容易了解大腦此時需要替你做哪些事，我們用以下這一句來說明：

稻草堆很重要，因為布裂開來了。

（The haystack was important because the cloth ripped.）

這一句話的文法完全沒問題，但你讀了以後可能會有點摸不著頭緒。這倒不是因為你「看不懂」這句話，你八成知道每一個字是什麼意思，而且你的語言知識也能讓你知道字與字之間有什麼關聯。比方說，從這些字的排列順序可知，重要的東西不是布，而是稻草堆。另外，它重要的**原因**也一定跟布裂開來有關。但即使如此，你還是搞不懂這到底是怎麼一回事。

這是因為我們閱讀文字或聽到語言時，會有不同的**理解**層次。上一段的描述是第一個層次，也就是完全只看這一句話本身的語言資訊。第二個層次則是根據你對這個世界的認知，以及當下周遭環境的狀況，來詮釋這些資訊。

這句話讀起來感覺**怪怪的**，是因為它被斷章取義了。假如我告訴你，這句話出自一個跟**跳傘**有關的故事，你的理解會有什麼改變？如此一來，也許就真相大白了，你對這句話的認知原本可能只是各種片段的字義，現在變成一個你能想像的畫面，像是腦中出現一段影片一樣。如果真的是這樣，你原本已經對世界的樣貌有一些認知，像是你知道地心引力和跳傘是怎麼運作的，而大腦這時幫你把這些既有知識和看見的文字串連

起來。稻草堆為什麼會那麼重要，現在就變得清楚明瞭了。

關於上述的兩種理解方式，有一點相當耐人尋味：從我們針對腦部受損者的研究來看，這兩種理解方式似乎會用到大腦不同的部位。在我進行研究之前，一般的認知[19]是左腦（語言的資訊**通常**由左腦負責處理）*負責理解頁面上的字義，右腦（通常和視覺或空間思考有關）負責勾勒出情境。但我們會有這樣的認知，是因為我們將不同受試群體的研究結果取平均值後推得的，有關大腦運作的認知多半如此。

但在閱讀研究方面，包括我的研究所指導教授黛波拉・朗恩（Debra Long）在內的先驅學者告訴我們，人們閱讀文字後的理解方式**不盡相同**。[20]這時我就開始想：這方面的差異會不會跟大腦兩個半球的分工方式有關？為了探究這個可能性，我找了超過二百名閱讀能力各不相同的受試者，[21]研究他們讀完一則故事後，大腦兩個半球的記憶分別有哪些差異。

簡單來說，實驗方法如下：我們準備了許多簡短的情境描述，每個情境只有兩句長，出現在電腦螢幕的正中間；我們請受試者閱讀這些文字，並且想辦法將它們記下來。受試者讀了幾段情境後，會看到螢幕上閃過一連串的單詞，這些單詞有可能出現在螢幕的正中間，或是在我們請受試者注視的位置的左側或右側。他們的任務很簡單：假如有某一則情境描述用了某個閃過去的單詞，就要盡快按下一個按鈕。舉例來說，假設你

---

* 下一章會再詳細說明大腦兩半的分工。

讀完那個稻草堆的故事，「重要」兩個字閃過電腦螢幕，你就要回答「是」，因為故事裡有出現。

我們根據受試者的回應，反推出他們大腦的兩個半球分別怎麼處理這些故事。舉例來說，我們有時候會打出跟故事主題有關，但沒有在故事裡出現的單詞，像是「跳傘」。假如受試者花了比較久才回答這些字沒有出現，或者誤以為這些字有出現在故事裡，我們就有充足的證據知道他們**理解**故事的大脈絡。我們還會檢視句中兩個相關的單詞緊接著出現（像是「稻草堆」之後出現「重要」），跟不同子句的單詞接著出現（像是「布」之後出現「重要」）相比，受試者在前者的反應是否比較快，由此判斷他們的理解方式在語言上要怎麼歸類。

我們還有最後一招，用來判斷這些理解方式分別怎麼運用大腦的兩個半球。依照資訊從眼睛送往大腦的路線，視野焦點左邊的東西會先送到右腦，反之亦然。在健全的大腦裡，兩個半球最後還是會共用這些資訊，但受試者看到字出現在螢幕的左邊或右邊，會影響他們反應的速度和模式，這就成了大腦兩個半球分別怎麼處理句子的重要線索。

我們的受試者都是沒有診斷出閱讀障礙的大學生（換言之，他們都屬於**典型**的人），但他們的閱讀能力有差異，反映出他們的大腦運作模式有別──就右腦而言更是明顯。我們的數據顯示，所有受試者的左腦看起來**確實**都理解文字的語意（換言之，左腦都知道重要的東西是稻草堆，不是布），這和我們從受試者資料預期的結果一致。但是，閱讀能力較差的受

試者的右腦也會對這種語意上的文字關係有反應。這樣看來，語言顯然不是只有左腦在負責！在情境式理解方面，閱讀能力較差的受試者碰到像「跳傘」一類的字，大腦兩個半球的反應都比較慢，這表示不論是情境或文字語意，他們的左腦和右腦都會投入。相較之下，在閱讀能力較好的受試者身上，只有左腦才對情境有反應。閱讀能力最好的人的，右腦就跟《冰與火之歌》（*Game of Thrones*）的瓊恩‧雪諾（Jon Snow）一樣，什麼都不懂：「重要」一詞不管是接在「跳傘」、「布」，甚至是「烏鴉」之後，右腦的反應都一樣；另外，不論是單詞與故事主題相關（像「跳傘」），或兩者完全無關，右腦的反應速度都一樣。

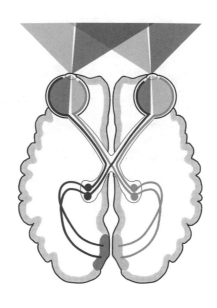

一切塵埃落定以後，我們看到一個現象：將許多閱讀能力不同的人，取其平均值時，我們會預期結果會有某一種特定的模式，但實驗的受試者**沒有任何一個人**符合我們預期的模式。這個道理有點像是審視一整個房間裡的人，說這群人的平均年齡是四十二歲，但房間裡有可能沒有任何一個人的年齡是四十二歲。回到大腦的例子：我們以前沒有真正理解大腦有哪些差異，這樣不僅讓我們的資料**不完整**，更導致我們在判斷閱讀理解能力和大腦兩個半球分別有哪些關聯時，得到**錯誤**的結果。

　　假如你還不懂我們為什麼要在意這件事，不妨設想一下：假設**你的**右腦不幸受損，你的醫生要你留意未來可能會出現哪些變化。如果需要進行非必要的手術，醫生要怎麼評估好處和壞處？

　　在我的職業生涯裡，我一直認為我們這個領域關注群體的平均值，雖然有利於理解大家的共同之處（像是各種感官運作的機制），卻也阻礙我們理解每個人獨一無二的地方（像是每個人會用什麼方法來理解故事、笑話，甚至是其他人）。我們用這種「一體適用」的方式來看人類的心智怎麼由人類的大腦產生，會有一個效應：我們在這方面的**認知**，不是忽略每個人的差異，就是認為這些差異不太重要。*舉例來說，至今仍有不少神經學家，甚至是醫生，認為語言理解能力完全由左腦負責。正因如此，即使從一百五十年前就有文獻提到患者右腦受損後會出現語言障礙，[22] 當我們想知道右腦怎麼幫助我們理解語言，以及哪些人在理解語言時會這樣用到右腦時，學界對此

的看法仍然莫衷一是。

　　但在我丟下一句「差異很重要」就頭也不回地走向浩瀚的天涯之前，請容我澄清一下：研究人類神經科學的人不會關注個體之間的差異，其實有充分又實際的原因。第一個原因是一個難題：一顆腦袋想理解別顆腦袋。人腦實在太過複雜，在我有生之年裡，就算**只**關注大家的共同之處、忽略各種差異，我們也絕對**不可能**理解透徹。†事實上，我們連 *C. elegans* 都還沒完全懂！我們已經知道牠的每個神經元在哪裡、連接到哪裡，但我們還是無法百分之百預測 *C. elegans* 在任一情況下會做什麼。我們能夠很大程度地的猜測牠的**行為**，但還是沒辦法全盤理解。‡這時想像一下，神經結構圖從三百零二個神經元變成八百六十億個，你就有個具體的輪廓，知道**你的**大腦究竟有多少東西我們還沒弄懂。

　　這就帶出第二個理由，說明為什麼個體之間的大腦差異研究起來那麼困難。有許多差異值得我們探究，但在實驗室裡無法用符合倫理的方式操縱。一個人走進實驗室接受檢驗時，會

---

* 　這個現象不只針對人類大腦而已。有一次應徵工作時，我在面試中問一位教授，他研究的老鼠群體有完全相同的基因，但個體之間的大腦是否有差異？他有點想替自己辯護：「當然有啊！但我們會假裝差異不存在，不然事情會變得太複雜！」這個職缺我後來沒有錄取。

† 　不管伊隆·馬斯克（Elon Musk）怎麼說……

‡ 　這也許是因為我們沒有真的花足夠的力氣，去研究 *C. elegans* 可能有哪些差異！

把他所有的大腦特徵都帶進來——有些是他與生俱來的，有些則是人生經驗塑造出來的。但你在接下來的章節裡會看到，先天和後天的特徵往往彼此相關。即使在最理想的情況下，我們都很難將這兩者區分開來，以釐清這個人**為什麼**是這個樣子。這種工作都會帶出心理學的一個老問題：你之所以是**你**，有多少由你的DNA決定，又有多少是被你的經驗塑造出來的？

被人誤解的先天與後天之爭

所以，到底是哪個先出現——對語言不聞不問的右腦，還是精湛的閱讀能力？時至今日，研究人類行為的人多半知道我們的生理特性和後天經驗彼此息息相關，假如要弄懂你為什麼是**你**，「責怪」任何一方好像都沒道理。有件事要記得：你所有的人生經驗都會改變你的大腦。這些改變有時無關緊要，有些則會日積月累，但是在極少數的情況下，某個單一的事件有可能會**永遠**改變你的運作方式，這有可能是好事，也有可能是壞事。

在我們更深入探究你個人的神經科學之前，一定要記得上面這件至為重要的事。你的大腦會**造成**你有某種特定的思考、感受或行為方式，但這不見得代表你天生就如此，或者它不可能改變。事實上，你的大腦不會靜止不動。相較之下，大多數探討大腦與行為關聯的研究（像我自己研究左、右腦和閱讀能力）只會看單一時間點的狀態——換言之，有如一瞬間的照

片。用這樣的實驗，我們根本**不可能**知道大腦某項設計特徵究竟是穩定不變的，或者曾經被你的經驗改造過。

有一種方法可以分辨透過基因遺傳的特徵（「先天」）和環境的影響（「後天」）：縱貫性研究（longitudinal study）。進行這種研究時，研究人員會在不同時間點測量同一顆大腦，來看日常的成長或某個特定的經驗可能會引起哪些改變。一個例子是凱薩琳・沃勒特（Katherine Woollett）和艾莉諾・馬奎爾針對倫敦計程車司機，進行的另一項巧妙追蹤實驗。[23]她們想知道，通過倫敦知識大全考試的人，到底是海馬迴尾巴天生就比較大，或是他們準備考試的過程導致海馬迴尾巴增大。

在研究中，她們拍下了一百一十個人的大腦影像，並在三到四年之後再拍一次。大多數的受試者（七十九人）是想要當計程車司機的人，進行第一次大腦掃描的時候已經開始接受訓練，但還沒有通過測驗；剩下的人（三十一人）則是控制組，挑選的條件包括年齡、智商等等可能與大腦形狀和大小相關的變因。有一半的考生不會通過倫敦知識大全考試，研究人員因此計畫拿這些資料做兩種比較。首先，她們想比較考試及格和不及格的考生大腦，看看這兩個群體的大腦設計特徵是否觀察得到差異。再來，考生在備考時會在腦袋裡裝滿地圖，她們想知道這個過程會不會在考生身上產生明顯的變化。

這項縱貫性研究清楚證實，計程車司機的大腦，以及他們被要求做到的事情確實有因果關係。他們在接受訓練之前，不可能知道誰會通過測驗，誰會被刷掉。不論考生最後有沒有

通過測驗，在報名參加訓練時，這兩個群體的大腦沒有確切的差異——不論是海馬迴，或是大腦其他部位，兩個群體的大小都一樣。事實上，考生有沒有通過測驗，唯一的差異只有每週訓練的時數。及格的考生每週平均訓練三十四‧五個小時，但沒通過的考生每週花在訓練的時間通常不到十七個小時！經過三年的密集訓練之後，大腦確實有顯著的變化，但只有發生在及格的考生身上：他們在腦袋裡塞進這麼多知識後，海馬迴的尾巴**變大**了。*換言之，倫敦計程車司機的大腦會這麼出類拔萃，就是他們的工作需求造成的，真相就此大白了。

如果研究人員沒有時間和經費，或者只是不想要追蹤受試者一輩子，一再測量他們的大腦，另一種區分先天與後天影響的方法是研究雙胞胎。行為遺傳學大致就是透過這種研究發展出來的：這個學門會分別根據先天與後天因素相同的比例來挑選受試者，由此試圖辨別先天與後天的影響。舉例來說，同卵雙胞胎由同一顆卵子和精子所生，出生時的基因**幾乎**完全一樣；†異卵雙胞胎則是由不同的卵子和精子所生，因此基因相同的比例跟一般非同卵雙生的兄弟姊妹一樣。許多研究推斷**遺傳力**（heritability，即某項可測量的特徵有多少因遺傳所致）的方式，就是比較這個特徵在同卵與異卵雙胞胎身上有多相近。假如某個特徵（比方說，記住地標的能力）在同卵雙胞胎身上比在異卵雙胞胎更相似，我們就會推斷這個差異是因為遺傳所致。這樣的分析建立在一個**假設**之上：不論是同卵或異卵的雙胞胎，同一對雙胞胎生長的環境大致相同。

這個假設有一個問題：有些特徵，像是個性外向（〈調和的學問〉一章會再詳述），既受遺傳影響，也會影響一個人追求什麼樣的環境和經驗。另外，身高、外貌等遺傳因素也會影響別人對待你的方式，進而影響你的經驗。假如先天與後天之爭還不夠混沌不明，表觀遺傳學是當前正在快速演變的學門，這方面的研究發現我們在大環境中的經驗會讓DNA出現化學變化！如此一來，同一組基因在不同的環境裡，腦中（或體內）產生出來的蛋白質可能也會有所不同。在這些機制之下，我們的經驗可能會「編碼到生物體內」；‡換言之，把同一串DNA放在不同的環境裡，創造出來的人可能會不一樣。

但是，這些結果有時候**並不會**差太多。

《三胞胎的戲劇人生》（*Three Identical Strangers*）[24]就有用鏡頭捕捉到這種情形。這部精采的紀錄片以一個奇特的真實故事為主題：一組同卵**三胞胎**出生後分別被不同的家庭收養，到了十九歲才意外互相認識。我怕你沒看過這部電影，所以就先不透露片中各種離奇的轉折（有時更有如醜聞），但姑且這

---

* 這裡先釋疑：根據研究結果，海馬迴的頭部並沒有顯著萎縮。苦讀造成的代價有可能需要更久才會看得到，因為我們在同一群受試者身上還發現，在倫敦街道上開計程車多年以後，大腦也會被這些經驗改變。

† 等一下就會稍微談到表觀遺傳學，以及同卵雙胞胎為什麼有可能不完全一模一樣。

‡ 在此特別感謝諾亞・史耐德－馬克勒（Noah Snyder-Mackler），幫我釐清表觀遺傳學底下各種錯綜糾結的概念。

樣說吧：你可能覺得你的生物特性對**你**這個人的影響只會到某個程度，但這三位男孩彼此相似之處恐怕超乎你的想像。他們看起來一樣，走起路來一樣，說起話來也一樣——但三個人都抽同一個牌子的香菸？這太扯了吧。但真的有這麼扯嗎？

　　像這一類口耳相傳的故事只有一個問題：我們不會客觀看待事實。我們會特別關注相似之處，但不一樣的地方就很容易被我們忽略。假如這三個人喜歡不同牌子的啤酒，我想不會有人覺得意外*——但偏偏他們都抽萬寶路，我們就會特別注意。這就帶出第二件跟統計與巧合相關的事：當我們碰到失散多年的雙胞胎（或三胞胎），如果想知道他們的相似之處到底值不值得我們驚訝，就得問一個問題：「如果隨機找兩個路人，他們有這些相似之處的機率有多高？」如果我們看的是喜好哪個牌子的啤酒或香菸，這個問題的答案就要看那個牌子有多熱門。這組三胞胎互相認識的時候是一九八○年，根據我找到的一篇市場調查文章，當年他們那個年齡層最流行的香菸品牌就是萬寶路，大約佔這個族群40%的市場。[25] 他們都抽同一個牌子的菸確實有些奇特，但假如他們剛好都抽駱駝牌淡菸才真的意外。如果想用科學方法探究基因是否會影響一個人偏好的香菸品牌，我們就得找來好幾對出生後離異的同卵雙胞胎，然後看他們抽同一牌香菸的機率是否比隨機兩個沒有親屬關係的路人顯著來得高。†

　　對，我很無聊。

　　但好消息是，在「先天與後天之爭」這一方面，我老早

就抱持著科學精神的懷疑態度——然後我在二〇二〇年四月七日遇到瑪雅（Maia），一位「**天啊怎麼會跟我這麼像**」的陌生人。我正好就在寫這本書，說明你的大腦怎麼讓你變成**你**，這時我收到一位二十歲的陌生人發來的電子郵件，而且還有個難忘的標題：49.5%一樣！（你可能先坐下來再讀信比較好。）

我讀信的時候馬上就發現，她的語調「聽」起來跟我超像。她使用的文字比我一般的習慣更謹慎，但又有些搞笑，而且強調重點的方式又讓我覺得**非常熟悉**。你可能得親身經歷過這樣的事才會懂，為什麼你可以從別人用驚嘆號的方式看到自己的影子，但我真的就這樣看到了！‡

接著，我注意到她選擇跟我分享哪些和她自己有關的事。由於她不知道這我收到信後會有什麼感受，因此她刻意沒有寫得太長、太深入。我想，她一定有好好想過她想要我知道哪些事，免得以後沒有機會再跟我說。在這個情況下，她選擇跟我分享以下八件事：一、她愛唱歌，而且正在讀音樂教育相關的學程；二、她愛動物，特別是馬；三～六、簡單描述她的嗜好，包括健行、畫畫、旅行和玩瑪利歐賽車；七、她被同學票

---

* 我不知道這是不是真的，但確實很有可能……

† 當然，這件事還要先看他們有抽菸的機率。根據賈桂琳・芬克（Jacqueline Vink）進行的雙胞胎研究，這個機率和兩個變因有關：一、一個人想要嘗試抽菸的的機率，據推估基因的影響佔44%，環境的影響佔56%；二、抽菸後對尼古丁成癮的機率，[26]據推估基因的影響佔75%，環境的影響佔25%。

‡ 但認真說，我倒真的不知道驚嘆號用法的統計數據要去哪裡找。

選為「班上的小丑」；八、她去塔可鐘（Taco Bell）速食餐廳喜歡點裡面加辣洋芋和酪梨醬的超級咔滋捲。

讀到這裡，我覺得自己簡直就在跟二十歲的自己說話，這種感覺強到爆表！你讀完這本書後，應該也會發現我**超級**愛動物。這時我希望你有質疑我：**等一下，隨機兩個路人都愛動物的機率有多高？**沒錯，**這樣**問的確有道理，但我想我愛動物的程度應該不太尋常。比方說，我的孩子明明已經二十六歲了，我還是會去可以跟動物互動的兒童動物園——而且還會在那種地方待太久；我小時候曾經從飼料店帶一隻小鴨回家，因為牠長得太可愛了。我給牠取名「呱呱」，並在一個手推車裡裝滿水，讓牠在我們家後院有地方游水；* 長大後，大家都知道我常常會找到迷路或受傷的動物，包括一隻叫雨果（Hugo）的小浣熊，我在水溝發現牠的時候，牠已經處於脫水狀態了，我在自己的車庫裡照顧牠，等牠健康後再野放；我這輩子養過的寵物至少有二十個**物種**，小至海猴寶寶和螞蟻觀察箱，到了大學變成魚和爬蟲類，長大後總算實現兒時的夢想，在三十歲生日的時候替我自己買了一匹從賽場上退休的馬。

這樣的機率有多高？從我找得到最相關的數據來看，美國有四百六十萬人會在休閒或運動時騎馬。[27] 這樣的話，隨機找到會騎馬的路人的機率大約是七十一分之一。但這樣推算可能不太公平，因為某些族群會比其他群體更流行騎馬。†

那其餘七件事情呢？愛音樂？我是個業餘的鼓手，但我的女兒賈絲敏（Jasmine）讀高中時一直參加音樂劇表演；健行

呢？當然喜歡；畫畫呢？我沒那個耐心，但我的媽媽、阿姨、祖母和曾祖母都是傑出的視覺藝術家；旅行呢？當然喜歡，但對有能力的人來說，喜歡旅行本來就常見；那瑪利歐賽車呢？我只有玩過幾次，但每次都輸——大概是因為每次選車子的時候我都選浴缸；我**沒有**被同學票選為「班上的小丑」，但從我喜歡在瑪利歐賽車用哪一種車子來看，你大概也知道我不是個正經的人。事實上，我和我先生都有著同樣幼稚的幽默感，所以我們會說我們簡直「蠢到太空去」。

回過頭來看，在瑪雅列出的幾項「趣事」裡，最特別的是她在塔可鐘喜歡的餐點。我不是要說我也愛吃加辣洋芋和酪梨醬的超級咔滋捲，[‡]如果真的是**這樣**那就太扯了。但當我還是瑪雅那個年紀的時候，任何跟我鬼混過的人都知道當時塔可鐘佔據我生命的一大半。這裡必須說明：讓我覺得難以置信的事，並不是我和瑪雅都喜歡吃塔可鐘，[§]而是假如我也要寫出「要認識我就要知道以下的事」，我八成也會寫下我喜歡在塔

---

* 別擔心，牠長大後後院不夠牠用，我有替牠找到更大、更適合的家，那裡還有一個池塘。

† 講統計數據的話不用多久就可以講得雜亂無章，但我很快就知道瑪雅練的馬術項目和我剛開始騎馬的時候一樣，而且甚至連馬的品種都和我那匹馬一樣。不過在我們練的項目裡，這個品種的純種馬相當常見。

‡ 不過，自從瑪雅提到這件事後，我和安德烈倒是這樣點過好幾次——真的有夠好吃。

§ 塔可鐘是美國第四或第五大的速食連鎖店，這個數字要看你是否把潛艇堡和三明治店列為速食店。

可鐘點什麼。簡單來說，我讀了瑪雅寄給我的電子郵件，再看了她的父母替我準備的生活剪影，這個經驗讓我無法忘記。雖然我早就知道她的存在，但看到電腦螢幕上出現這個人的生活點滴，而且她就是用我的DNA創造出來的，感覺完全不一樣。

她的生命故事從我讀研究所前的那個暑假開始，那時我決定捐卵子。*我並不後悔做這件事──我幫了一個善良無比但是有生育困難的家庭，同時也賺到一點錢來養我那時四歲大的小孩。

到了這裡，我的「先天vs.後天」故事就更有趣了。我的親生女兒賈絲敏是我最好的朋友，如果要談兩人之間共有的經驗，我們母女鐵定再相似不過了。我們是一起長大的，她出生的時候我才十九歲，而且在我十二年後遇到安德烈之前一直是個單親母親，因此**所有的事情**都是我和賈絲敏一起做。在她還小的時候，我們兩個人常常有**幾個月完全**形影不離。我們漸漸成熟時（她通常都比我早熟一點），許多人都說我們和電視影集《吉爾莫女孩》（*Gilmore Girls*）太像了。†我懂他們為什麼會這樣說，只差在我**遠遠**沒有劇中的萊拉（Lorelai）那麼酷，蘿莉（Rory）也比我女兒更宅**一點**。喔還有，我們是貨真價實的人。

賈絲敏和我跟劇中母女的相似之處，是我們「喜好」（像是垃圾電視節目、Zumba有氧舞、愛爾蘭食物和九〇年代嬉哈音樂）和「厭惡」（像是任何只要有一點點恐怖的東西、開車龜速、藝文片‡和腳被人搔癢）的事，但我們的個性**截然不**

同。她很冷靜（開車時例外），我不冷靜。她會深思熟慮，我急躁衝動。我帶她長大的時候，從來不覺得**賈絲敏跟我完全一樣**，但**我們是絕配**。

反過來說，瑪雅的脾氣跟我像到簡直嚇死人。這一點光是從她電子郵件裡驚嘆號的數量就看得出來，但除此之外，她的照片多半有一些線索，從中看得出我們兩人個性相同之處。我們顯然都非常外向──我會說我「精力旺盛」，但現在的小孩子可能會說「很鏘」。簡單來說，我們兩人都沒辦法和別人一樣。前幾天，瑪雅傳了一張照片給我，裡面是她帶著她的寵物鬃獅蜥佩佩（Pepper）出遊，而且為了讓佩佩可以跟她一起出去玩，還把牠裝在一個**超巨大**的粉紅色透明背包裡。哇！

我有一半的基因跟這兩位亮眼的年輕女性相同，從這一點來看，如果想知道基因和環境對大腦的影響分別有多大，我和她們的相同與相異之處能讓我們看出什麼端倪？在接下來的章節裡，我會說明先天與後天因素分別會怎麼影響我們的大腦設計，以及先天與後天因素會怎麼交互作用。在第一部分裡，

---

* 假如你不知道這是什麼意思，女生捐卵子有如男生捐精子──但男生捐精只需要給一本雜誌，讓他在一個房間裡獨處一下，女生捐卵之前要先服用一整個月的激素，然後會有一根大針直接伸進你的卵巢把你的卵子吸出來。捐卵一點都不好玩，但是值得。

† 在「家人即朋友」為主題的電視節目裡，《吉爾莫女孩》名列前茅。假如你沒看過，我強力推薦。

‡ 但在安德烈的教導之下，我們在這一方面漸漸有成長。

我會以生理特徵為主，但你很快就會看到，即使是最細微的生理特徵也會被環境形塑。在有必要時，我還會談一下各種特徵的遺傳力，也就是我們透過雙胞胎研究和其他方法，**推估**出某個特徵的差異性受遺傳所致的佔比有多大。進到第二部分後，焦點會轉到我們會叫自己的大腦做哪些事情，以及人生經驗會怎麼和生理特徵互動，進而影響我們的行為舉止。在閱讀過程中，我相信你一定會想自己是怎麼搶下這塊屬於你的角落，我也會盡可能提供線索讓你思考。但在開始之前，我想先說明接下來你應該和不應該預期的事項。

你一定覺得這本書就是在講你自己，對吧？

現在該來談一談我們一直視而不見的一件事：到目前為止，我完全沒提到**你自己的**大腦到底是怎麼運作的。但你還沒把這本書放下來，所以我希望這是一個好徵兆，表示你至少開始想這個問題了。在接下來的章節裡，我打算替你個人的神經科學建造穩固的基礎：在你個人的神經科學裡，你會看到不同人的大腦會有哪些不同的生物結構特徵（第一部分），以及我們怎麼利用這些大腦的運作方式來進行試驗，讓我們看出人與人之間的相異之處（第二部分）。當然，我一方面要把我二十多年來學到的東西塞進一本書裡，一方面又不能把這本書寫得像倫敦知識大全那樣，免得你讀完後腦袋變形，所以我花了不少力氣思考內容要怎麼取捨。

我在決定這本書要放進哪些內容時，主要看的是大腦有哪些設計最容易用逆向工程的方式推敲出來。正因如此，接下來的討論多半會集中在慣用手、人格特質等等——換句話說，你已經知道你自己在這些方面是什麼樣子，又或者本書的評量可以讓你知道。但請記得，假如你想更深入了解你的大腦怎麼運作，請隨時到我的網站chantelprat.com點選「Brain Games」頁面，那裡有各種腦力遊戲的連結，讓你更了解你當下的大腦有哪些設計特徵。

　　在情況允許之下，我挑選的主題有受到詳盡、透徹的研究，各方的證據殊途但同歸。然而對研究個體差異的神經科學而言，這種情況絕非常態。希望你在閱讀的時候能記住這一點：我描述的實驗有一大半是近五年之內進行的。這是一個新興的領域，最尖端的研究也有可能會反過來咬你一口。我猜再過五年，我們的認知又會大幅改變；最起碼我希望如此，因為我們有**太多**跟個體差異有關的事情還不知道！在這個情況下，我的目標不是把答案全部給你，而是讓你有辦法去思考我們對不同大腦的運作方式已經有哪些認知，又有哪些仍屬未知。

　　至於這本書**不會**談論的事情，其中之一是哪些特性可以用來區分頭腦的優劣。我的年紀比這個「只要參加，人人都有獎」的世代還要老，但即使如此，我還是覺得區分頭腦優劣實在沒道理。我們可以從計程車司機的研究看到一件事：你得看某顆腦袋和它身處的環境，來決定兩者是否匹配，而不是談論某個設計特徵是否有絕對「優勢」。

同理，我不會花太多時間教你怎麼**改變**你的大腦。想要成長是一件好事，我完全認同，但我也覺得假如我們暫停片刻，理解一下我們的大腦是怎麼運作的，甚至（這樣說好像太大膽了）去擁抱它的運作方式，這樣對很多人來說更好。我們的頭腦有時會讓我們抓狂發瘋（這句有時候是誇飾，有時候是真的會發瘋），但它會這樣其實都是有原因的。當然，我會跟你談談你至今可能遇過的人生經驗，有時候也會提供一些妙招，幫助你應付一些大家可能都會面對的狀況，像是怎麼消除長期壓力對大腦的作用。不過，我還是希望你讀完這本書後，對於什麼樣的頭腦「更優越」或是「正常」會有更全面的認知，更能接納人與人之間的各種差異。

　　我也**不會**在這本書談論群體的差異，像是男性與女性大腦有什麼差別。假如我們只看整個大群體，只不過是把「所有人一體適用」的觀點轉變成「所有同類的人一體適用」。這樣做不一定比較好，假如不謹慎的話甚至還有可能更糟糕，因為我們對於「男」和「女」的認知，就是從先天與後天因素交互作用而來，無法從中抽離。舉個例子，打從嬰兒出生起，大人就會對男孩和女孩使用不同的語彙。[28] 從呱呱墜地的那一刻開始，嬰兒的生物特徵就會影響別人對他們的期望，進而形塑他們的經驗。

　　另外，就算你有辦法區分性別差異的先天與後天因素，一般認為最常見的差異（像是女性的大腦比男性更對稱）在學術文獻中並不是一成不變的常態。對我來說，這代表的意思很

簡單：**任何**我們想關注的大腦設計特徵，都一定會有人與人之間的差異，如此而已。如果我們要判定兩個群體之間（像是男性和女性）是否有顯著差異，就得用統計數據來說明群體內的差異，比群體之間的差異更小。這樣的話，有兩個因素非常重要：每個群體分類裡有**多少**人，以及這些人是否有代表性。你大概已經猜到我本來就不喜歡硬把人分門別類，所以這種事情我們就不會談。

最後，我想說明一下我在這本書裡怎麼報導科學研究，以及從事這些研究的科學家。我希望你讀到這裡已經知道大腦極其複雜，因此神經科學研究很艱困。我相信，從事這方面研究的人都盡了一己之力，想辦法解答非常困難的問題中的某個小碎片。光從這一點來看，他們做的事情我非常敬重。正因如此，我決定不用任何頭銜來稱呼他們，也不會提他們在哪一所大學任職。這樣做有一個務實的原因：我們很難看出某篇學術論文的作者是否已經拿到高等學位，或者還在讀書卻已經在做精采無比的研究。我不喜歡出錯，但我也不想要讓你誤以為學術論文的第一作者一定要有博士學位，否則這篇論文就不值得相信。*正因如此，我不會告訴你某個作者是否來自常春藤盟校——除非校名跟我想講的故事相關，不然我覺得這個不重

---

* 如果你真的覺得非得有博士學位才能做出舉足輕重的研究，請看看我的女兒賈絲敏，她的碩士論文有部份就被刊登在最權威的科學期刊《科學》（*Science*）上。我迄今還沒有一份論文被他們刊登——我還在努力！

要。本書提到的研究幾乎全都通過同儕審查程序。當然，這不代表研究本身絕對沒有錯——但這最起碼表示，研究領域相關的其他科學家同意該研究站得住腳。另外，大多數研究是由科學家**團隊**進行的。團隊裡每個人都有功勞，但我想假如每次提到一項研究就要寫出一大段人名，你很快就會覺得煩躁。所以，我決定只強調研究論文的第一作者，依照慣例，論文的文字多半出自第一作者筆下，有些作家在談到學術研究時，會選擇提到團隊裡最資深或是最有名的人，但我想要在談論功勞時盡可能透明。

有時候我會提到一些細節，像是有多少受試者參與某項研究。這種細節**確實**重要，當其他條件都一樣時，參與研究的受試者越多，研究結果就越有可能禁得住時間的考驗。說到「其他條件都一樣」，每次講到實驗時，我實在很想指出受試者群體是否有**代表性**，但論文裡通常只會提到年紀和性別，其他人口資料很少有人說明。除非有明顯的問題（像是某項研究只找男性受試者，但這樣做沒有什麼道理），我通常不太會談到受試者的人口組成，但我衷心希望這是這個領域未來可以進步的地方。

既然我們已經打好基礎，可以負責任地消化神經科學新知，那我們就捲起袖子，開始探索**你的**大腦吧。正如知名社會工作教授布芮尼・布朗（Brené Brown）[*]所說：「當你貼近別人，就很難恨這個人。[29]所以，靠近一點吧。」假如我**帶著你靠近**，甚至走進大家都是一團粉色物質的內在深處，不知道你

會不會更懂得欣賞你自己各處的細節，以及其他和你不一樣的人呢？因為，當我跟上百位親友和陌生人交談之後，我觀察到兩個明顯的現象：首先，幾乎所有人都對神經科學感興趣，也喜歡透過神經科學來窺見自己。當一個普通人說：「我天生就沒有這樣的迴路」，這表示他有一點科普的認知，知道大腦的運作方式讓他成為**他自己**。再來，很多人都覺得自己有點怪。你大概很難相信，在知道我從事什麼工作以後，有多少陌生人跟我說：「那我的腦袋夠你寫一整本書了！」事實證明，他們都說對了。

---

* 譯註：布芮尼・布朗以二〇一一年的TED演講〈脆弱的力量〉（The Power of Vulnerability）最為著名，至二〇二三年初該演講影片已有超過一千九百萬人次觀看，在TED的YouTube頻道名列前茅。

第一部分

大腦的設計

大腦構造的差異如何塑造你
思考、感受和行為的方式

搭公車是讓想像力動起來的好時機。我在通勤上下班時，腦袋常常會帶我出遊到遙遠的地方。我做白日夢會夢到的東西和晚上睡覺的夢一樣，有時候奇幻（傑森・摩莫亞〔Jason Momoa〕替我端來一杯插著小紙傘的調酒，我還**感受**到臉頰被陽光照得暖暖的），有時則是日常瑣事（別忘了寄信給這個人講那件事），有時又會恐怖萬分（有人搶了公車的方向盤用力一轉，車子朝著橋上的護欄衝了過去，一旦撞破就要掉進橋下的河裡了）。不論夢境是什麼，我有意識的知覺（或者也可以說我**心智裡的現實**）跟我身體所在、實體的現實幾乎沒有關係。

　　我在實驗室裡研究大腦神遊的神經科學已經好一段時間，但我還是過了一陣子才意識到，我們可以像踩離合器一樣讓頭腦和現實環境脫鉤、恣意漫遊，而這種能力在真實世界中有哪些更廣義的作用。我突然發覺這種能力有多重要的時候，一如平時那樣，我正好在搭公車。我正在上班的路上，那天準備要和一位學生面談，我發覺自己在車上暗自「演練」面談的內容。我預期這次碰面不會讓人好受，因為我想知道那位學生為什麼進度會落後，這樣我才能想辦法幫他。我在腦中演練各種不同和他切入這個問題的方式，希望可以「找到一扇通往內心的門」，讓他覺得我不是在批評他，而是在關心他。

　　我在腦中反覆演練怎麼「激勵」這位學生，大概到第三次的時候，我注意到坐我對面那位女生的表情，她的眼神看起來朦朧不明，所以我猜她當下在眼睛裡**看到**的東西，其實跟我們

身邊的環境無關。我不再思考接下來跟那位學生面談的內容，反而對我當下觀察到的情況深深著迷：在這個時刻裡，我和那位女生的肉身大約在地表上同一個位置，但我們的心智卻踏上完全不同的旅程。我試著猜測她在想什麼，頓時又感到欣慰，因為明明幾秒鐘前讓我覺得無比重要的事，她卻完全看不到。

我們搭公車的時候，彷彿頭上都戴了一個大泡泡。我們在各自的泡泡裡，眼前上映的是自己的「實境節目」。在我的泡泡裡面，我當然是這個節目的主角，扮演的是一位科學家，有時會過度批判，但從來不會不懷好意。在那位女生的泡泡裡，我最多只是個臨時演員，作用只是讓主角搭公車的時候對面不要有個空座位而已。我轉眼看看車上四周，發現對車上的每一位乘客來說，此時此刻都是不同故事裡的不同場景。每個人的腦中都是獨有的體驗，當我意識到這一點時，我的眼界頓時有如望向滿天的星斗一般，一方面感受到自己有多麼渺小，另一方面又深知**我的**「現實」和**真正的**現實隔了一道鴻溝。

當你在學習「你」的神經科學時，我希望你從這門課中至少學到一件事：在你自己的現實裡，你既不是演員，也不是被動的旁觀者。你是這個現實的**創造者**。事實上，假如把你清醒的意識比喻成一部電影，在你自己的泡泡裡放映出來，那麼你的大腦就是集放映機、導演、製作團隊和觀眾於一身！儘管我的頓悟事關心思遊蕩其中的奇妙世界，這本書的第一部分會探討即使在相同的「真實情況」下，各種不同的大腦會怎麼創造出不同的故事情節。

在這部分裡，我會說明一些生理特徵怎麼影響你的大腦，讓它用特定的方式編造出故事情節，而你認為的現實就是你對這些故事的感知。在〈偏向一邊〉這一章裡，我們會先探討大腦在看到周遭發生的事情後，左腦和右腦分別創造出來的故事會稍有出入，這個內在的分化又進而促成人與人之間的差異。假如你慣用左手，我們能不能從這個特徵推敲出你大腦的左、右兩半看待事情有哪些差異？我們常常會說一個人習慣「用左腦思考」或「用右腦思考」，這一章會說明這個迷思背後的真相；接下來，〈調和的學問〉會講到神經化學物質大雜燴裡有哪些成分，每一種成分在大腦的通訊系統裡又會扮演什麼角色。假如你想知道「個性外向」和「一杯咖啡」或「一杯茶」有什麼共通點，你可能會對這一章有興趣；最後，〈保持同步〉一章會說明大腦怎麼運用神經的節奏，來協調頭腦裡隨時作響的訊號大合唱，你也會看到每個人的腦內合唱團都不一樣，有些人可能低音比較多。這是談論大腦設計的最後一章，在這一章裡，我會說明你的大腦偏好哪些神經節奏，會怎麼影響它的「取樣」方式，從外在世界中擷取點狀的資料，並將之串連形成故事。

讀完這三章後，你會更理解你的大腦怎麼創造出一個屬於「你」的故事。神經心理學家布萊恩・李維（Brian Levine）在一篇論文裡探討自傳式記憶與自我，其中有一句指出：「好的說書人會將情境、角色、前情、故事情節和言外之意交織在一起。」[1] 從這個角度來看，你的大腦真的超會講故事。本書第

一部分的目標，是讓你看出一些端倪，知道**你自己的**大腦設計
特徵會怎麼影響它編織故事的過程。

第一章

偏向一邊

大腦兩邊各說各話

假如我拿你大腦的照片給你看，你第一眼可能會覺得它看起來像一顆巨大的核桃（這句沒有貶意），分成兩個大致上獨立的半球，中間有一個高速的核心相連。這樣說來可能有點奇怪，但這樣的設計並沒有多特別，事實上，所有脊椎動物的大腦都從中間一分為二，而且可能幾億年來就長成這樣。[1]

在相同的構造之下，人類的大腦之所以獨特，是因為就人類平均值來看，我們大腦的兩半相當**不均等**。我們左腦和右腦的大小、形狀和連結模式都有差異，使得我們非常不對稱。你在這一章裡會發現，這些結構上的差異使得大腦兩半取得資訊以後，分別會用不同的方式來處理。

在一般人的認知裡，「慣用左腦」的人擅長分析，「慣用右腦」的人有創意，但其實人類大腦的主要差異並不是看哪一

半才是「老大」。[2]事實上，每個人思考、感受和行為的方式，主要看的是我們「偏向一邊」的度有多大，換言之就是大腦兩個半球之間的差異有多大。因此，這本書的主旨雖然是大腦與大腦之間的差異，我們的討論會先從大腦**裡面**最根本的分界開始。但在開始細看**你的**大腦之前，我們要先來談談演化機制當初為什麼會弄出這些差別。簡單來說，這是為了功能特化。

大腦特化的利與弊

為了更方便理解大腦設計得平衡與否各有哪些利弊，我們先想像一下你的大腦就像是兩個人共組一隊，假如兩個人的實力和技能均等，那麼最簡單、最平等的做法就是把任務隨機分配；假如隊上有一個人的語言能力特別出色，另一個人則是視覺設計專家，那麼依照每個人的專長來分配最適合的任務會讓團隊的表現最好。

大腦分配任務的方式大致上就是這樣。假如兩個半球真的完全一樣，它們分配工作的方式就不會有什麼條理可言。但只要它們開始不一樣，就算這個差異很小，其中一個半球就有可能比另一半更擅長某些工作。一旦出現差異，大腦兩個半球就會開始有系統地分配工作。腦內某個部位負責的工作越來越相似後，這個部位就有可能調整來適應，發展出特化的結構，讓它更擅長處理這類性質的工作。

我想，特化帶來的好處不證自明。當其他條件都一樣時，

大多數人會寧願自己團隊裡的視覺設計師非常厲害，而不是實力普通。但是，假如他只有視覺設計是強項，其他事情都做得很爛呢？假如團隊成員沒有任何人具備相同的技能，那麼有人需要協助或突然請病假要怎麼辦？大腦功能特化會出現一個可觀的代價：某個部位逐漸調適、特化之後，它會更擅長做某些工作，但適合做的工作種類也會越來越少。

史蒂芬·克內希特（Stefan Knecht）和他的團隊就透過研究，證明不均等發展帶來的弱點。他們的研究觀察的是語言的**側向性**（laterality）[3] ——在神經科學裡，這個詞指的是大腦某個功能有多麼偏重某　個半球。他們先找來三百二十四名受試者，請他們在實驗室裡指認圖片的內容，同時測量他們左腦和右腦的血液流量變化。*接著，他們再根據受試者說話時只用左腦、只用右腦，或者兩半都使用，從全體中挑選二十名出來，每一種側向性的人數大致相等。

接下來，研究人員用跨顱磁刺激（transcranial magnetic stimulation，TMS）來看受試者腦部是否容易受傷。TMS使用磁場，以非侵入性[†]的方式來刺激大腦的不同部位，這種做法除了安全之外，更重要的是刺激只是**暫時性**的。假如你長時

---

* 這樣是間接測量左腦和右腦分別投入多少力氣進行當下的工作——有點像我們用油耗來看汽車引擎的運作狀況。

† 這只是用醫學術語來表示我們不會在腦袋裡打洞。

間一直反覆刺激同一個部位，它最後就會沒氣沒力，*產生出「假腦傷」（virtual lesion）的效果。假如你曾經被強光刺激到眼睛暫時看不到，這就是和假腦傷類似的情況。

　　克內希特和他的團隊對受試者製造假腦傷，當假腦傷位於受試者說話會用到的大腦半球時，他們處理和語言有關的實驗任務就會明顯變遲頓。但是，受試者說話時大腦用得越平均（換言之，說話的時候大腦**兩個**半球都有動靜，而且兩邊投入的比例越相近），當他們的大腦只有一邊受到TMS時，他們的表現就越不容易受到影響。這個結果就像是不讓自己隊上的某些人出場，然後測量整體生產力下降的程度：平衡的大腦就像實力均衡的球隊，不管是哪一名成員受傷，整體並不會受到太大的影響。

　　大多數人一輩子下來不會讓太多腦細胞受損，但即使我們如此幸運，我們還是得為大腦功能特化付出一些代價。其中一個代價跟當初大腦兩個半球分化的原因有關，我在〈緒論〉一章裡花了不少篇幅來說明，演化機制竭盡所能將大量的腦力塞進我們的頭骨裡，但大腦兩半的分化過程可能是這個大原則的例外情形。根據瑪莉安・安內特（Marian Annett）提出的右偏理論（right-shift theory），人類大腦會傾向左右不均等，可能是因為有個基因變異會導致右腦某些部分**萎縮**。[4]根據她的說法，我們的大腦會給自己發展出這樣的限制，用意是讓腦內工作分配更好。†她的實驗結果和她提出的理論一致：大腦比較「均衡」的人，可能比較不擅長人類較晚演化出來的能力（像

是語言），但他們用到的右腦空間卻**更多**；你接下來會看到，右腦對許多其他事情相當重要，像是視覺空間功能。另一方面，她認為大腦兩半非常不均衡的人，雖然語言能力比較不容易出問題，但碰到通常分配給右腦的工作時（像是視覺空間相關的工作）更有可能覺得困難。

我們在談論大腦兩個半球功能特化的利弊時，我還希望你記住一件事。你接下來會看到，大腦功能特化的其中一種做法，是運用**模組**（module）。模組是經驗非常豐富的資料處理中心，只會專注處理它們被交付的任務，在工作時不會考慮到大腦其他部位送來的訊息。特化程度更高的大腦採用這種做法時，會傾向用各種特定的細節去拼湊出外在世界的樣貌，而不是看整個大畫面。換句話說，當大腦從兩半均衡變成某些功能特化到一邊後，處理資料的方式就會從全面、「見林」式的功能，轉變成專注在特定、「見樹」式的細節。但在本章後半詳細說明之前，我們先來看看你的兩邊有多麼不對稱。

測量側向性

若要知道你的大腦有多麼不對稱，一種最有效的方式是分

---

* 下一章會再談論這個背後的機制！

† 腦內並非所有部位都有明顯的大小差異，而且左、右兩半之間的差異不只有這一項，但這些細節我們之後再來談。

別測試左腦和右腦進行各種工作時的反應。假如左腦和右腦做得一樣好，你的大腦很可能相對均衡，但如果某一邊常常佔上風，你的大腦可能就比較不均衡。

我們先來看一個明顯的不對稱現象，這在大多數人身上可以輕易觀察到：慣用手。假如你靠雙手維生，或者你曾經受過傷，讓你不方便用手，你很可能已經知道，精準的手部動作是一種高超的技能。假如你不是這樣的人，你可能不知道我們和黑猩猩的基因差異，替我們帶來一個非常重要的優勢——我們的拇指很長。[5]我們可以用拇指捏住每根手指的指尖，而且還能精準控制捏的力道，這項能力讓我們有辦法做出各種動作，小至從臉頰上捏走一根睫毛，大至舉起鐵鎚敲釘子。你可能很難想像，這些工作究竟需要耗費**多少**腦力。

事實上，大腦內控制手部動作的神經迴路十分龐大，而且大到在腦內形成一個U字形的突起，我們稱之為**手結**（hand knob）。[*]你只需要練習一下，就能在看到大腦的圖片時，認出手結在這顆大核桃裡的位置。[6]它座落在運動皮質（motor cortex）的頂部，運動皮質在兩邊的太陽穴之間形成一個帶狀的區域（假如你把眼鏡拿起來靠在頭頂上，它大概就在那個位置），全身的動作都受它控制。在大多數人身上，你甚至只需要比較左腦和右腦的手結大小，[7]就能猜出他慣用右手或左手。我們會從這裡開始對**你的**大腦進行逆向工程。

大多數人會認為自己不是慣用右手就是慣用左手，但慣用手其實不能用這樣的二分法來分類。事實上，從「極慣用右

手」到「極慣用左手」之間是漸層變化的連續體，每個人都能在其中找到自己對應的位置。我們如果想知道你的大腦有多偏，第一步就是弄懂你在這條軸線上的落點。以下我會先給你一份問卷，內容是我從愛丁堡用手傾量調查表（Edinburgh Handedness Inventory）[8]修改而來。這份簡單的量表會問你在進行各種日常工作時怎麼使用雙手，在神經科學界裡絕對是最常用的慣用手量表。[†]

若想知道你在慣用手變化軸線的落點，以下會列出十個日常生活相關的問題，請回答你會用左手還是右手來做這些事情。每個問題的分數在+2到-2之間：假如你做某件事情**極偏好右手**，絕對不可能用左手來做，這一題給自己打+2分；假如你**偏好右手**，但也有可能用左手來做，就給自己打+1分；假如這件事你真的不管用哪隻手都行，而且**兩隻手用起來都一樣好**，使用的頻率也一樣，這題就給自己打0分；假如你**偏好左手**，但有時候也會用右手來做，就給自己-1分；最後，如果你**極偏好左手**，而且絕對不可能用右手來做，這一題就是-2分。每一題都要回答，不可以留空，除非你沒做過這件事（假如你真的從來沒拿過掃把，或甚至從來沒拿過**牙刷**，我會盡量不用奇怪的眼光看你，畢竟這與本書的主旨無關）。

---

* 這一塊突起就是腦迴化的一個例子，用意是在一顆中等大小的頭部裡盡可能塞進腦力。

† 但是，如果你想更精準地知道兩隻手的相對靈敏度，請到我網站的「Brain Games」頁面玩一玩「點一點」（hit-the-dot）的遊戲。

慣用手評量

一、用筆書寫。

二、使用鐵鎚。

三、丟東西（通常是丟一顆球，但丟任何物體都可以）。

四、點火柴時，握住火柴的那隻手。

五、刷牙時握住牙刷的手。

六、用剪刀剪東西。

七、用刀子切東西（沒有握住其他輔助工具時，像是切食物的時候拿叉子幫忙）。

八、用湯匙吃東西。

九、拿掃把掃地的時候，位於上方的那隻手。（假如你有一陣子沒掃過地，那快去拿一下掃把——這都是為了科學！）

十、打開盒蓋。

　　我們現在來算一下你的慣用手指數。如果想知道自己的「平均值」，請把以上十個問題的答案加起來，再除以10。假如你沒有算錯，這個結果應該落在-2（強烈、一致慣用左手）和+2（強烈、一致慣用右手）之間。結果越靠近這兩個極端值，就表示你的大腦越偏向一邊。分數接近中間的人（介於-1

和+1之間）會混用雙手，這樣大腦兩半的功能可能會比較平均；但即使如此，從最初幾個問題的答案來看，你可能還是會認為自己慣用右手或左手。在以上十個項目裡，動作所需的精準度會逐漸降低，因此比較不靈活的那一半就有可能表現得「還可以」。

那麼，你偏好使用哪隻手和你大腦偏向一邊的程度有什麼關係？首先要知道，左腦的運動皮質控制身體的右半邊，右腦的運動皮質控制身體的左半邊。假如你高度偏好使用右手，你左腦的運動皮質（特別是手結附近的部位）很可能會比較大，極偏好左手的極少數人會相反。[*]等下會再談這件事怎麼影響你的運作方式，但我們先來檢查一些其他的機能，來確認你的大腦會把工作平均分配給左、右兩半，或是偏向一邊。

首先，我們來看看你的雙腳。我們的腳遠遠不及雙手那麼靈活，但即使如此，大多數大腦兩邊不均衡的人如果需要用腳做靈活的動作，也會偏好使用某一邊。你通常會用哪隻腳踢東西？走樓梯上樓的時候，你通常會用哪隻腳踩第一階？如果我叫你用腳趾趾尖壓在一個硬幣上，你會不會直覺偏好使用某一隻腳？大多數人會覺得雙腳有辦法交替做這些事情，但假如以

---

[*] 我在回想大腦哪一區負責控制身體哪個部位的時候，常常會像在跳宅宅版的瑪卡蓮娜舞（Macarena）。舉起你的右手，放在頭頂左邊手結的位置，再用左手貼在頭頂右邊相同的地方。這兩塊運動皮質分別控制你身體的另一邊。接著，打開你的雙手向前伸，你就在模擬大腦兩半的視線！我們在〈緒論〉中曾提到，你的左腦會先看到外面環境的右半邊，反之亦然。

上幾個問題你都回答使用同一隻腳，這又表示你的各種機能沒有平均分配到大腦兩半裡。

　　我們再來看看一個更細微的項目：你用雙眼的差異。兩隻眼睛都會把外在環境的資訊傳到大腦裡，但有些人會偏重某一邊眼睛傳來的資訊。這裡告訴你一項有趣的小知識：大多數人會偏好右眼得到的資訊！*我們也可以用判定慣用手的方式來推斷你是否有慣用眼，像是問你看顯微鏡或相機觀景窗的時候會用哪一隻眼睛。但是，我們也可以用更客觀的方式來判斷。以下請你做這個「看東西」的實驗：找個離你大約三到四公尺遠的物體，並用一根食指放在眼前擋住視線。當你雙眼都張開的時候，你可能會有「透視」穿過手指的錯覺，或者你有可能覺得自己看到兩根手指（取決於你把視線的焦點放在哪裡），但盡可能把焦點放在那個物體上，並且把手指放在你和那個物體的直線上。現在閉上你的左眼，看看發生什麼事？如果你的手指看起來完全遮住那個物體，你的**主眼是右眼**。如果你的手指看起來跑到物體的一邊去，那請你換成閉上右眼，手指是不是跟物體對齊了？如果是這樣，你的**主眼是左眼**。假如不管閉上哪一隻眼，你的手指都沒有和物體對齊（前提是物體和你之間的距離夠遠），你是**主副眼混用**。

　　到了這個地步，你應該發現有一種規律。假如你的大腦極偏重一邊，你往往更偏好一直使用身體的某一邊。如果是大腦兩半比較均衡的人，一方面在特定的部位上可能有時偏好使用一邊、有時偏好使用另一邊，另一方面不同的身體部位可能也

會偏好使用不同邊。但我們現在換成用另一種測量方式：我們來看看你的左腦和右腦怎麼**理解**這個世界，兩邊的認知是否一樣呢？

看看以下兩張臉，你覺得哪個臉看起來比較快樂？

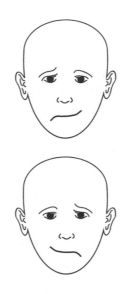

你可能會覺得這是陷阱題，因為兩張臉是一樣的，只是左右顛倒——你說的沒錯，但請你再看一次，這次不要想太多，靠你的感覺就好。假如你專注看臉的正中心，你會不會覺得一個比另一個快樂？

---

* 但「慣用眼」的分布沒有像慣用手那麼偏右：大約有三分之二的人會偏好右眼，[9]但有十分之九的人偏好右手。

我們在研究裡常常使用這種嵌合（chimeric）的臉，檢視左腦和右腦對臉部表現出來的情緒會怎麼反應。這種做法利用兩眼和大腦的連線方式，也就是我在〈緒論〉裡提過的情形：鼻子左邊的資訊會到右腦，右邊的資訊會到左腦。因此，如果你覺得下面那張臉比較快樂，你的大腦在這樣判定的時候用了較多經由右腦處理的資訊；假如你覺得上面的臉比較快樂，你的大腦就相對依靠左腦來做這種事。當然，如果你的大腦真的左右均衡，你可能真的覺得這兩張臉看起來都一樣，所以只是隨便猜其中一個比較快樂。在實驗室裡用這種臉部圖片測量大腦側向性，我們通常會給受試者看很多張不同的圖片，這樣才能判斷受試者有多常偏好使用大腦其中一邊。[10]但我們在這裡只能先靠你的直覺，雖然這樣可能不盡完善。

以上各種評量的結果合併起來看，可以大致知道你的左腦和右腦**看起來**有什麼樣的差異。接下來，我們會討論相關的研究，看看大腦左右不均等會怎麼影響它理解周遭環境的方式。但在此之前，我們先談談不同形態的結果分別有多常出現。知道這一項資訊可以增進你的認知，其中包括這一點：當你看到研究裡提到「一般人的大腦」時，就能知道**你自己的**大腦和研究結果相符的可能性有多高。

你有多「典型」？

雖然90%的人自認慣用右手，但只有大約60%到70%的

人在身體運動時會強烈、一致地以右邊為主。如果你是這樣的人，你的慣用手量表結果會是極偏好右手（平均分數接近+2），而且在需要肢體靈活的時候最有可能使用右腳和右眼。如果你是這一類人，你應該會覺得下面的那張臉[11]看起來比較快樂。我會這樣猜，是因為你屬於多數群體；換言之，關於大腦怎麼將工作分配給左腦和右腦，我們現有的認知多半和**你自己的**大腦相符。但有時候並不是這樣：如果你還記得我的閱讀認知研究，有時候我們根據群體平均值得到的認知，其實並不符合任何單一對象。

假如你屬於第二大的群體——25%到33%的左右均衡族群，狀況又更加渾沌不明了。這幾個側向性測驗可能把你搞到瘋掉，因為你實在沒辦法確定你在做某項工作時會慣用哪隻手或哪隻腳，而且不管閉上哪隻眼睛，你那該死的手指看起來都一直跑來跑去。[12]把你搞瘋我真的抱歉，但我想這對了解你自己是有用的。你的大腦還有很多事情我們並不清楚，而且這主要是因為神經科學家（包括我在內）沒有好好思考你該怎麼被定義。許多人自認慣用右手，畢竟這個世界大半設計給慣用右手的人，所以假如你的左腦有辦法控制你的右手，你大概早就把右手訓練好了。但一些大腦研究人員認為，所有「不是強烈偏好右手」的人都要算「慣用左手」，另外又有些人認為所有「不是一直以左手為主」的人都要算「慣用右手」，這樣等於把左右開弓的人歸類為右撇子。研究人員在看大腦側向性的差異時，往往會自行用某個參數當作一刀兩斷的切點，或者只看

受試者用哪隻手寫字。在慣用手相關的研究裡，可能有多達三分之一的人就是這樣被隨意歸類，我光是想到這件事就要起雞皮疙瘩了！

　　即使學界的看法如此不一致，有些研究人員（像是克內希特）**確實**有認真思考怎麼把慣用手當作漸層變化的連續體來看待。他們常常發現，混合慣用手的人（特別是大部分事情用右半身的人）的大腦平均來說和多數群體相似，只是會有一些例外之處。換言之，假如多數群體在判讀臉部時以右腦為主，那麼在這件事情上**你的**右腦很可能也會比左腦投入更多，也因此大多數屬於這一類的讀者應該會認為下面的那張臉看起來比較快樂。但是，跟大多數大腦偏重一邊的人相比，你的左腦也有可能比他們更懂得怎麼判讀面孔，所以你可能比較難下決定。[13]假如我們是在實驗室裡進行這個測驗，我可能會發現你花了比較久才能下決定。假如你的大腦均衡，只是稍微有一點點偏好左腦，你可能又更難以決定。簡單來說，大腦兩半越均衡，兩半就越有可能同時投入同一件工作。至於這跟你的運作方式有什麼關係，我們等一下會再詳細說明。

　　最後要來講一下最罕見的群體：認為自己**一致慣用左手**的人，這佔總人口的3%到4%。如果你的量表分數表示你極偏好左手（分數接近-2），你的大腦可能跟強烈偏好右手的人一樣偏重一邊。你也很有可能偏好使用左腳和左眼，而且跟以上兩個群體比起來，你更有可能認為上面的那張臉看起來比較快樂！我不想特別偏愛某些人，但這個群體讓我覺得格外親

切——而且這**不只是**因為我喜歡了解與眾不同的人而已，這是因為有一名極度左撇子的大腦讓我搜集最多的資料，而且二十四年來我還能不斷測試——她就是我的女兒賈絲敏。

事實上，我在神經科學界的第一份工作就是給小孩子戴那種超難戴、像裡面縫了電極的泳帽，來測量他們的腦波。假如你有幫幼兒穿過萬聖節或其他節慶裝扮，你就知道要他們把東西好好戴在頭上有多困難，所以我的工作大概是神經科學界最難做的事！我會拿到這份工作是因為我有一大優勢：跟當時在加州大學聖地牙哥分校（UC San Diego）大多數大學生比起來，我對付小孩子的經驗更多，因為我自己就有一個小孩子！*而且，因為賈絲敏的脾氣很好，我常常帶她進實驗室，讓我練習我的「戴帽法」。†

第一次看到賈絲敏戴電極帽的資料時，我深信自己一定有什麼弄錯了。她在實驗中聽到她認得和不認得的單詞，腦內活動的變化（我們稱作N400，因為這是負電〔Negative〕的電波，發生的時間大約是聽到單詞後四百毫秒）是右腦比左腦大。在我們研究的幼兒當中，有些（大多是年紀比較小的，或者比較晚開始說話的）[14]會在大腦兩半都出現變化，但**我自己**

---

* 我永遠感激這間實驗室的主任黛比・米爾斯，因為她不把我有孩子這件事當作缺點，而是視為加分項，讓我有機會踏進實驗室的大門。

† 假如你覺得我把自己的孩子當實驗品很糟糕，請容我提醒你一件事：單親媽媽帶孩子去上班又不想讓孩子太無聊，絕對有可能給孩子做更糟糕的事……而且她長大後也變成科學家，所以這應該還是有一點正面的影響吧！

從來沒看過幼兒只有右腦對單詞敏銳。我當時的指導教授是發展認知神經科學家黛比．米爾斯（Debbie Mills），在她的建議下，我們又進行了一些測試，其中包括一個「故意搞怪」的試驗：受試者聆聽一連串相同音高的聲音，但有時候會插入另一個音高的聲音。在大多數人身上，突然改變的音高會產生一個叫P300的活動變化（正電〔Positive〕的電波，發生在聽到聲音後大約三百毫秒），而且這個變化在**右腦**會比較大。在賈絲敏身上，這個變化正好也反過來。

最酷的一點是，早在身體表現出來以前，賈絲敏的大腦就已經告訴我她是左撇子！慣用手有時候**可以**更早就看出來，但大多數孩子會在十八個月到兩歲之間開始表現出明顯的慣用手偏好。賈絲敏在十七個月大的時候第一次接受腦電圖檢查，當我發現她的大腦左右顛倒後，我差不多馬上就注意到她強烈偏好使用左手。這些年下來，我發現賈絲敏的大腦結構和功能一直有這個現象。她的大腦不會把工作**隨機分配**到左腦和右腦；但她大腦工作特化的情形，和大多數人認為的「正常」模式往往剛好相反。

可惜的是，在講究「一體適用」的腦科學裡，神經科學實驗常常會**排除**極端的左撇子。這樣做的理由是：（廣義的）慣用左手者「差異較大」，假如我們把像賈絲敏那樣的大腦資料和**典型**的大腦資料拿來取平均值，結果就會一團亂。正因如此，假如你沒在神經科學實驗室裡長大，我們對你的認知恐怕實在太少。*雖然如此，仍有少數發表過的論文對此進行過系

統性的研究，其中的發現跟我對賈絲敏的觀察很接近——大腦分配工作的側向性很少會反過來，但這個現象最常發生在**極度慣用左手的人身上。**[15]

　　賈絲敏有各種怪異的舉止，像是看電視的時候會把頭往左轉，用兩眼的右角去看（這樣大部分的資訊會先進入她的左腦），或是她聰明絕頂，但處理資訊的速度卻不**快**。我既為神經科學家也為人母，兩種身分一起成長，因此有時候看到賈絲敏的怪現象，不禁會想這是不是跟她罕見的大腦構造有關。接下來一節會再談為什麼某些工作會分配到大腦的某一半：我們現在對這個現象的認知有多少？另外，假如你的大腦和多數人不一樣，這種分配工作的方式對你有什麼影響？

從結構到功能：工作怎麼分配給左腦和右腦

　　大腦的樣貌和它的運作方式有著複雜的關係，為了幫助你理解這件事，我想先說明一件圈內人常常搞錯的事：大腦**功能**（brain function）和大腦**計算**（brain computation）不一樣。我們再用團隊分工的例子來打個比方，**功能**像是被分配下去的工作，**計算**則是一個人做好這個工作所需的技能。不論是科學家或一般人，當我們談到大腦的運作方式時，大家往往只講到大

---

*　我不久前提出一個補助申請，看看能不能盡一己之力來彌補這個缺失。希望我有辦法說服補助機構這件事：我們不應該對左撇子的運作方式**一無所知！**

腦各個部位的**功能**，卻忽視了該部位用來達到這種功能的基本**計算**。可是，如果你想要弄懂偏好使用某一隻手的程度，跟你看到人臉的時候傾向注意哪一邊有什麼關聯，我們就得看得更深入，探討計算的層面——你大腦的設計結構，與這些設計特徵會用在哪些功能上，就是透過計算連結起來的。

就以語言為例，這是大腦最重要又最精采的功能之一。我大半輩子研究大腦兩半怎麼**共同**投入語言相關的工作程序，但大多數人認為這是最典型的側向功能——語言主要會交給左腦處理。事實上，我們現在會認為特定的心智功能會分配給大腦特定的區域來負責，正是因為法國醫師保羅・布洛卡（Paul Broca）描述一位病患左腦受損後，似乎只有失去說話的能力，[16] 其他一切都正常。布洛卡發現這件事已經超過一百五十年，現今幾乎所有談論大腦處理語言的教科書都會把左額葉某一塊標示為「布洛卡區」（Broca's area），並且註明這裡的功能是「語言」，往上移一點、靠左耳後方還有另一個區域負責「語言理解」。

但真相是這樣的：**使用**語言的能力（「語言」指的是一整個系統，這個系統讓你有辦法把各種想法轉換成我們用來溝通的特定符碼，或是將這些符碼轉換為想法），必須依靠許多種不同的計算，而大腦執行這個功能時需要計算哪些項目，又要看各種不同的因素，像是你是語言交流中的發送方或接收方，或者你使用的是口語或書寫的符碼系統。口說和理解語言使用的大腦部位到底有多少差異，其實要看你關注的是背後的哪一

種計算程序。

就拿「言語產生」這個能力當作例子，畢竟就是因為布洛卡的病患失去這個能力，才導致日後出現「一區負責一個功能」的想法。假如布洛卡區受損，大多數典型偏一邊的人產生言語會有困難；但這並不表示布洛卡區的**功能**是口說的言語。這種想法有點像是你的汽車爆胎，導致你無法高速前進，你就以為輪胎的功能是把汽車向前推。當你想要用嘴巴製造出有意義的聲音時，你的大腦必須執行一連串複雜的計算，先把你頭腦裡的想法轉換成你的語言所使用的言語符號，接著再把這些言語符號連結到各種流程，由此產生出一連串繁複的動作，讓你的舌頭、嘴唇、牙齒、鼻子*和聲帶都在恰好的時間點上做出恰好的事，將你吐出來的空氣轉成某種形式的震動，讓另一顆頭腦透過鼓膜接收到這些震動後可以「理解」。†

假如你有開過「里程數很高」的車，你應該知道除了爆胎以外，車子無法前進的原因還有**很多**。事實上，當你更深入理解汽車的運作方式後，你就知道車子要能輕鬆向前進，其實需要有很多東西運作順暢才行。語言也是如此，而且妮娜・德隆克斯（Nina Dronkers）和她的團隊還發現，人類若要口語流

---

* 你講話的時候**當然**會用到鼻子。不信嗎？試試看捏著鼻子說「諾」，是不是聽起來像「踱」呢？

† 這一切需要極其龐雜的資訊處理能力，可是大多數人的頭腦卻能輕鬆完成，我真心覺得這簡直是個奇蹟。

暢，大腦**另一個**叫做「腦島」（insula）的部位可能比布洛卡區更重要。[* 17]

更複雜的事還在後頭：爆胎以後，車子不只是難以向前推進而已，轉彎也會更困難，而且乘客也會覺得更顛簸。同理，布洛卡區受損後，除了語言能力出問題之外，我們也有可能觀察到跟語言無關的障礙。舉例來說，有些人會無法使用句中單詞的順序[19]來**理解**一整句話，但有些人則是難以理解圖像裡的動作！[20]

我想表達的重點是：在布洛卡觀察到這個現象的一百六十年後，我們對於大腦運作的認知，大半還是指**大多數人**的大腦受損後會有哪些**功能**出現障礙，或者當我們用健全的大腦做實驗時，哪些任務會讓大腦活動更活躍。可是，假如我們真的想知道**你的**大腦是怎麼運作的，我們得有辦法探討背後的機制才行。你的左腦和右腦到底有什麼樣的構造，才會導致其中一邊更擅長做某件事呢？

我在跟誰說話？語言在頭腦裡分兩邊

為什麼有些工作會分配給大腦某一邊，有些則會分配給另一邊？其中一個重大的線索，是慣用手和語言側向性之間的關聯。大多數人偏好使用由左腦控制的右手，同時**也會**用左腦來產生口說的言語，這表示在演化過程中，左腦出現了某種特徵，讓它更擅長這兩種功能所需的計算能力。布洛卡區的旁邊

正好是大腦內負責操控嘴唇、嘴巴和舌頭的部位，許多人因此認為這兩種功能都需要用到運動協調相關的計算，也就是你的大腦能否精準地操控你的身體。

但是，**有些人**通常會用大腦某一邊來控制手部動作，說話時卻使用另一邊。史蒂芬・克內希特和他的團隊就證實了這個現象：他們找了三百二十六名慣用手傾向[21]不同的受試者，發現這些人在說話的時候，使用左腦或右腦的情形各有差異。本章開頭描述的 TMS 實驗是這項研究的後續，在這項研究裡，受試者做了你稍早做的同一份慣用手傾量調查表，並依照結果從「一致偏好右手」到「一致偏好左手」共分成七組。由於克內希特想要**了解**左撇子，而不是將他們排除在外，因此他的樣本裡有比較多一致慣用左手的人（57 人），以及左、右手使用相對均衡的人（101 人），這兩類的人數都比從總人口中隨機抽樣來得多。他觀察了這些人左腦和右腦裡跟口語相關的部位的血流量，比較這七組人的流量變化後，發現了顯著的差異。在一致偏好右手的群體裡，96%的人在說話的時候，血流量變化在左腦比右腦更大；換言之，在進行指認圖片的工作時，強烈偏好右手的人幾乎都是左腦用得比右腦**更多**。但一致偏好使

---

* 事實上，德隆克斯和她的團隊還用現代腦造影設備，檢查布洛卡最早的病患的大腦標本，[18]結果發現受損的範圍比布洛卡描述的更大，而且腦島也有損傷。所以我有個提議：我們應該把腦島叫做「德隆克斯區」，來頌揚這位一百三十年後總算把事情弄對的女性。

用左手的人只有73%會這樣，而雙手均用的人則有85%會這樣，佔比也落在中間。*

我們可以從這些結果看到幾件事。首先，越是強烈偏好使用右手的人，其左腦**越有可能**擅長口說言語所需的計算。但從先前描述的TMS實驗來看，假如大腦受傷，口語偏重一邊的情況也更容易導致口語能力發生問題。換邊來看，†大腦越均衡的人，其大腦兩邊的能力越有可能相似。這樣表示，左右開弓和慣用左手的人，其右腦不僅更擅長靈活控制手部動作，也更擅長產生出口說言語。正因如此，當他們的大腦其中一邊被TMS干擾時，他們的表現較不會因此大打折扣。

但還要注意一件事：即使你是左撇子，右腦比左腦更會說話（賈絲敏就是這樣子）的機率還是遠遠小於50%。這說明了**大多數**的人類大腦都至少有一點點偏重一邊，只是每個人偏重的程度有差而已。即使是大腦**最均衡**的人，說話的時候大多還是左腦用得比右腦多；這表示，大腦兩半的結構差異，對語言能力（語言是人腦相當晚近才演化出來的功能）的影響可能更甚於操控手部。但在強烈偏好左手的人裡，有73%的口語能力和慣用手分別由大腦**不同的**兩半來控制；這樣表示，這兩種功能所需的共同計算可能**不只有**運動控制而已。事實上，左腦和右腦分別怎麼**理解**語言也有明顯的差異，而這又帶給我們更多線索，讓我們更了解它們怎麼一面獨立運作，同時相互合作，塑造出你理解外在世界的方式。

語言理解能力主要由左腦負責，聽覺皮質（auditory

cortex，大腦負責分析聲音的部位）可以看到這一方面的初期徵兆。[22] 我們從一些研究看到受試者聽到口語的聲音時，左腦的聽覺皮質比右腦的更活躍（至少在**大部分**人身上是如此），[‡] 但聽音樂的時候則是右腦比較活躍！大衛・波佩爾（David Poeppel）[23] 和羅伯特・札托爾（Robert Zatorre）[24] 等人認為，左腦之所以負責理解語言，是因為它非常擅長偵測短時間**快速**變化所需的計算。[§] 當然，音樂也可以快速變化，如果要看音樂和運動協調能力之間的連結，一個絕佳的例子是紀錄上最快的鼓手希達斯・那加拉詹（Siddarth Nagarajan），每分鐘敲擊的次數經測量多達二千一百零九下 [25]（我的節拍器最多只能每分鐘打二百五十下而已）。

但如果你要分辨「爸爸別怕」[¶] 裡「爸」和「怕」的差別，你的大腦必須抓得到一個人聲帶開始震動和嘴唇分開的時間差，兩者的間隔只有**十毫秒**而已。這樣有如聽得出鼓手一分

---

* 　要注意的是，這些數據指出受試者在說話的時候，大腦哪一邊的活動**更多**，但克內希特也觀察到說話的側向性和慣用手類似，同樣是漸層變化的連續體：有些人會以大腦某一邊為主，但有些人卻是左、右兩邊幾乎用得一樣多。

† 　這當然是雙關語。

‡ 　我沒找到是否有研究探討這一方面的個人差異，特別是這和慣用手之間是否有關聯，但從探討用耳偏好的行為研究來看，我推測我們在口語和其他側向性功能觀察到的現象，也同樣適用於用耳偏好。

§ 　至於右腦為什麼比較擅長聽音樂，兩位研究者的看法略有不同。假如你想知道，我在書末的註釋裡列出了幾篇相關的論文！

¶ 　編案：原文為「banana pancakes」。

鐘打五千九百九十九下和六千下的差別，再怎麼重金屬的音樂都沒打**這麼**快。左腦有計算優勢，是不是因為它能協調或偵測短時間內快速的變化？

　　簡單來說，答案是：「有一點算是吧。」以〈緒論〉那個「很重要的稻草堆」為例，你可能還記得有些功能會分配給大腦的某一邊，但整個運作流程比較緩慢和耗時。*那麼，一個人要用左腦或右腦來處理某種語言功能，又要怎麼解釋呢？

　　針對這個問題，埃爾克諾恩・高德伯（Elkhonon Goldberg）和路易斯・柯斯塔（Louis Costa）在一九八○年代初提出一個可能的答案：從結構來看，左腦和右腦會分別特化的關鍵[26]是兩者的**線路**不一樣。更準確來說，這兩位科學家認為左腦和右腦之間連線模式的差異，會影響左腦和右腦各自**內部**不同部位的通訊。†根據他們的說法，左腦由許多「資訊囊化」的區域組成。這些區域會變成本章開頭提到、各種專精的「模組」，拿特定的輸入資訊來進行非常特定的計算，而且完全不會被鄰近區域干擾。因此，在大多數典型偏重一邊的大腦裡，左腦參與任一**功能**的程度要看「個別擊破」的策略在此是否適用。以語言為例，「個別擊破」就像是從一連串的聲音進展到單詞，再從一連串的單詞進展到想法，接著再從一連串的想法進展到故事。

　　相較之下，高德伯和柯斯塔認為從結構來看，右腦各個區域**之間**的連結相對較多，因此更適合的工作是將各種不同的資訊整合成一體。我在前面的測驗裡曾提到，辨認臉孔等功能在

大多數人身上會分配給右腦，原因就是這個：要分辨不同人的面孔，你必須看到許多特徵的細微差異，以及它們彼此之間的關聯。假如你不相信，試試看能不能只從照片裡的單一特徵，像鼻子或一隻眼睛，來辨認照片裡的朋友是誰。少了周遭相關的特徵後，這遠比你想像的困難。

回到稻草堆的實驗，我們可以用高德伯和柯斯塔的想法，來說明左腦和右腦如何左右人類理解閱讀的文字。你可能還記得，在我的實驗裡，**所有人**的左腦都察覺到句子內小範圍的論述結構。這表示左腦處理資訊的特化模組會接收語言細節，並由此建構出句子的意義（最起碼閱讀能力夠他們上大學的人是這樣）。

相較之下，右腦參與的程度會因閱讀能力而異。以閱讀能力較差的讀者而言，右腦既會對小範圍的結構有反應，**同時也**會對大範圍、跟情境有關的脈絡有反應；而在閱讀能力最好的人身上，右腦對這兩種理解程序都沒有反應。這到底是為什麼呢？

高德伯和柯斯塔的理論有一部分我們還沒討論到，但和我們的發現相符：這一部分說明左腦的特化模組怎麼分配到不同的功能。根據他們的理論，複雜的工作一開始幾乎全部靠右

---

*　成人的平均閱讀速度在每分鐘二百到三百個英文單詞之間，這遠比一般的打鼓 solo **來得慢**。

†　接下來兩章會談到這種通訊的機制。

腦。簡單來說，在你釐清某項工作可以分成哪些重要**步驟**之前，最好的辦法就是盡可能利用所有的資訊，來弄懂你應該怎麼做。他們認為，一個人碰到一項全新的任務時，右腦那種「見林不見樹」的大範圍策略會相對有利。如果你曾經到過一個人生地不熟的國家，又不太會講當地的語言，你大概知道這種策略是怎麼一回事：你可以根據當下的情境，從別人的手勢、臉色等線索，猜出你應該怎麼做。但當你做一件事情漸漸上手後，你就會知道這件事情有哪些細節才是關鍵。當你知道整片森林裡哪些樹更重要，大腦就能利用功能特化的模組發展出更快、更有效率的策略，也會越來越不需要看整個大局面來弄清楚狀況。

在累積經驗後，有一些功能確實會漸漸使用更多左腦，這跟高德伯和柯斯塔的理論相符。舉例來說，嬰兒在最早期通常兩隻手同樣不靈活，等到大約一歲半，他們用手的經驗比較豐富以後，才會開始看出他們固定偏好[27]使用其中一隻手。*語言也是如此：一開始的時候，左腦和右腦會一起投入，但在越來越流利後就會變成以左腦為主。[28]雙語能力更複雜一些，†但有些研究認為**第二語言會相對仰賴右腦**，[29]假如一個人較晚學習第二語言，第一語言也沒那麼流利的話又更顯著。有一些小型研究甚至還發現，如果比較音樂新手和高手的大腦怎麼處理音樂，高手有偏重左腦的側向性。[30]

總結一下**你的**大腦怎麼處理語言，有兩件事情我希望你記得：首先，根據高德伯和柯斯塔的理論，左腦和右腦在計算方

面的差異，其中一項關鍵是它們怎麼連結起來。在高度偏向一邊的大腦裡，左腦比較會用「個別擊破」的策略，以「見樹不見林」的方式用專門的模組處理細節，而右腦的專長則是看整個大局面，也就是「見林不見樹」。不過，由於現今針對重度左撇子的研究並不多，我們還不清楚像賈絲敏這類側向性相反的人會不會在右腦發展出專門的模組。我們暫且可以這樣說：不管是什麼樣的大腦，一定都有負責「見樹」和「見林」的**部位**，但在解決複雜的問題時，大腦越偏重一邊的人就越有可能把注意力放在小細節或特徵上，大腦比較均衡的人就更有可能注重整個局面。

　　另外還要記得：不論你是哪一種大腦，進行某一種工作的經驗越多，你在處理資訊的時候就會越傾向注意細節。事實上，即使像手部控制能力這一類的功能都能藉由經歷塑造。‡舉例來說，有一項研究找來被迫使用右手的人（年幼時表現出偏好左手，但為了配合社會常態而被迫使用右手）來參與實驗，發現他們的運動皮質和「天生」慣用右手的人無異。[31]這說明了在某個範圍之內，我們後天的經驗可以反轉大腦先天的傾

---

* 　時間點要看我們怎麼判斷用手偏好（抓東西或雙手操弄的方式），但如果嬰兒的大腦較為均衡，他們表現出偏好的時間很可能比較晚！

† 　其他因素不論，許多不同的語言經歷都有可能讓人具備雙語能力，這些經歷影響雙語者大腦的方式都不一樣。第三章會談到一些我針對雙語者大腦的研究。

‡ 　不管你的看法是什麼，先天與後天之爭永遠爭不完！

向。*

　　為了更清楚大腦均衡或偏重一邊分別有哪些影響，我們現在要離開實驗室，看看左腦和右腦的各項功能在「野生環境」中會怎麼運作，幫助你理解日常生活的世界。

偏一邊的功能：你的大腦會說哪些故事

　　到目前為止，我們在這一章裡大多談論左腦和右腦的**運作**原理。但不管你是均衡或偏重一邊的大腦，假如你想更了解你在現實中的思考、感受和行為模式怎麼受到你大腦的影響，我們就要先回過頭來看看你的大腦**為什麼**會分成兩個半球，而且運作方式還不一樣。這裡又要談到**功能**特化這件事，如果你還有印象，這章開頭曾指出這是很古早就演化出來的設計構造。根據約瑟夫‧迪恩（Joseph Dien）的說法，人類的左腦和右腦會演化出不同的結構，是為了進行遠比語言古老的工作。

　　簡單來說，迪恩認為偏重一邊的大腦有重要的演化優勢，[32]因為它們可以同時用不同的方式來理解這個世界——它們可以在同一時間注意兩個方向。他用古羅馬神明耶奴斯（Janus）來稱呼這種大腦模式，因為耶奴斯在圖像裡有兩張臉，一張向前看，另一張向後看；同理，迪恩認為我們的大腦演化以來，有一半（左腦）†主要用來預測未來，讓你更能決定接下來要怎麼做，另一半（右腦）則是用來理解**當下**發生的事情。這個想法跟另一種功能理論相關：這個理論認為左腦會

發動「靠近」相關的行為，[33] 右腦則是注重「避免」相關的行為。兩種理論的主要想法是，你的大腦會透過思考、感受和計算來預測未來，或者找到對你好的事物，但這些可能會跟認清當下，或避開致命事物所需的思考、感受和計算相互抵觸。另外還需要注意，這些理論的重心雖然是功能，也就是左腦和右腦發展出特化結構的潛在**原因**，但和高德伯、柯斯塔兩人描述的大腦兩半結構差異並不抵觸。大腦會演化出經驗式、模組式的處理單位，當然有可能**就是因為**它們適合用來執行快速、特定的計算，以供預測未來之用；相較之下，整合式、全域式的處理單位也有需要，因為它們可以用來執行辨認模式的複雜計算，藉此理解當下正在發生的事情，以及和過往的經驗比較，來判別某個東西對你有沒有危險。

那麼，均衡和偏一邊的大腦在現實中分別會怎麼運作呢？想像你是一名英語流利的人，你聽到這麼一句話，乍聽之下好像很直白：They are cooking apples（他們在煮蘋果）。這句話的**語意模糊**，但我想大多數人看到這句話完全不會覺得困惑。這是因為你的大腦早就累積了豐富的經驗來處理這種句子，所以你的左腦直接把這些單詞送到特化的模組去處理了。在你看過去的當下，這些模組立刻就逐字進行決策，來判別這一句話

---

* 但是，我不建議強迫人改用右手。值得一提的是，被迫改用右手的人，大腦某個與控制相關的部位相對較小，這可能是因為他們的左腦必須抑制或阻礙右腦，才能克服天生的傾向。

† 有一件事值得我們注意：這幾種側向性理論都沒有設法解釋個體之間的差異。

的**語意**。除非你的大腦遇到相互抵觸的事情（像是句子出現的情境與大腦最初的解讀方式不符），否則它就會一直繼續下去，根據以前的經驗來**預測**這句話最有可能是什麼意思。事實上，我打賭大多數人讀了這句話後，會解讀成某個人或某一群人（也就是句中的They）做出「cooking」的動作，時態是現在式，動作的受方是一些叫「apples」的物體，而且完全不會思考這句話是否有別的解讀方式。但真正的問題來了：假如我們補上以下這段情境，**你的**大腦看到這句話會不會有另一種解讀方式呢？

賈絲敏走進廚房，看到紙袋裡有一堆蘋果，但這些蘋果和水果籃裡的蘋果長得不一樣：它們看起來非常熟，而且有些還帶點損傷。她轉過來問我：「這些蘋果要做什麼用呢？」我回答：「它們是料理用的蘋果。」（They are cooking apples.）[*]

啊！大多數人的大腦現在應該會換一種讀法了。現在，They指的是**蘋果**，cooking則變成形容詞，用來描述這些是**什麼樣**的蘋果！

語言真是瘋狂又奇妙，對吧！

但我真正的重點是：即使輸入的資料一樣，還是可能會有**不同**的詮釋方式。正如稻草堆實驗所示，我們在解讀句中各項細節時，運用情境來判讀的程度會因人而異。所以，不管第一

次世界大戰期間寫下「French Push Bottles Up German Rear」[†][34]這個新聞標題的天才是誰，他大概都沒發現這句話除了**他自己的**解讀方式之外，還有**其他**的讀法。我敢打賭，他應該是個「見林」式、大腦兩半均衡的人，再不然就是他的大腦完全沉浸在戰術的**情境**裡，導致他完全沒注意到「push」一字更常當作動詞而非名詞，「bottles」一字則正好相反。[‡]

不論你的大腦是用見樹或見林的方式來搞清楚狀況，我覺得最奇妙的是，我們明明一直碰到不完整或不清楚的資訊，卻不會**一直**覺得困惑。這是因為你的大腦會直接幫你**填空**，利用各種不同的資訊和計算來弄懂現在正在發生什麼事。你接下來會在這本書裡發現，就是因為大腦會這樣做，相同的資訊輸入到不同的大腦很可能會造成**不同**的解讀方式。你的大腦有許多機制來理解這個世界，利用這些機制之後，它就能在相關資料不夠充足的情況下建構出更具體、更完整的**故事**。這可不只是在說它**閱讀**到的故事而已，還包括你在感知現實世界的時候，它**創造**出來的故事。

---

* 老實說，假如你們知道我其實很少下廚，你們就會覺得這個情境根本不可能出現，但這一段的重點是要建構敘事，所以我就沒那麼循規蹈矩了！

† 譯註：此一新聞標題雖然著名，但來源不可考，應為後人杜撰。在戰爭新聞的情境下，這個標題的意思是「法軍推進導致德軍後線停滯」，但少了這個情境，一般會讀成「法國人把瓶子塞進德國人的屁眼裡」。

‡ 這就是本書最後一章的主題：當我們以為其他人的大腦都跟我們的一樣，用相同的方式來判讀這個世界，我們會碰到什麼樣的挑戰。

左腦和右腦會以不同的方式參與說故事的過程，而且正是這一件事導致這個歷久不衰的大眾心理學迷思：左腦重「分析」，右腦重「創意」。「分析／創意」的概念雖然並不完全正確，但這個想法最初是羅傑・斯佩里（Roger Sperry）、約瑟夫・博根（Joseph Bogen）和麥可・葛詹尼加（Michael Gazzaniga）研究病患時觀察到的現象。這些病患格外值得關注，因為他們為了治療嚴重的癲癇，接受一種叫胼胝體切開（callosotomy）的手術，切斷大腦兩半之間的連結。[35] 手術雖然可以防止癲癇從大腦一邊「擴散」到另一邊，但病患的左腦和右腦之間也幾乎無法分享資訊。這讓研究人員有難能可貴的機會，在沒有大腦另一邊的影響之下，單獨問左腦和右腦分別**知道什麼**。

　　研究人員使用的手法，跟我的閱讀實驗一樣：因為視覺資訊會傳送到大腦的另一側，他們利用這一點，只在螢幕的左邊或右邊讓單詞或圖案閃現一下。**大多數**接受過胼胝體切開手術的病患只能用口語描述螢幕右邊閃現的單詞或圖案，這個現象與「語言主要由左腦負責」的論點一致。但有趣的來了：假如在螢幕左邊打出圖案，藉此只讓右腦看見，然後再問胼胝體切開的病患他看到什麼，他通常會回答：「我什麼都沒看到。」這是因為說話的是他們的左腦，而左腦**確實**沒看到東西。**可是！**如果你在他的左手裡放一支筆，叫右腦**畫出**它看到的東西，它畫得出來！這是不是太扯了？更怪的還在後頭。

　　在進行這項研究時，葛詹尼加還是斯佩里指導的研究生。

葛詹尼加發現了一個有趣的現象：有時候，病患看到自己的左手在做什麼事（這時是大腦兩半都看到），他們會馬上編故事，來解釋為什麼他們說自己沒看到東西，卻還是畫得出東西。在葛詹尼加錄下的影片裡，有一名病患接受實驗時，螢幕的兩邊同時出現兩個不同的圖案：螢幕右邊是太陽，左邊是沙漏。他問這位病患：「你看到什麼？」病患回答：「太陽。」因為這是負責說話的左腦所獲得的資訊。他在病患的左手裡放一支筆，再問：「你畫得出來嗎？」病患畫了一個沙漏，因為左手是右腦控制的，但右腦看到的是沙漏。此時負責說話的左腦看到左手畫了什麼東西，於是開始編故事解釋左手**為什麼**會這樣做。葛詹尼加再問一次：「你看到什麼呢？」病患回答：「太陽。可是我畫了一個計時的東西，**因為**我想到日晷儀。」用**虛談**（confabulation）將左腦的所知和所見連結起來。於是，這位病患的大腦就這樣在編故事的時候被抓包。*

　　葛詹尼加進行實驗時，無意間發現大腦負責說話的部位還會編造出**前因後果**，來解釋事件之間的關係。在此之後，他和其他科學家（包括我）為研究大腦兩半「推測」過程的差異，[37]針對胼胝體（corpus callosum）正常和被切開的受試者進行實驗。[38]學界公認的看法是，大多數人的左腦會根據

---

* 我在註釋裡放了一部YouTube影片的連結，內容是演員亞倫・艾達（Alan Alda）訪問葛詹尼加，[36]和一位名字叫「喬」（Joe）的胼胝體切開病患。真的很有趣！

它認為重要的細節，創造出假設來說明兩個事件之間可能有哪些關聯。因為左腦有這種能力，葛詹尼加稱它作「解譯器」（interpreter），新聞記者和研究人員後來便由此得到「大腦其中一半負責**分析**」的概念。

這種分析能力會從觀察到的事件裡逆推出因果關係，你大概已經知道，若要預測未來，這種能力非常重要。我也必須明白指出，健全的大腦一天到晚都在做這種事。在大腦兩半分裂的病患裡，左腦看到有個行為發生，但不是它控制的，它就會編造故事來填補漏洞；同理，你的大腦觀察你的行為之後，也不斷在編造出屬於你自己的敘事，讓這些行為有因果關係。你左腦和右腦的連結八成沒有問題，但由於腦內的潛意識程序會主導你絕大多數的行為，你的解譯器還是需要填補漏洞。*不過，這個過程經常發生，而且非常流暢，所以我們多半完全沒注意到自己的大腦在說故事。

假如你還是不相信**你自己的**大腦會憑空捏造故事，試著回想你意識迷糊後突然清醒的時候。我個人印象最深刻的一次發生在我讀研究所的時候，†在最簡要的故事版本裡，一開始是我「醒過來」，發現自己的頭伸到公寓大門外。此時我最先意識到的事情，是聽到心裡有個聲音在說「我一定是在這裡打瞌睡」之類的話。‡聽到這句話後，我的大腦幾乎馬上就開始檢查這是不是真的，因此接著想的就是像「我會在門口打瞌睡，一定是因為我真的累到爆炸！」之類的。但是，我的大腦又面對到與之抵觸的資訊：「等一下——我才不會在門口打瞌睡

啊！」因此它開始搜尋它的記憶資料庫，看看有沒有其他的解釋。當它找到另一種解釋之後，它就叫出皮膚燒燙、電話另一端是護士的記憶，我的左腦就用這些剛得到的資料，建構出一個更有可能的新故事：我昏倒了！[§]

　　當你碰到像這樣的奇特情境時，這個過程就會變得比較明顯，但即使像睡覺也有可能造成意識短暫空缺，讓你發現你的解譯器跳出來作怪。意外的事情比較會引起你的注意——像是你在自己臥室以外的地方醒過來，你的大腦還沒清醒，卻要弄懂為什麼你看到和聽到的事情跟它的預期**不同**。這種情形發生時，你有時候會「聽」到你的解譯器在想辦法搞懂你在哪裡。當事情無法輕易連結時，你在剎那間可能更容易發覺你的大腦在編故事。學術界研究這個流程時，多半是用閱讀來進行，但有些線索暗示大腦較均衡的人傾向利用全面的情境來解讀當下狀況，而大腦偏重一邊的人可能會先關注各項小細節。

　　我知道你讀了這一切之後可能會覺得**怪怪的**，但請相信我：假如你的大腦不會講故事，你的麻煩就大了。舉例來說，以日常對話的講話速度來看，假如你聽到別人說「They are

---

* 〈導航〉一章會再談到相關的細節。

† 別擔心，這是個保護級的故事。

‡ 身為一位單親媽媽研究生，累到在各種怪地方莫名其妙打瞌睡算是一件「正常」的事。

§ 我吃了某個維他命補劑後出現奇怪的反應——也許是菸鹼酸造成熱潮紅？總之我不推。

cooking apples」，就要花五秒鐘去猜測對方講這句話**還可能**有哪些意思，你就已經錯過他接下來講的**十個單詞**了。錯過這麼多，最好是還聽得懂！

關於這方面，有一件事情我一直在思考，但目前還沒有系統性的研究：我們在意識內編故事的過程，跟口語能力的關係到底有多緊密。如果從二〇二〇年一月爆紅的一篇推特貼文[39]來看，不是所有的人都會有上述的經驗，也就是在心裡「聽到」自己的想法用語言表達出來。事實上，有不少人（包括我先生安德烈）不會在心裡把想法化為語句。這不禁讓我思考，在一些比較均衡的大腦裡，說話和解譯的工作是不是分配到不同的半球？如果是這樣，你的「個人敘事」的性質會不會徹底不一樣？個人敘事如果不具有敘事的性質，那會是什麼樣子？*

我們觀察大腦兩半被切開的病患時，在他們身上看到一些線索。許多病患好像會傾向「認同」左腦發生的事，而不是右腦。有一位叫維琪（Vicki）的病患說，她接受胼胝體切開手術後，頭幾天的日常生活充滿了挫折：「我會用右〔手〕去拿我想要的東西，[40]但左手就會跑過來，兩邊像是在打架……簡直像兩塊相斥的磁鐵。」我們可以從這些個人趣事看到兩件事：首先，手術切開左腦和右腦後，它們會以各自獨特的方式來理解外在世界，因此產生出截然不同的行為模式的**概念**。另外，這些病患**用口語描述**的主觀感受，和他們左腦的行為模式相符。

幸好在大多數人身上，胼胝體大約有一億五千萬個高速的

神經元連結大腦的兩半，讓它們可以快速分享彼此對外在世界的看法。因此，就算還是決定不了今天要穿什麼衣服，我們依然是用單一的「自我」來感受這些抉擇，左腦和右腦輸出的資訊會整合成為一體。神經工程的原理能讓我們控制資訊在大腦各個部位之間的流動，而這會是接下來兩章的主題。

小結：大腦內有「見樹式」和「見林式」的計算，兩者或多或少，一起塑造出我們的認知

在進入下一章之前，我們先花點時間回顧這一章談到的重要概念。這章提到不少概念，接下來的章節又會以這些概念為基礎，讓你更了解你的大腦怎麼運作。其中一個重要的主題是左腦和右腦結構的關聯，以及它們進行的計算有哪些差異。在**大多數人**身上，左腦的結構可能比較適合讓它採取「個別擊破」的策略，使用各種模組來進行特化、不會互相影響的計算。這種做法有如一次只看一棵樹，逐漸拼湊出森林的畫面。相較之下，右腦會採取宏觀式的策略，將眾多處理單位的資訊統整起來，變成一個說得通的故事，來說明當下周遭發生的事情或情境。這種做法有點像是在說：「我知道我在森林裡面，所以前面這個垂直的東西一定是一棵樹！」

---

* 根據安德烈的說法，想法不會化為語句的人有「Netflix般（但靜音播放）的意識」，會化為語句的人有「播客般的意識」。

在極少數人身上，這種不對稱的結構可能會左右顛倒，但人與人之間大腦最大的差異，是大腦兩半的特化程度。我們的大腦演化出兩個半球，讓我們可以同時透過兩種不同的視角來看這個世界，這樣固然有好處；但是大腦高度偏重一邊之後，缺點是傷勢更容易導致功能受損，以及當事物必須採取宏觀視角時，功能運作有可能比較差。

　　我們還提到，諸如口說言語、閱讀句子等**功能**會分配到哪個半球，不僅要看左腦和右腦之間的差異有多大，也要看一個人做這件事情的經驗有多少。但還有一些我們還沒談到的細微差異，也會隨時影響某個功能分別動用左腦或右腦的程度。

　　舉例來說，瑪利亞・卡薩格蘭特（Maria Casagrande）和馬力歐・貝提尼（Mario Bertini）曾做過一項神奇的研究，[41]找來十六位慣用右手的受試者，在他們清醒和睡眠周期的不同時間點上，測量他們的大腦活動模式和雙手相對的靈巧度。他們發現，**所有**受試者在清醒時，左腦的活動都較多，右手也比較靈巧，但在即將入睡和剛剛醒來的時候，他們的右腦更活躍，左手也比較靈巧！這表示在每天剛開始和快結束的時候，每個人都有機會稍稍窺見自己大腦的另一半在「想」些什麼，只是我們可能沒那麼擅長把這些事「說」出來而已。

　　光是這個還不夠奇特：有許多實驗發現，就連用力握拳一段時間這麼簡單的事情，都有可能改變大腦某一半的活動量，進而影響你的思考、感受和行為模式。舉例來說，有些研究發現左手握拳（因此啟動右腦的運動皮質）後，跟「避免」相關

的感受就會增加，亦即受刺激後感受到的不悅會增加；而右手握拳、啟動左腦運動皮質後，「靠近」的動力會增加，換言之喜歡某個東西的程度會增加。這些研究結果提醒我們一件事：每個人大腦偏一邊的程度雖然有一部分相對穩定不變，但還是有些變化會發生在我們的身體**裡面**，有些變化比較緩慢，像是我們隨著人生經驗累積漸漸熟悉某些流程，有些變化則比較快速，像是清醒狀態改變，或是外在環境因素需要我們反應，導致大腦某一邊的活動比另一邊多。因此，假如在早上剛醒來或晚上即將入睡的時候，你**覺得**自己好像變了一個人，記得這件事可能對你有幫助：大腦運作的方式確實有根本的差異。在下一章裡，我們會再談論大腦設計的一些細部特徵，以及腦內的化學成分怎麼影響大腦分享的資訊，不僅是左、右腦內部的資訊，還有左、右腦之間的資訊交流。

第二章
調和的學問

大腦的化學語言

　　在這一章裡，我們會把鏡頭拉近，放大檢視你的大腦裡面極其微小的設計特徵：你的神經傳遞物質（neurotransmitter）。簡單來說，你的神經元之間如果想要溝通，就需要依靠神經傳遞物質。所有人的大腦都有神經傳遞物質，不過人類大腦會用到的神經傳遞物質有**好幾百種**。[*][1] **你的**大腦隨時都泡在由這些物質調和而成的雞尾酒裡面，而且每個人的雞尾酒成分都不一樣。

---

* 詳細的數字很難說清楚，因為要看你講的是神經傳遞物質的類別，或者每一個化合物都分開來計算。在這本書裡，這個數字可能不太重要，因為絕大多數的研究都只針對其中少數幾種而已。

假如你跟朋友呼過大麻，*或是在社交場合喝了一杯又一杯後，你對於大腦內調和的學問大概已經略懂一二。第一重要的事情是，假如你服用的物質會改變你大腦內的化學平衡，這些物質就會改變你思考、感受和行為的方式——有時甚至會有劇烈的變化。再來，這些變化在每個人身上都不盡相同。以上兩個現象都跟這個事實有關：腦內通訊系統使用化學物質的方式因人而異。在這一章裡，你會看到**為什麼**這麼小的東西會對你的運作方式造成這麼大的變化！

我們就拿咖啡因當例子，這是世界上最多人服用的藥物。†當你喝下一杯咖啡、茶或其他含咖啡因的飲料時，你的化學雞尾酒會出現多種變化。在我的看法裡，最美妙的變化是大腦內的**多巴胺**（dopamine）會增加。[3]多巴胺是一種神經傳遞物質，而且是這杯雞尾酒裡最重要的成分之一，因為大腦裡的享樂迴路就是靠它來溝通。由於所有的大腦都有追求美好感受的動力，因此你腦內的多巴胺迴路跟學習與決策息息相關。它們的目標就是影響你各種大大小小的決定，讓你在這個世界裡獲得最多的美好感受。這也難怪含咖啡因的飲料會那麼流行。

現在想像一下，假如兩顆頭腦的多巴胺基準量不一樣，這個差異有可能比早上第一杯咖啡因飲料還要大。你喝下一杯濃縮咖啡後的狀態，有可能是另一個人的基準狀態；反過來說，你早上喝下第一杯咖啡或茶**之前**的狀態，也有可能是別人喝多了後的狀態。

為了更清楚理解你腦內雞尾酒各種成分的含量怎麼影響

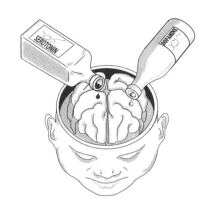

你思考、感受和行為的方式，我們先回到上一章探討的主題，再來仔細看看大腦結構、計算和功能三者之間的關係。首先我們要記得，上一章談到計算的差異，事關**幾百萬或幾億個**神經元組成的網絡的運作方式。但如〈緒論〉裡所言，假如我們只看單一神經元本身，每一個神經元自己做的事情**基本上**都一樣。它們做計算的方法，是偷聽周遭其他神經元聊了什麼「八卦」，然後看看自己掌握的證據夠不夠，來決定是否自己要接力傳送訊號。

---

* 不只是呼出去，還有吸進去……畢竟這東西在很多地方已經合法了！（譯註：這句話是開美國前總統柯林頓〔Bill Clinton〕的玩笑。柯林頓在一九九二年競選總統時，美國輿論仍然反對使用大麻，當時擔任阿肯色州長的柯林頓在辯論時被人刻意提問，只好承認他在英國讀書的時候曾經「試過呼麻一兩次……但沒有吸進去」。）

† 根據一項二〇一四年的調查，85%的美國人每天至少會喝一份含咖啡因的飲料……[2]而且這還沒把巧克力計算在內！

事實上，任何單一神經元會多投入某一項**功能**（像是語言），基本上要看它座落在大腦裡的**位置**。這是因為神經元會聽到**什麼樣**的八卦，其中一項重要因素是它的位置。換句話說，一個神經元會參與哪項功能，幾乎完全取決於輸入到它身上的資訊，讓它來進行計算。

一九八八年時，有個神經科學團隊就明白地證實了這件事：他們對剛出生的雪貂[4]動了腦部手術，將負責傳送眼睛訊號的神經元，連接到原本負責處理耳朵訊號的神經元。雪貂被他們這樣動刀後，後來學會用聽覺皮質來「看」到東西。最後，雪貂腦內原本應該負責聽覺的部位，接收到視覺相關的訊號時，就能接手處理視覺這項**功能**了。[* 5]

但也有一些人先天有聯覺（synesthesia），在他們身上可以看到神經訊號交錯時會有哪些神奇的情形。[6]據推估2%至4%的人有聯覺，這指的是兩種**無關**的感官資訊在心智裡和大腦內匯流，[7]其結果因人而異：有些人可能是品嘗到不同的味道時，還會感受到某種物體的形狀（像是方形或圓形），比較常見的情形是看到某些字母或單詞時，還會看到顏色。講這個的主旨是，當你頭腦內有八百六十億個神經元在聊八卦，大腦就必須有系統來管理誰要跟誰講話（以及誰該聽誰講話）。

這就帶到這本書的核心精神了：大腦必須追蹤神經元之間各種交疊的訊號，面對這一工程難題，腦內的設計有好幾種不同的解法。這是一個很大的難題，卻發生在非常小的空間裡：這個空間是神經元之間的**突觸**（synapse），間距的寬度只有

〇・〇二微米，也就是頭髮直徑的二千分之一。你大腦調出來的雞尾酒就是在這裡扮演要角，因為它決定神經元之間的溝通能力，進而影響它們的功能。

為了說明這個運作原理，我們就拿小時候玩的傳話遊戲來比擬神經元之間的溝通。玩傳話遊戲的時候，第一個孩子會先想一段密語，然後靠在第二個孩子的耳朵旁輕聲跟他說。第二個孩子會再輕聲講給第三個孩子聽，以此類推，一直到這段話繞了一圈回到第一個孩子上。遊戲好玩的地方是，你的密語傳回來時通常完全變了樣。每次傳給下一個人的時候，由於訊號微弱（靠在耳邊輕聲講）加上房間裡吵吵鬧鬧（房間裡通常有一堆孩子一直在笑），導致聆聽的人多多少少必須要臆測或馬上編造出內容，所以「你想不想吃香蕉鬆餅？」很可能會變成「腋下不香就是有病」。†

你大概很難想像，但你的大腦差不多就是這樣運作的：大腦玩傳話遊戲時，神經元會釋放神經傳遞物質來輕聲溝通。人在輕聲傳話時，訊息會暫時轉變成具體的聲波從嘴巴傳到耳朵；同理，神經元之間在傳送訊息時，訊息必須暫時變成具體

---

* 值得一提的是，這些大腦被動過手腳的雪貂，視力比不上正常的雪貂。這正好說明了上一章提到的另一件事：大自然會把某些功能分配到某些大腦部位，確實是有原因的。聽覺皮質有辦法做到視覺皮質應該做的事，但能力還是比不上視覺皮質。

† 編案：兩句原文分別為「Do you want banana pancakes」、「Cthulhu haunts bandana manscapes」。

的化學物質封包。這些化學物質就是構成你的成分，而大腦這麼細小的設計特徵就是從這裡開始影響你的運作方式。

首先，每個神經元輕聲說話或傳送訊息的能力**有限**。它們為了達到目的，必須有辦法獲得想要的化學物質。事實上，假如神經元聽到八卦後太亢奮了，就有可能把身上**所有**的化學訊息全部釋放到你腦內的雞尾酒裡，然後暫時失聲，有點像是玩Tinder玩到把「右滑」用完了。*直視太陽或相機閃光燈後，視覺會出現一個盲點，就是這種現象的實例。†強烈的亮光會讓眼球後面的神經元飽受刺激，導致它們跟社交網絡講這些事的時候把化學封包全部釋放出來。但直視太陽實在對你不好，所以我們還是用個在家裡可以安全進行的實驗來示範好了。

看看下面這個像黑膠唱片的圖案，將視線集中在圖案中心，注視它十秒。然後把視線移到空白處，或者到處看一看，或者閉上眼睛。接下來會有個短暫但安全無虞的**幻覺**，請放心實驗看看。

這時你應該會看到一個顛倒的「後像」（afterimage）——一個白亮的圓盤，中間有個比較暗的圓心，看起來有點像《魔戒》（*Lord of Rings*）的索倫之眼（Eye of Sauron）。這是因為有部分的神經元負責讓你感受到視線中央有個亮光，又有些神經元負責這個亮光周圍偵測到的黑暗圓環，‡但這些神經元都把它們的神經傳遞物質用完了。與它們相連的神經元本來應該聆聽，再根據自己的認知繼續傳話，此時這些神經元突然消聲匿跡，周遭相連的神經元碰到這個情況，便解讀成外在世界一定發生了**相反**的事情。

　　大腦處理資訊時，背景的雜音在這個過程中同樣重要。在這些雜音之中，當大腦從外在世界**接收到**的資訊不完整時，解譯這些資訊時就會出現狀況，以上的幻覺就是你能親身感受到的狀況之一。不需要用藥物，也能切身讓你記得這件事：**你自己對於現實世界的感知，都是你的大腦創造出來的。**

　　不過，即使在剛開始的時候，每個大腦內各種傳遞物質的含量也不一樣。舉例來說，如果我們在實驗室做後像研究，很可能會發現每位受試者需要注視圖案的時間長短不一，而且後

---

* 對，我知道有些人根本不知道Tinder的「右滑」次數可以用完——至於你會不知道這件事情，原因在於你的腦內雞尾酒。

† 在這裡提醒一下：拜託不要這樣做。直視太陽真的會對視網膜造成永久損傷，[8]這可不是都市傳說。

‡ 在現實生活裡，我們的眼睛每秒都會動好幾次。這樣一來，我們會一點一滴地吸收資訊，同時也讓視覺神經元有機會補充神經傳遞物質。

像持續的時間也有差。事實上，加州大學系統前校長、美國國家科學基金會（National Science Foundation）前主任理察・艾金森（Richard Atkinson）曾經進行一系列的實驗，發現後像持續的時間長短，和受試者是否容易被催眠相關[9]——而這也被發現和每個人的神經化學組成有關。[10]

你的神經化學雞尾酒假如有了變化，你典型的思考、感受和行為方式就會因此受到影響，如果我們想更清楚知道這是怎麼作用的，就得再深入探究這一項設計特徵。在下一節裡，我會說明我們體內化學通訊系統相關的各種機制，並且點出各種設計方式分別有哪些利弊。

神經傳遞物質分泌不固定，有哪些利與弊

假如神經傳遞物質不足，缺點不難想像，從後像實驗可以看到，當神經元的「油箱」空了，它們就不會在你大腦裡繼續傳話。假如你有一部分的神經元失聲，這會徹底改變你對外在世界的認知。據估計，美國7.8%的成年人[11]為憂鬱症所苦，假如你是其中之一，當大腦缺乏帶來快樂的多巴胺，或其他類似的神經傳遞物質時，你想必親身感受過這有多麼嚴重。

那麼，大腦為何不設法確保各種溝通用的化學物質存量無虞，讓每個神經元都用不完？最簡單的答案是：再小的東西也會佔空間，而且我們早就知道空間有限。但不論這些化學物質的作用是讓你快樂，或是有其他感受，讓大腦隨時取之不竭的

利與弊其實沒這麼單純。

　　若要更明白腦內雞尾酒裡某個成分**太多**會有什麼壞處，我們得更詳細說明神經元怎麼用這些化學物質來溝通。首先要記得，某個神經元向它的鄰居輕聲發送出化學訊息時，它無法**控制**誰會收到這些封包，它只會把自己的化學訊息丟進雞尾酒裡，而且丟得有點隨便。這跟傳話遊戲不一樣，因為傳話遊戲是發送方直接把訊息傳給接收方、一個傳一個，但在大腦裡，任何一個在收聽的神經元可能會同時聽到一萬個其他神經元在輕聲說話！

　　這種設計有一個問題：噪音很多。*在背景飄來飄去的化學訊息越多，任一神經元想要聽到鄰居小聲說話也就越困難。另外，在理想狀態之下，每個神經元的每個化學訊息都要即時對應上你內在或外在的某個特定事件。但是，假如訊息沒有立刻**被接收**，它就會一直在大腦裡迴盪。訊息發送出去和接收到的時間相隔越久，訊息就越有可能跟當下的情況無關。你大概可以想像，這樣會形成另一種噪音。想像你頭腦裡有個神經元想知道自己應該做什麼事，但它獲得的資訊有一部分是你周遭**現在**的狀態，有一部分卻是五分鐘前的狀態。以大多數需要即時行動的事情來說，這樣會是個災難。所以，某種成分太少可能會導致大腦某個部位失聲，但某種成分太多又會讓大腦「八

---

* 　事實上，這些噪音既是功能，也是瑕疵，因為大腦的計算必須仰賴解譯程序，而噪音正是解譯程序的動力。

卦」太嚴重，訊息不是被不該收到的神經元接收到，就是接收的對象正確，但接收的時間弄錯了，這樣也會讓你對周遭環境的認知大亂。

　　從我的描述來看，你可能會覺得大腦用化學物質溝通的過程毫無章法，但其實沒有這麼混亂。首先，距離十分重要。假如你的鄰居跟你的距離只有頭髮直徑的幾千分之一，跟住在別的社區的人相比，他一定更有可能接收到你的訊息。另外，當神經元甲傳送訊息時，假如你的大腦認為神經元乙比附近的其他神經元更應該聽到，它有辦法讓神經元乙長出更多貼近神經元甲的「耳朵」，也就是**受器**（receptor）。正是透過**這種**方式，你才有辦法學習！

　　再來，你的大腦可以用兩種方式把音量轉小，免得頭腦裡**太大聲**，讓神經元聽不到自己該聽到的訊息。第一種方式是**再吸收**（reuptake），假如發送訊息的神經元發現身邊有沒送到收件者的化學訊息，這種像資源回收的機制可以讓它們吸收這些訊息，並且再利用。再吸收效率高的神經元只用少量的化學物質就能達得不錯的效果，但負責聆聽的神經元若要接收這些訊息，可以聆聽的時間就變得非常短暫，因為訊息很快就會被退回去了；將音量轉小的第二種方式是代謝作用。腦內雞尾酒的主要成分包括酵素，這些酵素像電動裡的小精靈（Pac-Man）吃豆子一樣，碰到神經傳遞物質就會將它們分解掉，分解後的訊息碎片就無法解讀了。雖然如此，有些碎片也可以被發送訊息的神經元再吸收，再用來製作全新、完整的神經傳遞

物質。以上總共提到**四種**設計特徵：發送神經元是否容易取得神經傳遞物質、發送神經元的再吸收（等同資源回收）效率、接收神經元的受器（有如耳朵）數量和距離，以及負責分解神經元之間未傳送訊息的酵素數量。這四個作用會一起影響腦內雞尾酒所有成分的含量。

但是，還有一種設計特徵可以讓我們推敲**你**腦內某些重要化學物質的含量。腦內的傳話遊戲既繁複又有些混亂，大腦在控管這一切時，一個重要的手法是讓神經元「說」不同的化學語言。有些神經元可以用兩種語言發送訊息，但接收神經元身上的每一個受器都分別只懂一個語言。*若要了解你個人的雞尾酒配方，我們可以利用一個關鍵：負責做同一件事的神經元，通常會依照它們懂得使用的化學語言，將自己組織、集結起來。你會在這一章裡看到，我們可以從哪些部位使用哪些化學物質，藉此推敲出某些特定的大腦功能。我們會用這種方法開始逆推，弄懂你是怎麼調出來的！

用人格特徵推敲個人的神經化學

若要逆向推敲你個人的化學配方，一種方式是先從你自己的思考、感受和行為模式開始，看看我們能怎麼描述你的一般

---

* 這是因為每一種受器都是特定形狀的蛋白質，其形狀讓它可以跟特定神經傳遞物質結合，就像一把鑰匙配一個鎖一樣。

狀態。為求簡便，我根據傑拉德・索西耶（Gerard Saucier）的「小標記」（Mini-Markers）人格量表[12]編訂了一份形容詞清單。你會在這一章裡看到，許多人格特徵和每個人的神經化學差異有關。*[13]在你看到每個形容詞之後都需要想一想，跟你認識的同齡人相比，這個形容詞描述你的**一般狀態**是否貼切，†再根據這個來打 -3（非常不貼切）到 +3（非常貼切）之間的分數。舉例來說，跟我二十歲的時候相比，我現在可能沒**那麼**有活力，但跟我認識的同年齡人相比，我確實通常更有活力，所以「有活力的」這個項目我可能會給自己打 +2 分。

當然，你對自己越誠實，推估就會越準確。假如你對自己不太確定，或者只是好奇別人怎麼想，或有勇氣知道別人怎麼想，你也可以請熟人替你填這個量表，然後拿來比較一下。‡有些特徵偏正面，像是「易配合他人的」和「善良的」，但有些特徵則帶有負面色彩，像「雜亂無章的」和「自私的」。這樣可能會造成社會期許方面的偏誤，也就是把自己的正面特徵評得比較高，負面特徵評得比較低。許多人格量表會針對這件事安排陷阱題，[14]但我沒有。請記得，我的目標是幫你認識自己——這只是下一步而已！最後，這不是語文能力測驗，所以如果有哪個詞看不懂，可以查字典沒關係。假如你開始煩惱某一個詞有好幾種意思，每個意思有一些細微的差異，那你大概煩惱過頭了。

我們會用這些分數，看看你的個性座落在二維座標的哪個位置。但是，我想先稍稍分析個性的科學。首先需要留意的

是，現有研究已經檢視過**幾十萬名**受試者，從中發現有些特徵會一起出現。我們就拿**焦慮和嫉妒**來說好了，這兩個形容詞描述兩種不同的感受：「焦慮」是感到擔心、恐懼或心裡不安的狀態；「嫉妒」這種負面感受則是想要別人擁有的，或是認為自己愛的人喜歡別的對象或被別人喜歡。假如我叫你回想你感到焦慮但不嫉妒的時候，或者嫉妒但不焦慮的時候，你大概不用想太久就想得起來。但是，認為自己**經常**比別人更焦慮的人，平均而言也更有可能認為自己比別人更容易嫉妒；反之亦然——自認比別人更不容易焦慮的人，平均而言也更有可能自認比別人更少嫉妒。這表示，每個人身上可能有某種更根本、因人而異的**因素**，會影響這兩種心理狀態。至於我們需要歸納出**多少種**因素才能描述每個人思考、感受和行為的差異，學界仍然爭執不休，但大家基本上公認[15]這些因素事關神經生理學

---

* 將人格特質和脾氣連結到個人神經化學的研究非常多，有一些會在這章裡詳談。假如你想知道現今學界的看法，不妨看看我在註釋裡列出察・德普（Richard A. Depue）和伊琳娜・卓菲莫娃（Irina Trofimova）的回顧研究。

† 每天的狀態可能多多少少不一樣，所以你得取個平均值，找到你「一般」的水準。

‡ 先提醒一下：假如你和這位熟人的看法沒有一模一樣，這完全沒有關係！不管是弄懂自己或弄懂別人，都不是一件容易的事，我們到這本書的結尾會探討**為什麼**不容易。在此之前我只希望，你的化學成分可以讓你相信我說的：不是只有你會這樣！

個性量表

請在每個形容詞旁邊填上 -3 到 +3 之間的分數，說明跟同年齡的人相比，這個形容詞是否能準確描述你一般的思考、感受或行為模式：

-3	-2	-1	0	1	2	3
非常不貼切	相當不貼切	有點不貼切	普通	有點貼切	相當貼切	非常貼切

1. 焦慮的 ＿＿＿＿＿

2. 大膽的 ＿＿＿＿＿

3. 平靜的 ＿＿＿＿＿

4. 冷漠的 ＿＿＿＿＿

5. 易配合他人的 ＿＿＿＿＿

6. 有創意的 ＿＿＿＿＿

7. 雜亂無章的 ＿＿＿＿＿

8. 有效率的 ＿＿＿＿＿

9. 有活力的 ＿＿＿＿＿

10. 有想像力的 ＿＿＿＿＿

11. 聰穎的 ＿＿＿＿＿

12. 易於嫉妒的 ＿＿＿＿＿

13. 善良的 ＿＿＿＿＿

14. 情緒化的 ＿＿＿＿＿

15. 易於緊張的 ＿＿＿＿＿

16. 外向的 ＿＿＿＿＿

17. 有哲學氣息的 ＿＿＿＿＿

18. 務實的 ＿＿＿＿＿

19. 沉默寡言的 ＿＿＿＿＿

20. 放鬆的 ＿＿＿＿＿

21. 無禮的 ＿＿＿＿＿

22. 害羞的 ＿＿＿＿＿

23. 自私的 ＿＿＿＿＿

24. 有系統的 ＿＿＿＿＿

25. 健談的 ＿＿＿＿＿

26. 膽怯的 ＿＿＿＿＿

27. 不羨慕他人的 ＿＿＿＿＿

28. 固執的 ＿＿＿＿＿

29. 內斂的 ＿＿＿＿＿

30. 易於擔憂的 ＿＿＿＿＿

方面的差異。*我選擇的兩個項目，是有最多研究連結到人與人之間神經化學差異的項目。

我們先看第一個因素，看看你在這個項目中落在哪裡。首先，找到下面四個正向形容詞，並把這四項的分數加起來：大膽的、有活力的、外向的、健談的。

接著，找到這四個**負向**形容詞，並把它們的分數加起來：沉默寡言的、害羞的、膽怯的、內斂的。這四項加起來後，把這個分數的正負號反過來，因為它們跟上一段的四個形容詞性質相反。舉例來說，假如你認為用「沉默寡言的」、「害羞的」、「膽怯的」、「內斂的」四個形容詞描述你**非常貼切**，將正負號反過來之後的分數應該會接近-12；但如果你覺得非常不貼切，正負號反過來後的分數會接近+12。最後，把上一段和這一段的分數相加，再除以8，你就會得到第一個項目的平均值。†檢查一下，這個平均值應該在-3到+3中間。

再來就要計算第二個項目的分數了，計算的方式大同小異。首先，找到以下三個正向形容詞，把這三項分數加起來：

---

* 關於個性的生理依據，兩個最著名的理論分別由漢斯‧艾森克（Hans Eysenck）和傑弗里‧葛雷（Jeffrey Gray）提出。艾森克的理論有三個基本項目：外向性（extraversion）、神經質（neuroticism）和精神質（psychoticism）。葛雷的理論則有兩個項目：焦慮（anxiety）和衝動性（impulsivity）。假如你有興趣，我在註解裡列了一篇傑洛‧馬修斯（Gerald Matthews）比較兩種理論的論文，整理得十分出色。

† 這裡必須注意，這只是用最簡便的方式概括你的個性。其他更專門的量表會用更精密的方式來分析，來看你在眾多個性項目上的落點。

平靜的、放鬆的、不羨慕他人的。接著，找到下面五個負向的形容詞，把五個分數加起來：焦慮的、易於嫉妒的、情緒化的、易於緊張的、易於擔憂的。由於這個總分是這個因素的**負向**層面，所以我們再把第二個總分的正負號顛倒，然後把兩個總分相加，再除以8，就會得到第二個項目的平均值。這樣就有了你個人雞尾酒配方的頭兩個線索了！接下來，我們就來看看它們代表什麼意思！

你有多典型呢？

在我們詳細說明神經化學差異和人格特質有什麼關係之前，我想要你先了解一下，你個人的神經化學特徵有多典型，跟這個量表評估有什麼關係。最起碼你大概可以看到，假如神經化學研究不去測量人與人之間的差異，這樣的研究是否能反映你自己的大腦是怎麼運作的。人格特徵通常會呈現「常態分布」──這是一個統計學用語，用來形容某個變因底下各種數值的典型性變化。簡而言之，當一個變因呈現常態分布時，大多數人的數值會落在中間值附近（在我們的例子裡會是0）。不論往哪個方向，離這個平均數值越遠，每個數值的人數就會迅速降低。常態分布用圖像方式表示時，其曲線形狀常常會被稱作「鐘形」。由此看來，我猜絕大多數讀者（大約68%到70%）在這兩個項目中都會落在軸線的正中間，分數會介於-1到+1之間。從這裡向外走，第二大的群體（大約25%到27%）

分數會在-1到-2或+1到+2之間。到了兩個項目的極端，我預期只會有4%到6%的人的分數會大於+2或小於-2。你的分數越靠近極端值，以下談論的化學成分在你腦內的含量就越有可能高得不尋常，或低得異常。

享樂原則：多巴胺酬賞成為外向行為的動力

在第一個項目獲得正向高分的人，很可能會認為自己是**外向**的人，這個稱呼經常用來指稱「向外看」、透過外在事物尋求心理刺激的人格特質；假如你的第一項目分數偏低，你可能會認為自己是**內向**的人，這個稱呼用來指稱「向內看」、偏好跟自己的思考與感受共處勝過外在世界的人。但如上一節所述，大多數人的數值會落在中間一帶，會均衡地向外和向內尋求刺激。不論你在軸線上的落點在哪裡，越來越多的研究都認為，至少有一部分是你的多巴胺通訊系統造成的。[16]若要知道原因，我們必須探論一件事：腦內不管是什麼樣的神經元，只要它們溝通的時候是用帶來快感的多巴胺，都有一個共同目標——**尋求酬賞的動力**。

我在這一章裡談到咖啡因的效果時，曾經帶到大腦裡帶來快感的多巴胺，但這個說法不完全正確，因為咖啡因對神經系統造成的刺激並非完全和多巴胺相關。另外，如果你跟85%的美國人一樣天天喝含咖啡因的飲料，咖啡因可能只會稍稍提高你的多巴胺分泌，其中原因我們之後再說，我們在這裡先把

多巴胺的享樂反應機制講得更詳細一點。

想像一下這個情境：你參加一個全新的爆紅遊戲節目，叫做《大腦要的就是這個！》。在遊戲裡，你會看到兩個選項，你要選出讓你腦內釋放最多多巴胺的那一個。只要你選對了，大獎就是你的！第一道門後面是一個食宿全包的假期，到一個永遠是好天氣、風景美麗如畫的山上養生會館度假。但是，第二道門後面是科切拉音樂節（Coachella）的後臺通行證和貴賓席門票。*你要怎麼選呢？

如果你想獲勝，你只需選擇你最**想要**獲得的獎項即可。原因很簡單，但背後的各種動力比較複雜。你的大腦**想要**你愉快，所以它會驅使你做出它認為酬賞最高的決定。你的大腦預期獲得的多巴胺越多，它就越會驅使你做這件事。

但先等一下，我們在講這些跟多巴胺有關的事，一開始明明在討論一種增加腦內多巴胺分泌的藥物，怎麼現在變成養生會館和音樂節了？原因很簡單：不管是打坐冥想，或者是安非他命，**所有**會讓你覺得愉悅的東西[17]都會讓腦內的多巴胺增加——至少會暫時增加。†不管你是肉體上感到愉快，或者是更抽象的喜樂，假如你覺得愉悅美好，這裡面就有多巴胺。

說穿了，多巴胺就是你大腦裡的「點數機」，用來權衡生命裡所有可能結果的**酬賞價值**。換言之，假如你的人生是電玩遊戲，你的大腦想知道你現在到底贏了沒，看的就是腦內雞尾酒的多巴胺含量。有趣的是，假如把直接影響多巴胺分泌的藥物拿走，又沒有一再測量你碰到各種事物後的神經化學反應，

這樣**我**完全無法知道你的大腦會怎麼分配點數。點數機制是各種事物的「相對愉悅程度」的指標，但這個指標在任何時間都因人而異。舉例來說，大熱天的時候我喜歡來一杯冰檸檬紅茶勝過開水或汽水，但又更喜歡吃香草冰淇淋。假如有人誠心誠意稱讚我，這又比香草冰淇淋的地位**稍微**高一點點，不過也得看是誰稱讚我。‡

但是，這跟你有多外向或多內向又有什麼關係呢？當然，外向者和內向者會有系統地給一些行為標上不同的酬賞價值，其中需要和別人交流，或是向外尋求刺激的行為，差異更是顯著。他們判定的價值不同，會驅使他們做出不同的選擇。但除此之外，外向者和內向者會想要尋求不同的東西，也跟多巴胺**有關**。

為了了解這件事，我們得談談你的大腦是怎麼把多巴胺釣在你眼前，一直吸引你前進的。長話短說：只要是你清醒的時候，你的大腦就會一直跟你玩《大腦要的就是這個！》，但差別在你通常不知道每一道門後面藏了什麼東西，或者你做出選

---

* 而且音樂節的主秀又是碧昂絲（Beyoncé）！

† 當然，冥想和安非他命增加多巴胺分泌的機制並不一樣，對身體健康的益處和風險也不同。正因如此，我會建議你選擇前者，後者我不推。但我在這裡想說的是，一個人覺得做這些事情有多愉悅，取決於他的大腦在反應時分泌了多少多巴胺。

‡ 搞笑的動物迷因和美好的性愛又遠比這些事情更好──但我們不用一直講我的事……

擇後會有什麼結果，因為大腦看不到未來的事。它只能根據你先前的經驗，盡可能猜測一號門或二號門後面哪個東西會讓它更愉悅。*

簡單說明這個過程的運作方式：當你的大腦打開人生的「某一扇門」，發現裡面有出乎意料的好東西，它就會釋放多巴胺。如此一來，你不僅會有**愉悅感**，大腦裡的狀態還能促長學習。多巴胺訊號會增加大腦的可塑性，讓你的大腦增長、改變，好讓下這個決定的神經元日後更容易互相溝通，進而讓你以後可以找到**更多酬賞**。這樣的結果是：假如你以後又看到這一扇門，即使已經過了一段時間，你不記得上次發生了什麼事，你的大腦還是會讓你**想要**再次打開這扇門。

當然，我們在現實中玩《大腦要的就是這個！》，通常要開很多扇門才會找到有酬賞價值的東西。想像在某個大熱天裡，你到一個陌生的地方去散步。你碰到岔路，但因為你從來沒來過這裡，你就隨機選擇走左邊的那條路。沒想到，你才走了沒兩分鐘，竟然就看到路邊有人在賣〔請在這裡代入你最愛的消暑涼品〕！你的大腦知道接下來會是什麼情形，因為你以前有去過賣〔你最愛的消暑涼品〕的店：你知道你買得到這個東西，而且很好吃！所以大腦就**想要**了──它叫你：「去開門。」然後它繼續推你進去：「去排隊。」接著：「用你的嘴巴跟老闆說你想要什麼，然後拿出錢包或手機準備付錢！」

你大概早就對此習以為常了，但以上驅動你接近獎賞的每一小步，都是大腦裡的多巴胺酬賞迴路塑造出來的。你大快朵

頤的時候，多巴胺就會在你腦內傾洩而下，而當時負責做這一連串決定的神經元，彼此之間的溝通又會因為這時製造出來的多巴胺訊號而變得更強。在生理層面，改變指的是增長或降低腦內神經元之間的連通能力。在行為方面，這些改變會讓你未來更有可能做出獲得酬賞的抉擇。

但這樣的系統會怎麼影響一個人是外向或內向的呢？要理解這個道理，我們還得知道一個細節：你的大腦在任一事件裡釋放的多巴胺**越多**，腦內的學習效果就會越強。所以，假如店裡賣的是〔你第二喜歡的點心〕，你以後碰到同一個岔路還會**往左轉**的機率，甚至再到那一帶散步的機率，都會低一些。

內向者和外向者就是在這一方面有所差異。跟內向者相比，當外向者獲得**出乎意料**的酬賞時，大腦會釋放出**更多的多巴胺**。最先在實驗室裡證實這個現象的人，[18]是麥可・柯恩（Mike Cohen）和他的指導教授查蘭・藍甘納斯（Charan Ranganath）[†]以及其他共同研究人員，麥可・柯恩是我在研究所認識的朋友，自稱是「偶爾會外向一段時間的內向者」。他們的實驗使用神經科學家常用的一種工具，我在研究裡也常常用到：磁振造影（magnetic resonance imaging），簡稱MRI。

---

* 我們會在〈導航〉一章裡說得更詳細。

† 我在這裡提到查蘭，是因為這本書後面談論好奇心的時候，你會看到他這在這個領域的研究十分重要。

背後的物理學原理我就不多說了，*但假如你去體檢的時候有做過MRI，你就知道這個技術可以讓你看到體內各種組織的立體影像，而且可以看得**非常**詳細。我們可以用「一般」的MRI看到非常詳細的大腦**結構**，但有一種三十多年前發明的方法更酷，因為我們可以用它來看到大腦的**運作過程**。

簡單來說，你的大腦會消耗大量代謝能量，所以當它開始運作時，你的身體會向它輸送含氧的血液，替它供應燃料。MRI機器對體內各種組織的特性極其敏感，甚至還能測量血液的含氧量是**多少**。再來，你的大腦消耗的燃料**非常多**，所以含氧血會依照實際需求，直接送到腦中運作最賣力的部位。因此，只要我們叫人躺在一根細長的管子裡，一邊把頭部保持**完全**靜止不動，一邊聽耳機裡的聲音，或者透過眼前的鏡子看電腦螢幕，就能**看到他們的腦袋在運作**。這種事我已經做了十六年，但我每次想到都還會起雞皮疙瘩。這個東西，太──酷──了──

在柯恩等人的研究裡，受試者躺在MRI機器裡進行一項任務，內容像是在實驗室受控制的環境裡玩《大腦要的就是這個！》。在每次試驗中，受試者要選擇打開「安全」的門，或者「有風險」的門。如果挑「安全」的選項，他們有80%的機率獲得一·二五美元，也就是說有20%機率什麼都拿不到；如果是「有風險」的選項，則**有可能**獲得二·五〇美元，但機率只有40%。跟現實生活不同的是，研究人員有明確**告訴**受試者獲得酬賞的機率。不過，假如你看到數字就喜歡計算一

下，你大概已經知道不論是選擇哪一道門，長期下來的期望值是一樣的。這樣的話，你自己會怎麼選呢？

從實驗結果來看，如果門後沒獎金的機率比有獎金的高，不管是內向或外向的人都比較**不喜歡**，所以兩個群體都傾向常挑選「安全」的選項。但是，即使是「安全」的選項也帶有不確定的成分——這也就是研究人員真正感興趣的地方。這和現實世界一樣：知道某件事情發生的**機率**是多少，跟**確切保證**某件事情會發生或不會發生是完全不一樣的。[†]柯恩和其他研究人員真正想知道的是結果揭曉的時候，腦內活動有哪些**短暫**的變化。我到底有沒有贏錢呢？他們測試了兩組受試者，都獲得相同的結果：比較獲得酬賞和沒獲得酬賞的大腦反應時，受試者自認個性越外向，獲得酬賞的反應就**越大**。反過來看，受試者自認越內向，贏錢和沒贏錢之間的差異就**越小**。

這個實驗沒有直接測量受試者的神經化學變化，但還是透過間接的方式證明了內向者和外向者的多巴胺通訊系統不一

---

* 我提到查蘭卻又不談 MRI 的物理學原理，這讓我有點罪惡感，因為這正是他教我的——但這本書有字數限制，所以我只好跳過自旋回波（spin echo）、k空間（k-space）這些東西了。假如你真的有興趣，請搜尋關鍵字「How does an MRI work」（MRI怎麼運作）[19]和「NIH」（美國國家衛生研究院），你會找到很棒的解說文章和影片！

† 我不知道你會不會這樣，但假如氣象預報說降雨機率只有10%，結果真的下雨了，我還是會覺得不高興。我知道這樣很蠢，這不只是因為我住在老是下雨的西雅圖而已，也是因為我知道這在統計學上的意義：在「降雨機率為10%」的日子裡，十天裡會有一天下雨。

樣。實驗發現，外向者獲得酬賞後，大腦某些用多巴胺來溝通的部位會消耗更多的氧，其中包括一項非常明確的證據：依核（nucleus accumbens）。這個大腦部位和多巴胺酬賞的過程密切相關，我們口頭上會說它是大腦的「享樂中樞」。

第二個線索就不是鐵證了，比較像是在路上走過去後留下的痕跡。在第二個實驗裡，柯恩等人檢測受試者的基因，尋找某個特定的等位基因（allele），因為這個基因會影響某一種多巴胺受器的數量。*他們找到等位基因版本不同的受試者後，再比較這些受試者的大腦反應，發現反應的差異與內、外向的大腦反應差異**非常**相似：有一個群體碰到意料之外的酬賞時，反應比另一個群體更大。當然，假如擁有某個版本等位基因的受試者正好自評的外向程度也都一樣，這樣絕對就是鐵證如山。可惜的是，這項研究的受試者人數不夠多（總共十六人，其中有九人具有其中一種等位基因，七人有具有另一種），因此在這一方面看不出顯著性。

但五年之後，路克・思密利（Luke Smille）和共同研究人員提出的資料，將這個缺口補起來了。[20] 這項實驗將不同版本的等位基因和外向程度連結起來：他們使用更大的群體（二百二十四名受試者），其中九十三名受試者擁有的等位基因，與柯恩等人發現和腦部反應較為相關的版本相同，而他們跟另外一百三十一名受試者相比，明顯更加外向！

思密利和同事此後還不斷收集證據，透過基因和大腦反應兩種管道，將外向性格和多巴胺連結在一起。[21] 他們運用了

另一種大腦功能研究常用、與MRI互補的工具，叫做腦波圖（electroencephalography，EEG）。[†] 簡單來說，進行EEG的過程會在頭皮上放置感應器，這些感應器非常靈敏，足以測量腦內大片神經元同步的交流。當神經元收集的實證夠多，並把化學訊息封包丟給任何想聆聽的神經元時，這個神經元內部和外部的電荷極性會暫時改變。更**瘋狂**的是，只要同一時間活動的神經元夠多，就能在頭顱以外測量電荷的變化！我們雖然很難弄清楚這些訊號在腦內確切的來源，[‡] 但可以知道每一毫秒腦內活動的變化。

EEG技術的歷史比MRI還久，所以神經科學家已經有很多實例，知道一個人「開門」後是否有意外酬賞會帶來哪些腦電活動變化。更精確來說，當人知道事情的結果後，我們一定會看到電荷大量轉成負電——這個現象也因此被稱為「回饋相關負波」（feedback-related negativity）。另外，EEG的成本遠比MRI低，所以更有可能用來測試大量的受試者，進行樣本數充足的個體差異研究。

二〇一九年時，思密利和共同研究人員找來一百名受試

---

* 假如你想知道細節，Taq1A基因位點和D2多巴胺受器的表現相關，其作用會抑製多巴胺系統裡的神經元。〈導航〉一章會再詳談這為什麼重要。

† 我當初會入這一行，就是因為那種EEG會用到、像泳帽的設備。

‡ 很難，但並非不可能。有許多複雜的演算法會利用各個部位的腦電活動，再根據生理解剖學方面的限制來建立模型，推測顱外觀測到某一部位的腦電活動可能源自哪個位置，或哪些位置。

者，分別告訴他們意外獲得和失去酬賞的消息，[22] 並用EEG測量每個人大腦反應的差異。每位受試者還要填寫三份不同的人格量表，其中包括小標記量表，也就是我在這一章稍早使用的量表的原版。他們的發現與柯恩等人的一致：意外獲得酬賞造成更大的神經活動反應，**只跟**量表裡的三個外向評分相關，跟任何其他的人格特質都無關。

我們再把這一切跟前面描述的多巴胺酬賞網絡連結在一起，來看看**你**是怎麼運作的。從這些研究看來，當碰到意外的酬賞時，越外向的人大腦反應也越強。這有點像是在說外向者每次在人生中碰到驚喜時，獲得的**享樂點數**就越多。[23] 假如外向者碰到好事的時候，會比內向者感到更愉悅，這樣**也難怪**外向者會到處向外尋找刺激，不是嗎？你大概還記得，跟更強烈的多巴胺反應相關的現象，還有更強的學習能力，以及更強的動力去尋求酬賞。

但這項設計特徵需要付出哪些**代價**呢？感到**超級**快樂怎麼可能有壞處？要回答這幾個問題，我們得看看哪些作用可以抗拒愉悅的誘惑力，特別是當這些愉悅的事物對你有害的時候。

一九五〇年代的一項研究讓人首次看到多巴胺的「蠱惑力」有多強。在這個實驗裡，科學家直接在大鼠腦內植入電極，[24] 植入的位置就是遇到好事時負責釋放多巴胺的部位。老鼠按下某個開關時，電極就會刺激大腦一下，讓多巴胺瘋狂釋放出來。從我們對多巴胺的認知來看，你大概已經猜到老鼠很快就知道要按下這個開關，而且驅使牠這樣做的動力非常強。

事實上，《科學美國人》（*Scientific American*）在相關的報導裡指出，老鼠按神奇快樂開關的次數甚至多達每小時五千次，[25] 而且有時候還會連續二十四小時按個不停！

研究人員接著進行一系列的實驗，測量多巴胺對這些大鼠的吸引力到底有多強。讓牠們在吃飯或按享樂開關之間二選一，就算好幾天沒吃東西，牠們幾乎一定會選擇按開關。這就是多巴胺反應過大的一個嚴重代價：在《大腦要的就是這個！》的遊戲裡，享樂勝過一切。

可是，我們在人生當中有太多情況必須抗拒誘惑，不去做某件會讓我們**覺得愉悅**的事，有可能是因為這件事對我們有害，或者只要再等一下就會有更愉悅的事。簡而言之，對多巴胺反應較大的人來說，抗拒誘惑**比較困難**。我不太能抗拒冰淇淋，但可以抗拒冰紅茶；同理，對於多巴胺反應比較小的內向者來說，抗拒冰紅茶和拒抗冰淇淋可能都不是難事。事實上，思密利等人發現外向者身上較常見的基因變異，也被證實和肥胖相關。[26] 反過來說，多巴胺分泌不足則和失樂症（anhedonia）有關，[27] 這種病症會讓人無法感到愉悅，常常和憂鬱期有關。

但要注意的是，不管你落在這條軸線上的哪個位置，多巴胺都只是你腦內雞尾酒裡幾百種成分的其中之一而已。和大腦許多其他的設計特徵一樣，它會怎麼影響你的行為，還得看那些其他的特徵才能知道。我們在下一節會談論血清素（serotonin），這是另一種相關的神經傳遞物質，跟多巴胺有耐

人尋味的交互作用。

血清素與滿足感：過多與過少要怎麼找到平衡

　　多巴胺在享樂的領域裡是最重要的角色，但大量分泌多巴胺會讓你**快樂**的程度有多高，取決於另一種重要成分——**血清素**。少了血清素，享受多巴胺愉悅感的人可能就會像林－曼努爾・米蘭達（Lin-Manuel Miranda）用音樂劇詮釋的亞歷山大・漢彌爾頓（Alexander Hamilton）一樣，永遠想得到更多，而且**永遠不會滿足**。這是因為血清素是負責傳送「滿足」訊號[28]的神經傳遞物質，假如多巴胺是「陽」，那麼血清素就是「陰」。就我們所知，多巴胺和血清素在許多情況下會相互消漲。當你期待生命中隱藏著酬賞時，多巴胺的分泌就會增加，驅使你繼續尋找愉悅的事物。當你**得到了**想要的事物後，血清素就會傳送滿足的訊號，這種訊號不僅跟心理上的滿足相關，也跟實實在在的「飽足感」相關。事實上，你體內的血清素有90%在消化道內。[29]你大腦內的神經元使用血清素來溝通時，可能會同時抑制多巴胺，因而降低你的欲望。假如沒有血清素帶來的滿足訊號，我們就有可能像金魚一樣：假如給牠們機會，金魚**真的**會把自己吃到撐死！*

　　那麼，如果一個人體內沒有足夠強健的血清素通訊系統，會發生什麼事呢？答案似乎要看多巴胺的情形。舉例來說，我們知道當血清素降低、多巴胺增加時，[31]衝動性（心理一有衝

動就不假思索直接行動）也會增加。這裡需要注意，血清素會幫助人（和動物）在行動**之前**先停下來想一想，表示它的作用不只有告訴你已經吃飽了。正如多巴胺跟預測酬賞有關，許多神經科學家也認為血清素會幫助我們學習**避開**厭惡的事情。

不過，多巴胺和血清素的化學結構有相似之處，所以有些抑制血清素的東西有時候也會一併抑制多巴胺。一個例子是單胺氧化酶（monoamine oxidase，MAO），這種酵素會分解多巴胺和血清素，讓它們失去通訊的作用。腦內雞尾酒MAO含量比一般人高的人，有可能多巴胺和血清素都比較少。假如這兩種神經傳遞物質都比較少，人就會覺得既沒動力，**又**不滿足——有點像是覺得餓，可是又不想出去覓食。最早用來治療憂鬱症病患的藥物，其作用方式就是阻斷MAO，讓大腦內的血清素和多巴胺通訊增加。

你可能已經猜到，由於血清素會和多巴胺交互作用，因此要知道**你的**化學配方裡有多少血清素並非易事。我們可以從前面人格量表的第二個項目找到一些線索：這條軸線的負極與焦慮、神經質有關，正極則是情緒穩定。有相當多的研究將血清素通訊系統連結到第二個項目，但跟多巴胺與外向性的連結相比，這一方面的研究結果**沒有**那麼直接明瞭。[32] 從一方

---

* 除非你在牠們腦內注射血清素！[30] 為了確認金魚**真的**會把自己吃到撐死，我讀了數篇相關論文，其中有一篇提到研究人員在金魚的腦部或腸道裡注射血清素，結果發現前者會降低食欲，但後者不會。

面來看，諸如喜樂拍（Celexa）、立普能（Lexapro）、百憂解（Prozac）、克憂果（Paxil）、樂復得（Zoloft）等針對血清素含量*的現代處方藥物，除了會開給憂鬱症病患外，**也會**開給患有焦慮症的人。這一類的藥物稱作「選擇性血清素再吸收抑制劑」（selective serotin reuptake inhibitor，SSRI），其作用方式是阻止發送神經元回收血清素，讓沒有被接收的訊息迴盪更久，因此提高它們找到接收對象的機率。

　　這樣看來，你可能會以為人格量表中第二個項目落點靠近負極的人，體內血清素的通訊量會比較低。但是，就算我們看到這個線索就先停下腳步，談到體內血清素含量和個人的感覺，你大概已經發現事情有些蹊蹺。憂鬱和焦慮照理來說是兩種截然不同的感受，怎麼有辦法用相同的藥來治療？

　　事實上，這些藥物並非對所有人都有效。有些研究推估，可能有多達三分之一的人接受SSRI治療後病況不會好轉，[33]情況會因為症狀的種類和輕重程度而有異。就我們目前談到的內容來看，希望你看到這個研究結果並不會太意外。精神健康跟精神所在的頭腦一樣複雜，憂鬱和焦慮的症狀也和健康的行為一樣多元龐雜。可能會引發ADHD的條件是否會引發問題，要看外部環境而定；同理，改變腦內的血清素通訊量，可能會對你的思考、感受和行為方式造成不同的影響，這要視乎你大腦內外發生哪些事情。我們接下來討論的研究，試圖將血清素分泌量的差異連結到特定的思考、感受和行為方式。在閱讀以下的段落時，請記住以上所說的事。

由於血清素通訊的主要功能之一，是讓多巴胺迴路知道你已經滿足，而且用SSRI來增加血清素似乎會讓許多人的異常行為變得穩定，我們很可能會就此認為腦內雞尾酒的血清素越多越好。事實上，由於低血清素經常和憂鬱症連結在一起，很多人甚至把它叫做「快樂藥」！但這種說法**不太對**。至少在「典型」（或者說「非異常」）的範圍裡，有不少研究認為血清素含量極高的人，人格量表第二個項目的分數會較低（亦即更焦慮）。

　　舉例來說，有些研究觀察了焦慮或神經質相關的人格特質，再對照某一個會影響血清素自然再吸收的基因變異。在這個位置有長等位基因的人，製造的血清素再吸收閘門（即血清素轉運體〔serotonin transporter〕）是短等位基因者的一‧七倍。這些閘門的作用是回收血清素，將神經元沒有傳送出去的訊息重新吸收以供未來使用，因此，假如一個人具有短等位基因，他的腦內雞尾酒裡可能有更多血清素在迴盪。當其他條件皆相同時，你可能會覺得具有短等位基因的人的思考、感受和行為模式，應該會和接受SSRI治療的人相似。不過，有一項研究針對這個基因差異，比較五百零五名受試者的人格特質，發現具短等位基因的受試者給自己打焦慮相關的量表評分

---

* 　更正確的說法可能是：比起對多巴胺的影響，這些藥物對血清素的直接作用比較大。由於多巴胺和血清素交互作用的層次非常多，因此只要其中一個受到影響，另一個勢必也會多多少少受牽連。

時，[34]平均分數竟然比具有長等位基因的人還要高！＊雖然參與這次實驗的人數很多，但其他研究在觀察血清素再吸收基因與焦慮的關聯時，並沒有一致複製出相同的結果。[35]

所以這是怎麼一回事？

有一種方式可以解釋這不一致的結果：不論是我們人格量表的第二個項目，或者是其他量表裡和焦慮有關的評量，這一方面的特性還沒有完全釐清。搞不好嫉妒和焦慮的成因其實是取決於腦內兩種不同的因素？有一篇後設分析論文比較了二十六項過往的研究，內容都是將血清素再吸收基因連結到神經質相關的人格構念。分析發現，每個研究的結果會因為使用的評量方式而有差異。[36]這表示，血清素的多寡到底對各種人格因子的影響有多深，其實要看評量焦慮或神經質的量表問了哪些問題；另一種可能的解釋是：血清素再吸收基因和焦慮類型人格特質之間的關聯，又會因為多巴胺的多寡而異，但研究中通常會忽略多巴胺的分泌量。在這一節開頭曾經提到，對於大量分泌多巴胺的人來說，血清素含量有變化時，他們的感受會和缺乏多巴胺的人不一樣；還有第三種可能的解釋：焦慮和血清素之間的關係要看外在環境，也就是一個人會遇到多少「應回避」、會造成壓力的外部刺激。在下一節裡，我們會再探討第三種解釋，簡單說明壓力與各種大腦反應的研究。[†]

假如再加一點壓力進來呢？

　　首先我要指出一件事：壓力不一定是**壞事**。大多數人看到這個名詞，會聯想到不好的心理狀態，但從神經科學的角度來看，當外在環境導致你有某些需求時，**壓力**是大腦和身體的一種自然反應。不論是跟另一個人起衝突，或是感受到寒冷、飢餓等生理壓力源，又或者只是碰到以前沒碰過或出乎意料的狀況，你的大腦都會產生壓力反應，讓你的身體和心理有足夠的準備來應對。但從前面的內容和你自身的經驗來看，你大概已經猜到，不同的大腦碰到壓力會有不同的反應。舉例來說，許多人認為大腦碰到環境中的壓力源時，無法用典型或正常運作的方式來應對，[37] 就會導致**憂鬱**。‡

　　健全的大腦碰到壓力時可能會有好幾種反應方式，但所有**典型**的大腦反應[38] 都會伴隨神經化學變化。一開始的幾道防線通常會用到腎上腺素（epinephrine，也稱作adrenaline）和正腎

---

*　這裡值得提一下：在這項研究裡，基因差異對焦慮人格特質的影響雖然有統計學上的顯著性，但只有少數的差異可以用這個來解釋——血清素相關的基因，只能解釋所有人格特質差異的3%至4%，以及7%至9%的**遺傳**差異。

†　假如我的篇幅完全不受限，你的注意力也永無止境，我會要你記得另一件事：血清素對你有什麼影響，還要看它在你體內碰到十五種血清素受器的哪一種，以及它在你大腦或身體的哪個部位碰到這些受器——但光是這個主題就可以寫一整本書了。

‡　腦內血清素含量改變以後，對憂鬱症和焦慮症都可能有幫助，這就是可能的原因之一——碰到壓力時，焦慮和憂鬱都有可能是不當的反應。

上腺素（norepinephrine，也稱作noradrenaline）。這些成分的作用是讓你預備好反擊－逃跑反應（fight-or-flight response），它們釋放到大腦和血液裡後會在體內引發連鎖效應，其中包括心跳加速、血糖增加，以及降低肺部肌肉張力來增加呼吸。假如你曾經被嚇到，或驚呼「還好，差一點就出事了」，然後覺得全身發抖又暈眩，這就是腎上腺素和正腎上腺素的作用。

我們的大腦演化出反擊－逃跑反應，就是用來回應它遇到的壓力源，但我們現今會遇到的壓力源往往持續很久，超出這種反應的回應能力。當壓力源持續時，你的大腦會再用「馬拉松」式的抗壓化學物質來回應：**皮質醇**。從演化的觀點來看，當你碰到長期壓力無可避免的**罕見**情況時，皮質醇在體內的作用機制會幫你謹慎使用儲備的能量：它會減緩你的新陳代謝，擋下胰島素的訊號，避免身體把血糖轉換成能量。但除非你是電影《阿甘正傳》（*Forrest Gump*）的主角，不然你不可能跑一跑就解決現代生活中持續不斷的壓力源，*像是確保家裡有穩定的收入來源，或者在全球疫情大爆發時活命。由於我們的大腦和身體都不是為了應付**長期**壓力而生，當皮質醇長期分泌過多時，健康會受到各種負面的影響。

那麼，假如每個人的血清素分泌量不一樣，這個差異又會怎麼跟身體的抗壓神經化學反應交互作用呢？鮑德溫・維伊（Baldwin Way）和雪莉・泰勒（Shelley Taylor）便設計了一項巧妙的實驗，證實了血清素再吸收相關的基因，[39]會影響大腦面對壓力的反應。在實驗中，他們找來一百八十二位年輕健全

的成年受試者，先採集他們的基因樣本，看看每個人的血清素轉運體等位基因是短變異（代表血清素再吸收率低）或長變異（代表血清素再吸收率高）。接著，他們將每位受試者隨機分配到低壓力或高壓力的情境裡。在兩個情境裡，受試者都有五分鐘的時間準備一段演說，說明自己為什麼適合某個虛構的職位，在低壓力的情境裡，受試者是自己一個人在房間裡錄下演說，而高壓力的情境則要受試者面對現場聽眾，而且聽眾會給受試者的表現打分數。† 為了測量受試者遇到壓力的反應，研究人員還在實驗開始時測量受試者唾液中的皮質醇，接著分別在過了二十分鐘、四十分鐘和七十五分鐘後再測量一次，其中最後一次是在演說任務完成後很久才測量。**平均而言**，在低壓力的情境裡，皮質醇含量的變化沒有高壓力情境那麼大，這個結果不出所料。但接下來的事就跟我們目前的討論相關：跟長等位基因的人相比，短等位基因的受試者（表示他們再吸收的效率較差，所以血清素訊號會在突觸裡停留更久）在高壓力的情境下，皮質醇增加的幅度**顯著較高**。但在低壓力的情境下，不論是哪種等位基因的群體，皮質醇的分泌都沒有差異。總結而言，這表示血清素再吸收的個體差異，和每個人自認的焦慮

---

* 但規律的運動確實有幫助！且見下文分曉。

† 壓力相關的研究常常使用這種操作方式。顯然很多人覺得在大眾面前演說很有壓力，有人評量打分數也很有壓力，所以兩個加起來就能讓大多數的受試者壓力爆表。

特徵之間的關係，可能要在環境中有強烈的壓力源時才會比較明顯，處於低壓力源時關係就不顯著。*

到目前為止，這個故事的寓意你應該已經聽過好幾遍了：你大腦的設計特徵沒有一項是孤立的，每項特徵都會針對外在環境某一類的因素，一旦碰上了就會觸發，準備好用適當的方法來因應。在〈偏向一邊〉一章裡，我們提到大腦兩個半球的大架構，以及兩半之間的差異會怎麼跟你既有的經驗交互作用，來影響大腦解決複雜的問題。在這一章裡，我們討論了不同的神經元怎麼用特定的化學語言溝通，形成功能特化的網絡，以及不同的環境因素會怎麼突顯不同網絡溝通方式的差異。在接下來的一章裡，我們會再討論最後一項塑造神經元連結的設計特徵，讓你有辦法建構出對外在世界的認知——當你在不同的情況下碰到相同的外在觸發因素時，大腦的反應有多大就要看這項特徵。但在此之前，我們先總結一下這一章的重點，看看我們可以從中推敲你大腦運作的哪些細節。

小結：大腦內各種化學物質會相互平衡和制衡，而這些機制在每個人身上的差異，會影響你面對環境壓力時的決定和反應

在我重述本章談論的種種細節之前，請讓我先幫你的右腦灌輸一些宏觀的畫面，幫它理解這一切到底是什麼意思。首先請你記住，影響你思考、感受和行為方式的神經傳遞物質有**好**

幾百種，但我只有詳細描述其中三種而已：多巴胺、血清素和皮質醇。[†]即使把問題大幅簡化成這樣，你應該也看得出情況依然非常複雜，因為這些化學物質對**你**會有什麼樣的影響，不只要看你身處的環境，更重要的是也和腦內其他通訊系統的運作有關。

除此之外，還有另一件事會替這個平衡狀態增添更多變數，只是我還沒提到而已：當你出現神經化學變化時，你的大腦有辦法自我調適，將各種化學物質的含量**保持**在它想要的水準。我在本章開頭提到四種驅動化學通訊系統的設計特徵：供神經元發送訊息的神經傳遞物質有多少；受器的數量，其作用有如耳朵，每種受器用來接收特定的化學訊息；發送神經元的再吸收能力；以及分解特定神經化學物質的酵素之數量。很少人知道這件事：不論是喝下大量的咖啡因，或者服用像百憂解這樣的處方藥物，只要你用人工的方式改變你的神經化學平衡，你的大腦往往就會改變其他的設計特徵，試圖把改變抵銷掉。[40]舉例來說，假如你服用**增加**多巴胺分泌的藥物，你的大腦可能會減少多巴胺受器的數量，或者增加分解多巴胺的酵素數量，讓多巴胺失去通訊的作用。如此一來，時間久了之後，

---

* 有一項研究以芬蘭超過二萬一千對雙胞胎為樣本，發現他們在人生中遇到重大的壓力源後，自認神經質程度增加；由此看來，打從新冠肺炎疫情在二〇二〇年全球爆發後，假如焦慮或神經質量表的「平均」分數沒有變，我會很驚訝。

† 最後一章會再詳述另一個重要的神經傳遞物質：催產素。

你可能就會對這些改變神經化學平衡的藥物產生抗藥性；另外，假如你停止服藥，也有可能造成各種戒斷症狀。舉例來說，假如你每天都喝下好幾杯的咖啡因，你的大腦就會開始重新調整自己，導致你必須喝下一定分量的咖啡因才能「正常」運作。因此，當你大幅減少咖啡因攝取時，[41]往往會出現像頭痛、無法專注、心情憂鬱等症狀，反映出大腦已經自我調整、適應這些化學改變了。還好這些症狀不會持續太久（平均而言只會維持兩到九天），因為一旦不再攝取這種藥物後，大多數的大腦會再次重新調整，適應**新的**化學物質基準量。

如果你想知道神經化學通訊系統的差異，會怎麼影響你對周遭世界的感知方式，你至少需要稍稍理解以上描述的機制。在這一章裡，我帶出了多巴胺酬賞迴路的概念，以及自稱比較外向的人碰到意外的好事時，其大腦更有可能分泌更多帶來愉悅感的多巴胺。這又會增加他們重複相同行為的機率，因為當初就是這些行為讓他們獲得意外的酬賞。但多巴胺分泌過多，可能會讓人沉溺於不健康或容易成癮的行為，假如缺乏帶來滿足感的血清素則更是如此。反過來說，多巴胺分泌不足與缺乏動力、無法感受愉悅相關，這又是許多憂鬱症患者的核心症狀。在〈注意力〉和〈導航〉兩章裡，我會再詳細說明多巴胺與注意力、動力和決策能力的關係。

我們還談到在理想的狀況下，血清素與多巴胺有如大腦的陰與陽。為了不讓你像一隻對多巴胺有依賴性的老鼠一樣，不吃不睡、連續二十四小時不停按下開關來享受，血清素系統**有**

可能介入、發出「滿足」的訊號，這樣會阻斷多巴胺，讓你不再渴望更多。但矛盾的是，這種讓人知道「我吃飽了」的神經化學物質分泌過多，又與過度焦慮相關，當人面對壓力大的情形時又更加顯著。可是，假如不管吃了什麼藥物，你的大腦都會設法抵銷藥物的作用，你又要怎麼解決陰陽失調的情況呢？

　　首先要考量的是營養攝取，因為你的大腦雖然會**製造**神經傳遞物質，但有些原料不會在體內自行生產，必須靠飲食攝取。**色胺酸**（tryptophan）便是一例，這是一種胺基酸，在肉禽、蛋、魚、奶裡相對含量高。色胺酸是製造血清素的重要前驅物，但人體內無法製造色胺酸。事實上，神經科學家如果想要研究血清素分泌量**低**怎麼影響人的行為，一種做法是控制受試者的飲食，讓他們吃大量的胺基酸，但不含**任何**色胺酸。*在多巴胺製造過程中，與色胺酸相對應的前驅物是**酪胺酸**（tyrosine），這種胺基酸在乳酪裡的含量很高，†但其他乳製品以及前面提過的肉禽和魚裡也有。酪胺酸是許多運動前補充品和能量飲料裡常見的成分，因為它**也是**正腎上腺素的前驅物。但使用時請小心，酪胺酸會怎麼影響血壓和焦慮，[43]現有研究

---

* 這種方法稱作「急性色胺酸耗竭」（acute tryptophan depletion），實驗發現降低大腦中血清素通訊的幅度[42]高達90%！但請不要為了好玩自己在家裡嘗試，色胺酸耗竭的負面影響包括心情憂鬱、經前症候群症狀加重、胃排空速度減緩等等，而且以上只列出幾個比較精采的症狀而已。

† 假如你想再多一個愛吃乳酪的理由──不用謝我了。

還沒有一致的結論。*

　　別擔心（在這裡當然是雙關語），還有許多有益健康的**活動**既能降低壓力，**又能**調整你體內的化學成分。舉例來說，研究發現適量的有氧運動[44]可以**增加**血清素和多巴胺的分泌，而且短期和長期成效兼具。薩絲佳·海能（Saskia Heijnen）和共同作者在二○一六年的回顧論文裡提到，從一些研究的結果來看，有運動的人感受到的生理壓力（他們稱為「好壓力」）[45]，跟長時間持續的心理壓力（「壞壓力」）相比，會對大腦產生截然不同的長期影響，而且影響通常比較正面。運動會怎麼影響神經化學變化，詳細的作用方式相當多元，現今仍有人在研究人類和動物身上的機制。舉例來說，大腦內血清素分泌增加的原因，有一部分是因為運動中的肌肉從血液裡吸收長鏈胺基酸時，色胺酸穿過血腦屏障的機率也會增加。多巴胺分泌增加的原因，有人認為和運動後身體釋放內生性大麻素（endocannabinoid）相關——內生性大麻素是自然生成的神經傳遞物質，從大麻裡提取的四氫大麻酚（THC）等藥物會在大腦裡模仿這些化學物質的作用。†

　　此外，研究也證實其他以減壓為目的的活動會改變神經化學。打個比方，按摩治療[46]對你腦內雞尾酒的作用可能正好就是你想要的！研究一再證實按摩可以降低大腦內的皮質醇含量，幅度甚至可高達50%；另外，它也能增加多巴胺和血清素的分泌，幅度可高達40%。也有人發現冥想和正念修習[47]與皮質醇降低、血清素增加相關。有一項研究甚至還發現，受試者

進行深呼吸練習[48]後，腦內皮質醇的含量會降低，心情也會變好。當然，這本書的主旨之一還是沒變：這些「介入」方式能不能在**你的**大腦裡帶來明顯的改變，還要看其他相關的情形。不論是各種神經化學物質平時的基準量，或者生活條件的差異，都有可能降低這些活動對你大腦的影響。

我擔心你可能已經漸漸聽膩了「要看情況」這個答案，但事實上，你大腦的超能力就是建立在這種種的相互依存性之上。你的大腦必須一直面對內在和外在環境的變化，假如它**沒有**設計成用不同的方式來因應不同的變化，**你這個人**就會更容易預料、更不有趣，而且更沒有演化上的優勢。在下一章裡，我們會再說明最後一項生理特徵，你能不能彈性應對當下的情況，跟這一項特徵密切相關：你的神經同步性。

---

* 研究發現不一致的原因，可能和這一章裡提過的種種困難類似──兩個例子包括與外在環境的交互作用，以及攝取酪胺酸前的神經傳遞物質含量等等。

† 這麼一說下來，你可能會對「跑者愉悅感」（runner's high）有全新的認知。

第三章

保持同步

協調彈性行為的神經韻律

　　接下來要探討的設計特徵事關大腦種種運作程序的同步協調。**嚴格來說**，我指的並不是「一手拍頭一手摸肚子」的那種手腳協調，但像這種事情看似簡單，做起來卻很困難，正是因為你大腦內部的同步機制所致。為了更容易理解這是怎麼一回事，我們再來拿傳話遊戲當例子。你大概還記得，你的大腦在玩這個遊戲時會碰到很大的挑戰：當好幾千個緊貼在一起的神經元釋放化學訊號封包時，背景的雜音就會**非常多**。前一章曾經提到，大腦為了讓神經元之間交疊的訊號有秩序，一種做法是利用各種不同的「化學語言」組合。這一章會探討另一種手法，讓大腦有辦法控制哪些神經元可以互相交談——採用這種方法時，大腦能根據當下需要進行的工作，**機動地**將使用同一種化學語言的神經元分配到不同的團隊裡。

換句話說，大腦可以藉由操縱訊號發送的時間，來控制哪些訊號可以在背景的雜音中被「聽見」。為了更容易理解這種做法，我們先來想像一下：派對和合唱團的聲音有什麼不一樣？你走進一場派對的時候，你的耳朵會在一瞬間聽到幾十個人同時高聲交談，每個人都在講不一樣的話，聽起來只是一片吵鬧、無法分辨的雜音。在這種背景噪音裡，想要只專注聽兩個人交談的內容必然是個不小的挑戰。相較之下，合唱團的聲音彼此同步、和諧，即使聽眾席裡有背景噪音，合唱團融合在一起的聲音依然更容易被人聽見，也更容易理解。

　　大腦裡的訊號發送方式也是如此。假如兩個訊號同時發送，比起兩個沒有同時發送的訊號，更有可能被接收的神經元「聽見」，或者說對接收神經元有作用。事實上，你的大腦和許多自然現象一樣，是一臺強大的節奏律動製造機。[1]個別的神經元不會持續不斷地發送訊號，*而是會在「說悄悄話」和「沉默」的狀態之間一直循環，而且可以變換循環的頻率。接收的神經元也可以設計成只「收聽」某個特定的頻率，就像是你把車子裡的收音機調到某個電臺，就只會聽到空氣中那一個頻率的訊號波。所有人的大腦都會使用相同範圍的頻率，慢則小於每秒一個訊號，快則每秒超過一百個訊號，但每個人的大腦使用的高頻和低頻通訊分別有多少就不一定了。

　　事實上，我們從很久以前就有方法，可以在實驗室裡測出這種像管弦樂一樣協調、同步的神經通訊是怎麼組成的，使用的工具就是我二十五年前用賈絲敏來練習的電極帽。†不過，

這種研究觀察的東西和先前描述的實驗不一樣：前面提到的實驗是測量某些**特定**任務的腦電活動，但這裡的研究收集的是**沒有進行任何任務**時的腦內活動資料。在我的研究裡，我會給受試者一個單純（但不一定簡單）的指示：閉上眼睛，放鬆，但不要睡著。他們在閉眼放鬆時，思緒可以隨意漫遊（就像我搭公車的時候），此時我們就會測量漫無目的的大腦在五至十分鐘內的腦電活動。

接下來，我們會用數學分析頭皮外測量的電位變化，將此分成不同的頻帶，從中看出每個人的大腦是怎麼協調運作的，這樣有點像是聆聽之後，再推敲合唱團裡每一個聲部有多少人。我們利用EEG資料時，有好幾種不同的方法可以做到這件事，但不論用什麼方法，我們最後都會拿到一樣的推估數值：特定部位的大腦活動裡，有多少活動來自通訊同步頻率在某個範圍內的神經元。以下是**我自己**思緒漫遊時的腦部活動紀錄，分析的頻率從二到四十赫茲（亦即每秒內的循環次數）。

---

* 持續不斷發送訊號是不可能的事情，不只是因為神經元會很快就把化學物質用完，還需要考慮動作電位。神經元將化學封包「發射」出去後，需要花幾分之一秒的時間重新安頓好自己才能再發射一次。

† 還好給成人戴電極帽容易多了。另外，在我們使用的設備裡，有些「消費級」的器材看起來像是一條未來感十足的頭巾，而不是泳帽。這種器材不需要黏膠！

香蒂爾的神經協調頻譜

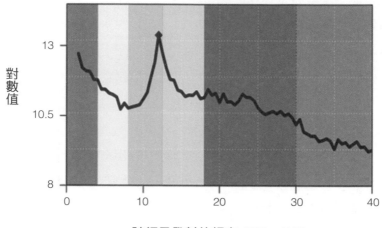

神經元發射的頻率（單位：赫茲）

　　這個圖表的縱軸表示特定頻率上的腦內通訊約略值，越高表示這個頻率上的通訊就越多。橫軸的左邊是低頻率的通訊，右邊則是高頻率，如圖所示，從左到右看過來，每一種頻率的佔比有高有低，在大約十二赫茲處有一個尖峰。我用小菱形標出峰值處，這個數值代表我的大腦偏好的神遊頻率，尖峰的**高度**表示我大腦有大量的神經元每秒鐘會發送十二個左右的訊息，而且用這個速度發送訊息的神經元數量比每秒發送十個或十五個訊息的還要多。這個數字代表什麼意義，等下會在這一章裡探討。這裡有一個大腦運作的重要特徵：像這樣測量「無工作狀態」的大腦協調性，有如記下你神經的指紋——每個人的頻譜相對穩定不變，但不同人的頻譜差異很大。不過，我們

不能把電極帽寄到你家裡去，讓你自己測量（至少現在還沒辦法），所以我們得看看頻譜與大腦計算的關聯，再從這一方面的認知來反推回去。

但在此之前，就算這樣講容易讓我受傷，我還是得指出一件事：大腦同步性越高**不一定**越好。一個明顯的例子是癲癇發作：這是大腦某一個部位的活動造成連環風暴，在大腦不受控制地裡四處蔓延。這種事情其實應該更常發生才對，因為大腦裡**所有**的神經元平均只需要經過六次連結就能和任何其他神經元相連（同一套**網路理論**〔network theory〕[2]也能讓我們把任何一位演員在六度分隔內連結到凱文・貝肯〔Kevin Bacon〕）。* 為了不讓某一群愛八卦的神經在你腦內造成大恐慌，有時候我們不只是要讓神經元**同步**而已，**阻止**它們大量啟動可能也同樣關鍵。

為什麼這件事在健全的大腦裡那麼重要？再用一個你可以在家裡做的實驗來說明：首先，轉一下你慣用腳的腳踝，用你的腳趾順時針畫一個圓圈，不要停下來。接著，把同一邊的手拿起來，想像空中有一塊黑板，然後在上面寫一個大大的阿拉

---

* 假如你沒玩過「凱文・貝肯的六度分隔」，遊戲的規則如下：我隨便點名一位演員，你就要想一想他和哪些人共演過電影，一步步把他連到凱文・貝肯。以下是維基百科舉的例子：貓王主演的電影《愛情你我祂》（*Change of Habit*）裡，愛德華・阿斯納（Edward Asner）也有演出。愛德華・阿斯納和凱文・貝肯在電影《誰殺了甘迺迪》（*JFK*）裡共同演出。因此，貓王和凱文・貝肯的分隔距離只有一度（透過愛德華・阿斯納）。

伯數字6，就當作有人問你：「大腦裡任何兩個神經元之間平均要透過幾層連結？」，你把答案寫出來。

結果發生什麼事呢？

大多數人會出現這樣的狀況：手的動作會干擾腳的動作，導致腳趾畫圈的方向反了過來。現在我們再做一次，但這次先把腳踝逆時針轉動，然後再用手畫數字6。這次發生什麼事呢？大多數人會覺得這樣做比較容易。另外，我也打賭你會發現你的手和腳會**同步**，最後會到數字6那圓圈裡相同的相對位置上。*這個實驗示範了這件事：你的大腦傳達訊息協調你手部的動作，但這些訊息干擾了傳送到腳部的訊息。

為了避免這種狀況**不斷**上演，你的大腦還有一種協調通訊的工具，當兩組神經元不相鄰時更是經常派上用場。在這種情形下，大腦會運用像資訊超級高速公路一樣、一串串的長條神經元，將腦內距離遙遠的部位連結在一起。這些**白質**（white matter）通道因上面覆蓋了髓鞘質（myelin）[3]而得名。髓鞘質是一層有隔離作用的脂質，能幫助神經元加速傳遞訊號，降低資訊丟失的可能性。事實上，訊號透過這些隔絕的神經元傳播時，速度可以超過每小時四百公里，因此從大腦的一端到另一端只需要八毫秒。相較之下，你的大腦被一層沒有隔絕的**灰質**（gray matter）神經元包覆，它們傳遞訊號的速度大約只有每小時二至六公里。這個速度比我慢跑或快走還要慢——還好這些訊號不用跑多遠！

讀到這裡，我希望你對我已經有點熟悉了，所以應該有猜

到大腦的通訊速度越快，雖然看起來好像是好事，但其實不一定真的越好。不過，既然白質超級高速公路又快又有效率，而且佔了成人大腦超過一半的空間，相較之下用「節奏」協調同步腦內訊號又慢又有噪音，演化機制又何必多花力氣弄這個東西出來呢？

簡單來說，這事關**彈性**。

假如大腦裡只有固定不動的**固線連結**，讓訊號快速、自動地從一個部位傳送到另一個部位，它就幾乎無法**重新配置**資訊流動的方式了。閱讀就是一個絕佳的例子，眼睛沒有失明的人需要花上**幾千個**小時，練習將頁面上彎曲的線條和語言裡相對應的概念畫上等號，在這個過程當中，大腦會建立起白質通道，將負責辨識視覺模式的神經元，連結到負責檢索單詞語意的神經元。[4]神奇的是，一旦白質通道完工後，閱讀能力無礙的人只要一看到字，就無法**不去**閱讀。

看到文字就要閱讀，這種「誘惑力」到底有多強，[5]用一項簡單的顏色辨識測驗就看得出來。[†]大多數色覺視力正常的幼童會在學會閱讀前先知道怎麼分辨顏色，所以你大概會**認**

---

[*] 　這個實驗假定你寫6的方式是從上面開始，最後用逆時針的圓圈結束。當然，有些人寫6的方式可能反過來，從「肚臍眼」開始，最後在上面畫一個長尾巴，左撇子更有可能會這樣寫。假如你是這樣子的人，你可能會覺得逆時針轉腳踝的版本更困難！

[†] 　這通常被稱作「史楚普試驗」，以大約一百年前發明這個測驗的心理學家約翰・瑞德利・史楚普（John Ridley Stroop）命名。

為色覺視力正常的成人進了實驗室，看到某個印刷出來的單詞時，指認單詞用哪種顏色的墨水印刷不是難事。事實上，在一種特定狀況下，這件事情難到簡直像在整人：單詞本身是一種顏色的**名稱**，但印刷的墨水是另一種顏色。例如，「藍色」這兩個字在這一頁裡是用什麼顏色的墨水印出來的？你得花一番力氣才能指出答案是「黑色」；但如果我問你這一串「XXXXX」用的是什麼顏色的墨水，你很容易就能回答出來。[*]

在實驗室裡，我們會給受試者看用不同顏色印出來的字母組合，有些像「XXXXX」只是沒有意義的一串字母，有些像「BUMBLEBEE」（熊蜂）[†]是真正的單詞，但不是顏色單詞；另外，我們也會把像「BLUE」（藍色）等顏色單詞用另一種顏色印出來。我們會給受試者看以上各種的組合，請他們指出每個字母串或單詞用哪一種顏色的墨水印刷，並測量他們的反應時間和正確率。受試者如果要完成這一項任務，最直截了當的做法就是完全不管單詞到底寫什麼，因為單詞的意思和這項任務一點關係都沒有，但閱讀能力無礙的人大多做不到。有一些因人而異的細節我們等下會再詳談，但當顏色單詞本身和印刷墨水的顏色不一致，幾乎所有的人在辨認墨水的顏色時，都會比辨認非顏色單詞的墨水顏色更花時間，也更容易出錯。腦內的資訊超級高速公路建立起來後，你的視覺系統接收到的資料就一定會送到腦內指認字義的部位，就算你不想如此也阻止不了。

神經的韻律節奏就是在這種地方發揮作用，因為人類大腦

其中一個神奇的特徵，就是它相當有彈性。在許多情況下，即使輸入大腦的資料相同，我們**確實**可以為了不同的目的而用不同的方式反應。

　　就拿閱讀這一段文字當例子好了，因為我認為這一段是這本書最重要的段落之一。既然我都明明白白這樣講了，希望你閱讀時的心態會有一點點不一樣。你可能會更注意我用文字傳達了哪些內容，以及這些文字內容怎麼反映你大腦的運作方式。但是，假如我剛剛是叫你**校對**這段文字呢？你注意的東西就不一樣了：如果你發現有個逗，號放錯位置，或是；哪裡誤用了一個分號，你就會特別注意到這些事情，而不是文字傳達了什麼內容。‡（好，校對結束。我要你跟上我說的話！）我甚至還可以給你指示，叫你閱讀這一頁的時候改變一下發音：每次你看到哪個字有「ㄊ（t）」這個音，我要你在腦袋裡改成發「ㄉ（d）」的音。就算以前從來沒必要這樣做，大多數人做起來都完全不會有問題。你現在就有個怪腔怪調了！

　　這一切說明你的大腦有出色的自我重組能力，而且只要目的或指示改變就能立刻重組。換句話說：你的大腦剛剛先閱讀

---

* 　好啦，除非書本印刷技術在這一兩年間突然大改變，這件事應該不會太難才對，因為這本書裡**所有**的字都用黑色的油墨印刷。但假如你在實驗室裡，每個字都會用不同的顏色，這樣就會困難很多。

† 　其實這個字不適合在實驗裡出現，因為它的音節數太多，而且出現的頻率也不高──但這個字念起來的聲音有趣，所以我才會選來當例子。

‡ 　對，這裡是故意的。假如這本書別的地方有錯字──那就不是故意的了。

文字，完成這件高度自動化的事情之後，就能馬上利用文字傳達的**訊息**重新調整它的操作順序，做出**其他的**事。大腦可以根據當下的指示或目標，機動地調整神經元的團隊組合方式，但假如通道全都是白質搭建的固定線路就不可能這樣了。大腦為了有動態調整的能力，必須細心協調腦內合唱團各個不同的神經律動節奏。在下一節裡，我們會詳談現今科學所知，探討神經節奏在進行彈性重組時的作用，以及大腦偏好快思或慢想分別有哪些利弊。*

不同神經同步速度的利與弊

每個人的神經協調同步方式不盡相同，但在細談我們對於各種運作方式的認知之前，得先談談快節奏和慢節奏分別適合用來進行哪些計算。首先要知道，若要讓成群的神經元保持同步，頻率慢會比頻率快**容易**。再回頭用合唱團當譬喻，你可以這樣想：歌曲的速度越慢，就越容易讓各個聲部**不至於**散得太開，**聽起來**還像是完整一致。世界上最快的饒舌歌手往往每秒鐘可以唱超過十二個音節，[6] 假如我們把一票超快的饒舌歌手找來共組合唱團，會變成什麼樣子呢？就算有人只誤差了**幾十分之一秒**，整個團體依然很快就會分崩離析。同理，當大腦需要協調大群神經元時，通常會使用低頻的腦波。舉例來說，在你睡眠最深沉時，大腦大多數部位會以最低的頻率一起同步振盪──這個頻率低於每秒四次。

除此之外，還需要知道一件事：跟高頻率的波動相比，低頻波可以傳得更遠，碰到東西反彈開來的時候也比較不會被干擾。這就是為什麼大象低吼的時候（頻率大約十二赫茲，跟我大腦偏好的頻率差不多），三公里以外的其他大象也聽得到！相較之下，頻率在一千到八千赫茲之間的鳥鳴就不容易在遠處聽到。

　　那麼，假如有一大群神經元用大象吼叫聲一樣的低頻率溝通，另外又有一群用鳥叫的聲音講話，兩群神經元的聲音碰在一起的話怎麼辦？訊號碰撞的結果可能複雜又奇特，但通常是低頻腦波對高頻通訊造成很大的影響，反過來的情況則相對不常出現。

　　既然高頻率的「鳥叫」那麼容易被低頻訊號掩蓋掉，這種通訊系統又有什麼用處呢？首先，用高頻溝通的神經元可以更快速地更新它們對周遭的表徵（representation）。我們在〈偏向一邊〉一章裡曾經談到，大腦進行像語言理解等諸多日常工作時，必須有辦法偵測外在環境裡短至毫秒的快速變化。假如你的大腦描述外面發生哪些事情的時候，每秒鐘更新狀態的次數卻屈指可數，你要存活是不是就困難得多了？事實上，腦內的**感官**網絡常常會用最快的頻率彼此交談。大腦越快同步這些網絡的通訊，就越能獲得接近「即時」的表徵。

---

* 不是在說諾貝爾獎得主、心理學家丹尼爾・康納曼（Daniel Kahneman）的名作──但等下就會看到，兩種概念確實有關聯。

那麼，像低吼的低頻通訊有什麼作用呢？你可能已經猜到，這些頻率最適合做的工作，是將大腦各個部位**組成**不同的團隊。事實上，艾爾·米勒（Earl Miller）等人的研究就發現，額葉有神經元負責重要的工作：它們可以根據你想要做的事情，動態協調腦內其他部位高頻率的神經運作程序。[7]這樣是**勒令**腦內交疊的雜音要遵守秩序，像是指揮一個有八百六十億個聲部的合唱團一樣。

當然，大腦既有彈性又協調一致是**好事**——但這時問題就來了。首先，在稍早手腳協調的實驗裡，我們看到低頻、目標導向的訊號容易彼此干擾，但局部的資料處理中心傳來的高速訊號就相對不會互相干擾。這就是為什麼我們一心多用的時候**什麼事都做不好**。[8]

再來，當低頻、目標導向的神經振盪開始協調高頻通訊時，它們有可能真的會讓你完全忽略周遭發生什麼事。*我們在實驗室裡可以測量**注意力暫失**（attentional blink），[9]藉此判斷內在目標的驅動力和察覺周遭事物的能力怎麼平衡。簡單來說，我們會請實驗的受試者在許多物體快速變化的畫面裡辨識某個特定的目標，例如我們可能會請受試者記下畫面中的數字，但投放出來的內容大多是字母；或者請他們記下圓圈的顏色，但投放的內容大多是正方形。我們會讓每個物體一個接著一個快速地在畫面上閃過去，每一回大約會投放十到十五個物體。每一回結束後，我們會請受試者講出他們看到哪些目標物體。從實驗資料來看，有一件事讓我覺得很奇特：第一個目標

物出現後，假如第二個目標物在一定時間內出現，大家根本不會發現。事實上，這個注意力暫失的期間可能長達半秒鐘！

所以，難題就出現了：如果我們想要對外在世界有接近「即時」的認知，就必須要用高頻率通訊的腦內網絡。但是，若要將這些資訊送到大腦各個部位，我們非得打造出不能彈性改變的固線迴路，再不然就是需要依靠低頻率但容易互相干擾的通訊系統。每個人的大腦都會同時使用這兩種不同的通訊策略，但我們和其他團隊的研究都發現，一個人的大腦偏好使用低頻或高頻協調各個神經通訊系統，對他處理資訊的方式有深遠的影響。[10]在下一節裡，我會列舉幾種測驗，讓你推敲你的大腦用哪一種協調方式。

替你自己測速

醜話說在前頭──接下來的第一個測驗會很難！我也知道不管我怎麼說，測驗拿到高分的人會覺得自己像大明星，感到困難的人會覺得自己像是人生失敗組。但請別氣餒，我把你的大腦逼到極限是有原因的。我也向你保證，一如前面談論利弊時所說的，不管測驗的結果**是好是壞**，都有相對應的優勢。

這項測驗會測量人腦處理資訊的一個大瓶頸：工作記憶（working memory）的容量。**工作記憶**指的是一種地位特別高

---

* 大腦會用哪些機制來注意周遭的事物，就是下一章的主題！

的意識狀態，你在這裡的想法意念可以用來協調各個心智和神經程序。能夠保留在這個狀態裡的資訊量因人而異——這就是所謂的工作記憶「容量」。你可以把它想成是一份樂譜，讓你腦內神經合唱團的指揮用來協調大腦的各種通訊。

　　這項測驗會測量你的工作記憶可以裝進和操縱多少資訊。這項測驗的用意是要測量資訊處理能力的極限，所以大多數人**不會**每一題都全對。另外，雖然你可以用這本書來測試自己，但如果想要更準確的結果，最好是請別人逐項念給你聽，或者到我的網站上做。最後，測驗的結果很容易被當下的頭腦狀況影響，所以最好在你休息夠、覺得可以專注的時候再做！

　　在這項測驗裡，我會告訴你一連串的數字或字母，你的目標就是盡可能記住它們，記得越多越好——但你在腦袋裡記下來的時候，必須把我告訴你的順序**反過來**。首先，請拿一支筆和一張畫好線的紙，在其中一邊由上而下標記題目一到十四，讓你知道現在寫到第幾行。接著，假如你有個幫你做測驗的「共犯」，請他逐個念出每一行的字母或數字，大約每秒鐘念一個（所以每念完一個就在心裡默念「一秒鐘」），每一行念完後再說一聲「GO」。假如你是自己替自己做測驗，那麼每個字母或數字只可以看一遍，然後看到「GO」的時候就把書蓋起來。聽到「GO」這個字就是要你把剛剛記住的字母或數字順序反過來寫在紙上，舉例來說，假如你看到或聽到「G、K、R、G、GO」，你就要寫下「G、R、K、G」。如果有人幫你做這個測驗，記得讓他知道你什麼時候準備好進行下一題。

記住，這些題目一開始很短，但長度會漸漸增加。你可能會發現到了某個地步的時候，你的記憶容量已經滿了。如果你連續兩、三行全都用猜的，那你可以直接在這裡結束，不必再折磨自己。另外，只答對一部分不會有任何分數，所以如果連續幾行你都只記得最後兩、三個字母，那你的容量可能也滿了。最後，再叮嚀幾項規定：一、在聽到或看到「GO」之前，不可以動筆寫；二、不可以照你聽到的順序把字母寫下來，然後再反過來抄一次——你必須在腦中把順序顛倒；三、等到全部做完後才可以檢查答案。希望這一切沒嚇到你，準備好了嗎？

工作記憶測驗

一、 5 8 2 GO

二、 L D R GO

三、 3 9 4 1 GO

四、 D X K Q GO

五、 7 4 2 9 5 GO

六、 Y M R K V GO

七、 4 1 8 5 9 3 GO

八、 H D N B R T GO

九、 8 5 4 2 1 6 3 GO

十、 G L Z K V I C GO

十一、 9 4 2 1 5 8 3 7 GO

十二、 F B V K W L P S GO

十三、 2 5 8 4 1 7 9 3 6 GO

十四、 C X S V R N D H P GO

做完測驗後，我們就來看看你的工作記憶容量有多少。首先，每一題必須全對才有分，剛剛有說過，只答對一部分不會有任何分數！再來，如果你沒有任何一題全對，你的工作記憶容量就是2；否則的話，請找到最長一行**數字和字母都全對的**題目，這個長度就是你的分數。假如同樣長度的字母和數字你只答對一個，那這題就給自己0.5分。舉例來說，假如長度3的那兩行你都答對，但長度4的兩行你只答對其中一個，你的工作記憶容量就是3.5。如果你沒有算錯，測驗的分數會落在2到9之間。

　　好，用一大堆字母和數字折磨你的頭腦後，我們換點有趣的事。接下來的測驗需要你準備一支筆、幾張紙和一個計時器。這項任務以陶倫斯創造思考測驗（Torrance Tests of Creative Thinking）的畫形測驗[11]為基礎。你的目標很單純：看到下一頁的形狀後（不准偷看！），在五分鐘內盡可能畫下你想得到包含那個形狀的物體。想辦法不按牌理出牌，因為創意可以加分，但同時畫的東西越多項越好。這項測驗的目標是在五分鐘內盡量畫，而且畫越多項**有創意**的東西越好。準備好紙筆和計時器後，按下計時器的開始鍵，然後翻到下一頁。

創意測驗

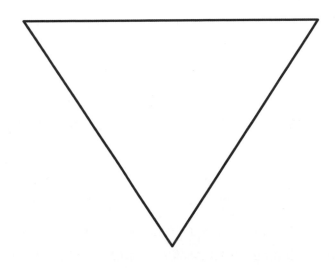

時間到了以後，請數一數你在這五分鐘內畫出幾個不同的圖案。假如我們在實驗室裡進行這項測驗，我們還會把你畫的圖和其他受試者的圖拿來做比較，看看是否有獨特的項目，並根據每個圖案的原創性來打分數。舉個例子，我敢打賭很多人會畫出帳篷、冰淇淋甜筒，假如你有想到把圖形顛倒過來（因為指示裡沒說不可以倒過來），可能還會畫出房子或戴生日派對帽的人。但是，比較少人會畫出像狐狸、劍龍、火山或馬丁尼酒杯這一類的東西。我們就先數一數你畫了幾樣物品，然後大概猜一猜你的答案有多麼不尋常，等一下會再看看這能透露出哪些關於你的事。

　　我們再來做最後一個測驗。第一個測驗很難，第二個測驗比較有趣又要發揮創意，而這個就介於兩者之間。這是一個文字遊戲測驗，有些題目確實和工作記憶測驗一樣難，但我覺得猜謎有趣多了！這個測驗的題目取自愛德華・鮑登（Edward Bowden）和馬克・榮格－畢曼（Mark Jung-Beeman）的複合字遠距聯想測驗（Compound Remote Associates Test），[12] 每道題目有三個單詞，你需要想出可以跟這三個單詞組合、讓它們變成常見用語的第四個單詞。舉例來說，如果我給你「cottage」（茅屋）、「swiss」（瑞士）和「cake」（蛋糕）三個詞，你能不能想到另一個單詞，可以分別跟以上三個組成常見的用語呢？這一題的答案是「cheese」（乳酪），因為「cottage cheese」（茅屋乳酪）、「swiss cheese」（瑞士乳酪）和「cheesecake」（乳酪蛋糕）都是真實存在的東西。

你還需要準備紙筆和計時器。等下總共會有十題，所以你可以先在紙上標出一到十，讓你在作答時不會亂掉，我希望你每一題不要花超過三十秒。但還有一件事要注意：我要你留意自己是怎麼想到答案的，假如第四個單詞像是「啊哈！」一聲就突然冒出來，請在你的答案旁邊標一個加號（＋）；假如你必須慢條斯理去思考答案，像是先列出所有可以跟「cottage」合在一起的單詞，然後一個一個接在其他幾個單詞上試試看正不正確，請在你的答案旁邊打勾（✓）。這十題會越來越難，所以如果有些想不到答案也不用擔心，我是刻意選出各種不同難度的題目。

複合字遠距聯想測驗 *

一、 sandwich / house / golf

二、 rocking / wheel / high

三、 worm / shelf / end

四、 basket / eight / snow

五、 hammer / gear / hunter

六、 man / glue / star

七、 baby / spring / cap

八、 note / chain / master

九、 over / plant / horse

十、 service / reading / stick

---

* 編案：在中文語境下，題目與答案翻譯後未必能完全匹配，因此測驗內容以原文呈現。另臺灣亦有學者設計出《中文遠距聯想測驗》、《中文詞彙遠距聯想測驗》、《中文部件組字遠距聯想測驗》等此測驗的中文版本。

複合字遠距聯想測驗答案

一、 club

二、 chair

三、 book

四、 ball

五、 head

六、 super

七、 shower

八、 key

九、 power

十、 lip

對過答案後，請**只看**正確的答案，然後計算你的**靈光乍現比例**：將「啊哈！」一聲出現的答案數量，除以慢條斯理想出來的答案數量。由於除數不能為 0，所以如果你沒有**任何**一題是慢條斯理想出來的，請將前一個數字除以 1。

你有多典型呢？

既然我把你的腦力完全耗光了，希望你會想知道這些測驗的結果跟你大腦同步的方式有什麼關係。事實上，以上每一項測驗都與大腦主要通訊頻率的個體差異有所關聯，這種主要的通訊頻率叫做 alpha 波，以第一個希臘字母為名相當合理。*在我的大腦裡，我偏好的頻率就是前面圖表裡十二赫茲上的那個尖峰。我們首先來看看能不能從這些測驗推論出你大腦偏好的運作速度。

首先，我們要用工作記憶測驗的分數，推估你大腦喜歡的振盪頻率——最起碼是你放鬆、神遊時的振盪頻率。套用 J・K・西蒙斯（J. K. Simmons）在電影《進擊的鼓手》（*Whiplash*）裡的臺詞：「你在趕拍還是拖拍？」[13] 理察・克拉克（Richard Clark）等人曾經進行大型研究，測量三個國家

---

* 其實，alpha 波會叫這個名字，單純只是因為這是**第一個**被發現的神經振盪。它會率先被發現並不讓人意外，畢竟大腦裡到處都是它。當一個人在放鬆的狀態時，你光用肉眼看 EEG 圖，往往就能看到他的 alpha 波——完全不需要用到華麗的數學分析。

五百五十名受試者的alpha波頻率和工作記憶容量。[14]他們發現，工作記憶裡可以儲存的項目越多，alpha波的頻率通常越高。從他們的資料來看，工作記憶測驗的平均分數大約是5。如果講得更精確一點，在十一到三十歲的年齡層裡，大約68%的人在這項測驗的分數會介於3.5到7之間，對應到的alpha波峰值頻率會在八到十一赫茲之間。年齡越大，在這項測驗裡獲得高分的機率越低，*但從研究的結果來看，不論年紀為何，alpha波頻率和工作記憶容量的關係不變。在論文裡，研究人員認為alpha波頻率每增加一赫茲，平均來說表示工作記憶的容量多〇‧二個項目。所以，如果你是另外那32%的人，也就是工作記憶容量更高（七到九個項目）或更低（不超過三個項目），你的alpha波峰值很有可能大於十一赫茲或小於八‧五赫茲。這本書讀到現在，你應該已經知道這件事了：越靠近極端值，表示你大腦的協調模式就越不典型。

我們暫時把創意測驗放到一邊去，等下再回來看。

我們先來談談複合字遠距聯想測驗的分數。整體來說，題目的難度逐漸增加，一開始的題目有超過80%的大學生在三十秒內回答出來，最後一題則只有不到10%的人在時間限制內答對。至少有一項研究發現，一個人解這種題目的能力，跟他的工作記憶容量和流動智力（fluid reasoning）相關。所以，如果這幾題大部分都有答對的人，很可能工作記憶測驗也拿了五分以上。

但我**真正**想知道的，是你有幾題是「啊哈！」一下就想

到，而不是刻意在頭腦裡尋找。布萊恩・艾瑞克森（Brian Erickson）和共同研究人員找來五十一名慣用右手的成年受試者，發現一個人是靠靈感或是刻意尋找[15]來解答這種問題，可能是一種相對不變的人格特質。他們在研究中請受試者解答各種不同類型的問題，其中包括像上面列出的複合字遠距聯想謎題，大約兩週後再給他們拼字謎題——比方說，像「RANIB」這樣字母順序錯亂的單詞或句子，必須重新排成一個真正的單詞（「BRAIN」）。他們也和我一樣，請受試者回報是刻意搜尋找到答案，還是靈光乍現想到的。有趣的是，他們發現這兩項任務之間有顯著的正相關。更精確來說，一個人進行某一種類的任務時，有一定百分比的題目需要靠刻意思考才能解題。過了幾週後，當他們需要解決另一個截然不同的問題時，他們採用相同解題策略的頻率差異度，有將近30%取決於前一次靠刻意思考解題的百分比。

我們若要知道你的大腦怎麼進行協調的工作，這一項研究發現十分重要：受試者採用的解題方式不同，與每個人在休止狀態下的神經同步模式相關。更精確來說，比較常靠靈感的人，腦內溝通的頻率有更高的比例落在較低的四赫茲到十四赫茲之間，特別是在左腦的語言區裡。†

---

* 通常來說，年齡介乎三十一至五十歲的組別（我很榮幸我在這裡），平均比三十歲或以下的組別低一分；五十一歲或以上的組別，則平均比三十歲或以下的組別低一・五分。

† 再提醒一下，受試者都慣用右手，所以我猜大多數的語言功能都偏重左腦。

這兩項測驗的作用互補，合起來看能讓你知道你的主要神經節奏**有多快**，以及低頻和高頻波段的同步分別**有多強**。這兩項測驗給我們不同的資訊。我們再用我的腦波圖來說明：假如一個人的工作記憶容量很高，他的alpha波峰值可能也會很快——這個速度是看用黑色菱形標記的那個尖峰在橫軸上的落點位置。但在這個高頻率的峰值之外，他在低頻率處還是多多少少會有通訊，所以除了峰值的高度代表那個頻率上的通訊量外，在尖峰左邊的線段代表低頻的其他通訊。在下一節裡，我們會再談談這些不同的腦內通訊模式分別代表什麼意義。

要麼調對頻率收聽呢？

為了更了解腦內神經協調會怎麼影響你的思考、感受和行為方式，我還得再講一下大腦的傳話遊戲，因為還有一件事讓大腦的玩法遠比你小時候玩的更複雜。在小時候玩的版本裡，大家繞成一圈傳一句話，最後傳回當初第一個講話的人。但在大腦裡，可能同時會有兩則訊息在圈子裡傳，而且傳話的方向剛好相反！有一種訊息來自透過感官和外在世界接觸的神經元，這些神經元會用比較高的頻率溝通。我們會說這些是「由下而上」的訊號，因為它們會根據當下對你周遭事物的認知，從最基礎的層次引導你去理解外在世界，並且作出決定。另一種訊息則是從你大腦額葉的「控制中心」*出發，這裡會用低頻通訊，根據你當下的目標或計畫將各種神經元組合成團隊。

我們稱這種是「由上而下」的訊號，為的是讓你的思考、感受和行為方式有秩序。

你可以把這兩種訊號想像成用兩種不同的策略拼出一幅拼圖。由下而上的高頻訊號會把顏色和形狀相近的拼圖片湊在一起，想辦法弄懂整幅拼圖看起來是什麼樣子。由上而下的低頻訊號則是先去看外盒上面的圖案，再根據這個整體的「概念」或「計畫」去決定眼前每一塊碎片應該要放在哪裡。

當然大腦玩的傳話遊戲又更難一些。你的內在和外在隨時都有資訊過來，競相影響你的思考、感受和行為方式。我們在前面已經看過低頻波和高頻波相撞會發生什麼事，而且也透過測驗知道你的神經律動節奏，這兩件事會怎麼連結呢？

首先要知道的是，你大腦偏好用來溝通的低頻率，似乎跟你的感官神經元將資訊「封包」傳到你體內的速度相當。前面提過，在大多數人身上，體內的神經元會在轟隆作響和靜默的狀態之間交替，每秒鐘大約循環七到十四次。相較之下，接收外界資訊的神經元會吱吱喳喳互相溝通，但這種小團體的聲音很容易被低頻的轟隆聲蓋掉，因此低吼聲的作用有如閘門：假如我們想「聽到」吱喳聲，最好要等低吼聲靜下來的時候！

一個人的alpha波頻率和他對外在世界取樣的頻率是否有關？羅貝托・塞瑟爾（Roberto Cecere）等人的研究結果可能是最佳證據。[16]由於不同的alpha波節奏會影響資訊「封包」

---

* 下一章的主題就是大腦這一塊「大管家」。

從外界傳入的速度，研究人員想知道的是，當感官傳來的資訊不斷變動時，大腦的理解方式會如何因人而異。研究人員利用一個已知的視覺錯覺：播放兩個不同的聲音，同時在播放第一個聲音的時候打出一次閃光。平均而言，假如兩個聲音間隔大約一百毫秒，很多人會誤以為自己看到**兩次**閃光，但實際上研究人員只有打出一次。兩個聲音間隔一百毫秒時，這個錯覺最強烈，而這個時間間隔正好和最常見的alpha波頻率相同（十赫茲）。研究人員因此想知道，主要alpha波頻率不同的人若要感受到這種錯覺，兩次聲音之間的間隔是否也要不一樣？

這個錯覺會發生，是因為「由上而下」和「由下而上」的資訊流撞在一起。更精確來說，當兩項資訊大約同時出現（「同時」在這裡定義為在同一個alpha波的窗口時間內），由上而下的內部神經元更有可能在你的頭腦裡把這兩個項目合而為一。想像一下，假如有個東西看起來像鴨子，叫聲聽起來像鴨子，這東西是什麼呢？這個錯覺就是同一道理：第一個聲音和第一道閃光同時出現，所以你內部的神經元會認為這是「外面」發生的單一事件。*這時問題就來了：第二個聲音出現時，你的大腦會怎麼處理呢？**假如**第二個聲音跟第一個事件放在同一個alpha波的封包裡傳送，你內部「由上而下」的神經元就會把它們當成第一個事件的一部分——它們會正確判定這個刺激事件是跟兩個聲音同時出現的一道閃光。可是，如果第二個聲音是單獨放在一個alpha波封包裡傳送的，你內部的神經元就有可能自行「填空」了。它們以為閃光和聲音的出處一

樣，所以會「假設」你遇到兩次刺激，因此產生出第二道閃光的錯覺。

　　為了驗證這個假設，塞瑟爾等人先記錄每位受試者大腦休息時的狀態，測量每個人偏好的alpha波頻率。接著，他們給每位受試者進行多次聲音和閃光的測試，並且要受試者回報自己看到幾次閃光。他們進行「一次閃光配兩次聲音」的測試時，兩次聲音之間的間隔控制得非常精確，間隔時間漸次以十二毫秒增加。實驗結果正如預期，每個人的alpha波頻率，和產生兩道閃光錯覺所需的兩聲間隔時間顯著相關。更準確來說，alpha波偏好頻率越高的人，對外在世界的取樣頻率也越高，因此兩個聲音比較接近的時候更有可能產生錯覺；而alpha波頻率較低的人，更有可能在間隔時間較久的情況下產生錯覺。

　　那麼，取樣率跟你的工作記憶容量又怎麼相關呢？這方面的研究目前還在進行中，但有一種可能性如下：內部神經元可以從外在世界接收**新**資訊的速度，也跟它們**更新**既有、想保留的資訊的速度相關。[17]這就像是大腦在玩拋接雜耍的把戲，但丟的不是球，而是一個個想要留在意識裡的項目，像是數字或字母。讓球落地的地心引力，在這裡就是「遺忘」的過程。正如拋接雜耍一樣，工作記憶裡的內容如果沒有更新，很快就會

---

* 就你目前讀過的內容來看，你能不能猜到大腦**哪一個半球**最有可能把眼睛和耳朵傳來的資訊合併成為單一事件？

「落地」；另一點和拋接雜耍相似的事情是，你一口氣可以拋接的「物品」數量有限，這就是你的容量。你在做測驗的時候可能發現，有時候只要比你能負荷的容量多一個數字或字母，你的記憶不會只拋棄多出來的那一個項目，而是把之前**所有**的內容全部丟掉。alpha波頻率越高，就像是雙手動得更快——就算地心引力一直都在，你還是可以拋接更多顆球，因為拋出每顆球所需的時間更少。

可以一口氣在腦袋裡耍很多顆球，聽起來好像是一件好事，但取樣率高可能有一個代價：封包傳進來的時候，每一個封包可以裝填的資訊會變少。假如alpha波頻率比較低，封包之間的間隔比較長，每個封包就可以裝進更多資訊，這樣的人是不是能在腦中產生更廣泛的連結呢？

從歐嘉・巴札諾娃（Olga Bazanova）和盧波米爾・阿夫塔納斯（Lyubomir Aftanas）的研究結果來看，這個情況確實有可能。他們測量創意的方式和我前面給你做的三角形測驗相似：[18] 他們在研究中先測量九十八名受試者偏好的alpha波頻率，再請他們做一個標準化的創意測驗。在實驗中，每位受試者連續做了好幾個不同版本的創意測驗：每一次的測驗會給他們一個不同的形狀，並要他們在五分鐘內盡可能用這個形狀畫出不同的圖案。評分的標準除了**流利度**（即每人平均在五分鐘內可以畫出幾個不同的圖案），還有**原創性**（即某個特定圖案有多罕見）。舉例來說，「三角形屋頂的房子」的原創性比較低，「背上有三角形骨板的劍龍」的原創性則比較高。從他們

的研究結果來看，整體而言，alpha波頻率**較高**的人答案**數量**較多，但alpha波頻率**較低**的人答案**更具原創性**，或者說更有創意。

換言之，速度不是一切。

這個故事還是告訴我們同一件事：「不一樣」不一定比較糟或比較好。下一節會統整大腦協調方式的知識，以及這和你其他的結構設計有什麼關係。有了這些資訊後，你就準備好帶著你的腦袋出門冒險，看看**不同的**大腦會用哪些方式完成日常的基本工作。

小結：用不同的波長來思考，會影響我們操控內在和外在資訊的方式

我們從本章的測驗得到兩種互補的資訊，讓我們看出你的大腦怎麼進行協調的工作。你在工作記憶測驗中能同時「拋接」操控的項目越多，你大腦偏好的對內取樣頻率應該也越高。但我們從創意相關的研究裡發現，可以在頭腦中同時掌控許多活動的人，雖然可能會冒出很多想法，但跟腦內合唱團「低音」特別渾厚的人相比，他們的想法比較不會「跳出框架」。至於大腦比較喜歡用低頻溝通的人，更有可能靠乍現的靈感來解決問題，而偏好用高頻通訊的人則更有可能刻意採取策略來解題。

我們還沒談到你的大腦怎麼變成用某一個頻率來同步，

但我不免要說一句老調重彈的話：這有一部分是先天因素，有一部分則是後天因素。由於高頻迴路主要用來回應你周遭的環境，你應該不難想像，最容易一代接著一代遺傳下來的是內部的低頻通訊系統。[19]事實上，有研究觀察了超過五百對雙胞胎，發現主要alpha波頻率的差異度有高達81%取決於基因！但如理察‧克拉克等人的大型工作記憶研究所示，我們偏好的alpha波頻率也會隨著年齡而改變。從我們出生以後，alpha波的頻率平均會增加大約五‧五赫茲，[21]到二十歲左右達到顛峰，所以大多數人在這段期間內的alpha波頻率會倍增。在此之後，速度似乎會隨著年紀遞減，[20]但減少的幅度仍然沒有定論，現在推估的範圍是到七十歲時會減少〇‧五至二‧五赫茲。我相信這一定因人而異，而且差異既與基因有關，也與你過的生活有關。

舉例來說，有證據顯示正念修習和冥想會影響神經同步，而且作用方式相當有趣。[22]當然，我們要知道這些修習方法差異不小，但大多注重從**內在**引導意念，而不是用直覺反射來回應外來的想法或刺激。半個多世紀以來，神經科學家記錄了冥想大師和新手的腦部反應，相關的研究非常豐富，而且一面倒地證實一個人在冥想狀態時，alpha波會更大聲，也就是更**同步**，因此不論是來自內在或外在的紛擾都比較不會對他造成影響。另外有資料顯示人在冥想的時候，個人alpha波頻率（即取樣的頻率）也會變慢。

但這方面的修習會不會對神經的節奏帶來**長久**的影響呢？

相關的證據就不太清楚了。有許多研究發現冥想大師的腦部活動模式和新手不一樣，但冥想經驗和腦部功能的因果關係是什麼，就難以論斷了。這是因為內在神經元本來就比較同步的人更容易學會冥想，還是說冥想真的有辦法帶來改變，讓人更能控制資訊從內心出入的方式呢？這一方面的研究很少，但有一項實驗測量了一群冥想學習者的腦部活動**變化**，發現他們在三個月的密集練習後，[23]alpha波的頻率顯著降低。不過，不是所有的研究都發現一樣的效應，[24]這可能表示不同的修習方法會對神經帶來不同的影響，或者也有可能是冥想訓練會跟一個人偏好的資訊處理方法產生交互作用。無論如何，在冥想的**過程當中**，神經同步性會改變，這一點大致上沒有爭議。

由外部驅動的體驗，像是動作類電玩等，會影響高頻率的神經通訊。有些研究發現打電動可以增加alpha波的峰值，[25]最起碼能讓它暫時增加。但打電動可能不是你的菜，這樣的話要不要**改喝**一杯茶，或者咖啡呢？研究發現，攝取二百五十毫克的咖啡因[26]（大約兩杯咖啡的分量）既能增加你內部神經元偏好的頻率，也能將你的神經同步性從向內轉移到向外。

總結以上，你大腦偏好的取樣頻率雖然大半由基因決定，你固定要求大腦**做**的工作也會影響這個頻率，改變感官神經元將外在世界的最新資訊傳送到內心世界的速度。這是本書前半一再出現的主題，你的大腦結構也許天生是某一種樣態，但它身處的環境也會影響它的運作方式。舉例來說，大腦非常偏重一邊的人通常會在左腦發展出功能特化的模組，右腦則會想辦

法概覽大局、一口氣了解事情的全貌。但是，不管你腦內神經的計算能力有**多麼**不對稱，你必須對某件事情有一定的經驗之後，你的大腦才能試著採用「個別擊破」的策略。同理，〈調和的學問〉也說明了人在特定的狀況下，才能更清楚地看到遺傳因素怎麼影響多巴胺和血清素的通訊迴路。舉例來說，以多巴胺通訊而言，外向者和內向者主要差在他們碰到意外的酬賞時，大腦會有不同的反應；以血清素而言，在高壓力的情況下才會明顯看出再吸收效率的高低。

在本書的第二部分裡，我們會把先天與後天的問題顛倒過來：我們不會把重點放在不同大腦生理上的設計差異，而是談論每個人的大腦怎麼用各自獨特的方式，去完成各種生存必需的關鍵**工作**。換句話說，假如你的大腦是一輛汽車，我們不會再看你有沒有四輪傳動系統，而是探討你上班可能會選擇開哪一條路。假如你的大腦是一輛超省油、音響又很棒的Honda Civic，你可能寧願在路上多塞一點車，因為這樣你就有更多時間聽最愛的播客節目。假如你的大腦是一輛Subaru Outback休旅車，你又出得起油錢，而且萬一爆胎也有辦法花錢買新輪胎，那麼你可能會想要「越野」、往沒路的地方開。等你準備好了，我們就帶你的大腦到現實世界裡試跑一下。

第二部分

大腦的功能

不同構造的大腦如何驅動我們

我生命中最早的記憶，是發覺騎三輪車下樓梯不是個好主意的那一刻。可惜我是在開始做這件事情**之後**才有這個覺悟，這對我和其他人來說都是一大不幸。我還有一點模糊的印象，記得自己把三輪車推到房間外，放在樓梯口，然後站在它旁邊。我一定有在那裡停頓一下，「想一想」我打算做什麼事，因為我記得我看到眼前那道鋪了地毯的樓梯。以小孩子第一人稱的視角來看，樓梯彷彿一直往下延伸，看不到盡頭。

不幸的是，我當時只有兩歲半，既沒有人生經驗也沒有物理知識，所以不知道樓梯底部那個九十度的轉彎可能會是一個問題。接下來的記憶就非常鮮明了：牆壁高速逼近，以小孩子的觀點來看鐵定時速超過一百公里，這時我有了人生第一次「**啊糟了**」的感覺，然後眼前就一片漆黑了。*

擁有四十六年的人生經驗之後，現在回過頭來看，我的大腦記下**我的**人生故事時，第一件事就是史詩級的大失敗。考量到照顧你的人的心臟，我由衷希望**你的**人生故事沒有這麼玩命的開頭。但我能說什麼呢？人就是要從生活中學習嘛。只要運氣不太差，又有大腦幫你處理一大堆事情，人**通常**就是這樣學習的。

這本書後半部的主軸也就是生活和學習。從日常生活的小事，像是推算你的腳踏車在某個速度下可以轉多大的彎，到人生當中舉足輕重的抉擇，像是思考某個選項會帶來更多快樂或痛苦，只要你醒著，你的大腦裡每時每刻都有繁複的演算法在運作，幫你解決問題或做出決定。當然，每個人的大腦做這些

事情的方法都有一點不一樣。

舉例來說，你的大腦隨時都被成千上萬筆資訊轟炸，所以它的一項要務就是決定哪些才是最重要的資訊。在〈注意力〉一章裡，我們會談論前面講的各種大腦設計分別可能會注意到哪些資訊，並且怎麼看待這些資訊。你會發現這對你大腦的功能運作影響甚巨：在某個人生經驗裡，你最可能記得哪個部分、會學到什麼東西、日後會不會做出不一樣的選擇，一切都跟這有關。我會記得三輪車車禍，顯然是因為我的大腦**希望**這件事在我的人生中會是一個「教訓的時刻」。

在〈適應〉一章裡，我們會看看教訓的時刻究竟長什麼樣子。你也許認為你知道自己是怎麼學習的，但其實我們在一生當中學到的事情，絕大多數都沒有寫在書本裡，也不會在課堂上教。事實上，你的**每一個**人生經驗都會對你的大腦造成實際的改變，透過微調讓它適合在這個形塑它的環境裡運作。至於你的大腦認為哪些東西**算得上**是一個「經驗」，你可能會覺得意外。這些經驗最終會影響我們看待周遭世界的方式，以及我們怎麼理解不熟悉的人、事、物。

你的大腦之所以要那麼賣力去適應環境，並且學會怎麼專注在需要專注的事情上，都是為了讓它能做出更好的選擇。在〈導航〉一章裡，你會看到此前在〈調和的學問〉中提及的

---

* 萬幸的是，我不記得我撞到牆壁或地板的那一刻——那一定痛到爆，因為那次意外中我摔斷了腿。

多巴胺迴路扮演要角，讓人學習各種決定會帶來什麼結果。但是，其他平行的迴路也會用各種方式牽動決策過程，而且即使結果相同，不同的人受影響的程度也有可能不一樣。舉例來說，在經歷過幾次比較成功的「樓梯大冒險」後，我可以很肯定地說樓梯真的**可以**精采又好玩。這章還會談到我們怎麼用記憶譜出腦內地圖，來記下我們對外在世界的認知，以及我們在這個世界裡的抽象地位和實際位置。在這個過程中，我們會用大腦強大的說故事能力來辨析出各種重複的模式，並利用這些模式推敲出各種連結，將人生經驗的各種時、地、物組織成有意義的內容。

但導航出了問題會怎樣呢？假如你根據以前的經驗，認為某件事情應該會發生，結果卻沒發生呢？或者，假如你發現自己身在一個還沒適應的環境裡，所以不知道應該預期哪些事呢？〈探索〉一章會討論大腦內哪些程序會產生出好奇心，以及當大腦發現自己的認知有空缺時，哪些行為會驅使大腦彌補這些認知漏洞。但在未知的情境裡，你的大腦要怎麼決定裡頭是否暗藏危險呢？任何真正全然未知的情境，都有可能讓人學到有用的新事物，也有可能讓人身心受創。這一章會說明，人與人之間既有固定不變的個人差異，也有因情境而異的因素，兩者都會影響大腦想要冒險、探索未知的意願。

最後還有一件重要的事，我們會談論一個**永遠不可能**探索的重地：別人的心智。在〈連結〉一章裡，我會說明我們的大腦在試圖理解別人的時候，會有哪些截然不同的做法。既然你

已經知道你對世界的認知怎麼深受你大腦設計的影響，以下這件事你可能不會覺得意外：社會神經科學家發現強力的證據，說明大腦有**同類交往**（homophily）的特性——換言之，我們通常會和大腦運作方式跟自己相似的人相處。你會發現，這有可能是因為人與人想要互相理解時，直覺會把別人看成是自己的鏡像。正因如此，假如你對別人採用這種理解策略，但他的頭腦運作方式跟你**不一樣**，可能就會發生問題。舉例來說，我媽媽是個務實的人，所以她的人生經驗裡**沒有任何**事情讓她準備好面對我會騎三輪車下樓梯。搞笑的是，她當初會把三輪車拿上樓放在我的房間裡，就是因為怕有人會被它絆倒。

這個嘛……

我們就別再說我和我那個平到不行的學習曲線了。

既然**你對你自己**大腦的設計略知一二了，現在該帶著它上路，在它執行各種重要的日常機能時，看看我們能不能再深入觀察它是怎麼運作的。不管我們打算走下樓梯，或者騎車飆下樓，這一路上都不會無聊！

第四章

注意力

不同的訊號怎麼爭奪大腦的控制權

　　看到這一章的副標題，你會有一點不安嗎？相信我，不是只有你會這樣。當我跟別人講我平常做什麼工作，他們接著問的問題通常都跟「控制別人想法」和「讀心術」有關。但說一句公道話，這有一部分是我自找的：在二〇一三年八月，我把安德烈和朋友兼同事拉傑什‧拉奧（Rajesh Rao）兩人的頭腦連接在一起，讓他們分別身在校園的兩端，但還是可以一起打電動。更具體來說，在安德烈的同意下（當然要他同意），我讓拉傑什的大腦**控制**安德烈大腦運動皮質負責手部動作的部位。拉傑什在校園另一端的計算機中心看電動的畫面，我們同時記錄他的大腦裡負責控制右手的部位的腦電活動。當你**想到**要移動你的手時，這個想法就會改變腦內原本偏重低頻的通訊平衡狀態，轉為以察覺周遭環境、與之互動的高頻為主；

因此，我們的電腦演算法就學會偵測拉傑什**想要**移動手的時刻。*電腦偵測到他想到動手時，就會透過網際網路傳一個訊號到校園另一端的學習與腦科學研究中心（Institute for Learning and Brain Sciences），在那裡啟動我們實驗室裡的TMS機器。〈偏向一邊〉一章曾提到，TMS（跨顱磁刺激）機器會用磁力在腦內產生微小的電流。我把TMS線圈放在安德烈左側運動皮質外面，因此只要拉傑什想到要動自己的右手，安德烈的右手就會動，而且由於安德烈把手放在鍵盤上，拉傑什等於是把安德烈當作一個超級複雜的控制器來打電動。[1]有人將整個流程剪輯成精美的影片，但我推薦你到YouTube看看我們的原始錄影畫面。[†][2]我們成功示範了如何將資訊直接從一個人的大腦轉移到另一個人的大腦，而且是世界第一個做到這件事情的研究團隊。可惜的是，這個壯舉也把很多人嚇到屁滾尿流。

但是，我不認為拉傑什在控制安德烈的**心智**。在這個腦對腦通訊介面的接收端，我的看法是此時的意識不像是攔截到別人的思緒，而是更像反射動作。在你感覺到手部有動作，或者聽到鍵盤的按鍵聲之前，你根本不會**發現**自己的手在動。假如我們的目標是把按按鈕的**意念**從一個大腦傳到另一個大腦，那我們離這個目標還很遠！

如果你覺得我是一個想控制別人想法的邪惡科學家，我知道那樣說並不會改變你的看法，而且我也不怪你。[‡]事實上，如果你想要更深入了解腦機介面科技的倫理議題，我強烈推薦

紀錄片《生化人：醫學革命》（*I Am Human*），[3]片中除了談到我們的研究之外，也一併談論了其他神經工程技術。[§]但現在我不想要因為講到我怎麼控制我先生的頭腦，導致你不再注意**你**怎麼控制**你自己的**頭腦，所以請先記住腦機介面的幾個要點：首先，跟真正在腦中產生的意念相比，我們現今**所有**的非侵入性植入資訊技術都還是粗糙至極。沒錯，我們可以用電磁脈衝讓你的手指跳一下，甚至讓你「看」到一道明明不存在的閃光。但是，在別人頭腦裡誘發出更進階的感官感受，其實距離很多人以為的還遠得很，更別提像電影《全面啟動》（*Inception*）那樣傳送想法到人腦裡。再來，我們使用這些技術時，接收者**絕對不可能**不知情，甚至也無法在他們不同意的情況下進行。我們在YouTube的影片裡可以清楚看到，安德烈和拉傑什兩人都靜止不動，一個人頭上戴著可以讀到腦波的帽子，另一個人則是頭外有一個線圈，而且線圈必須小心對準頭部某一個特定的位置，誤差在一公分以內。假如我真的想要這樣做，我當然**可以**用暴力脅迫別人來當受試者──但既然都用暴力脅迫人了，我還不如逼他們直接去做我想要他們做的

---

* 好，我得承認，這真的有點像讀心術。

† 我在這段影片裡的主要貢獻，是大約1:18處、畫面以外傳來的笑聲。

‡ 我的親朋好友知道安德烈是一位好伴侶，這樣他們大概更加深信他一定是著了我的魔！

§ 這部紀錄片也反映塔瑞安·紹森（Taryn Southern）、艾蓮娜·蓋比（Elena Gaby）兩位導演有多麼出色和熱情。

事（像是搶銀行？），這樣還更簡單又有效。於是這就帶到了第三點，也就是這一章的主旨：有哪些東西**真的**在控制你的心智，你對此到底有多了解呢？簡單來說，你的周遭環境裡隨時都有各種「思想控制」的訊號，而且即使我們有了更直接的腦機介面，我想可能還是比不上環境訊號對你的影響力。不管你是在看超級盃比賽直播時，看到電視廣告裡有個穿比基尼的超級名模大啖噴汁滿地的漢堡，或者是在網路上看各種陰謀論，[4] 當我們的頭腦被這些「老派」的文字和圖像轟炸時，不論是個人或集體社會都會深深受到影響。

人的想法可能會被別人或外來的訊息影響（進而導致行為也受到影響），這個事實確實可能讓人不安，我也完全可以理解；不過，我也相信大多數人其實不清楚自己的想法**到底**被哪些東西影響。就連「你可以掌控你自己的頭腦」這句話，究竟代表什麼**意思**呢？你的意識狀態又從中扮演什麼樣的角色？幾千年以來，哲學家一直在思考這一類的問題。神經科學家雖然還有進度要趕，但我們每天都在更深入了解各種覺察狀態和控制能力之間的關聯。我們會在下一節裡談一些基礎知識，了解資訊可以透過哪些方式抓住你的注意力，以及這和思想控制之間的關係。

了解注意力和思想控制有何關聯

首先我要指出一件事：資訊可以透過各種不同的**管道**進入

你的意識覺察狀態、抓住你的注意力；另外，「思想控制」的情境可分成不同等級，每個等級分別有不同的管道讓資訊進入你的意識。層級最低的是用反射和感官察覺的方式抓住注意力的各種程序。在這個層次裡，不管你當下正在做什麼事，某項資訊會突然**抓住**你的注意力——無論你正在煩惱某個難題，或者轉頭去看眼角裡閃過去的一隻松鼠，你的大腦在玩傳話遊戲時，會自行決定哪些內容比較重要，再以此**自動**權衡比重，分配優先順序。*

較為受控制、有彈性的專注行為屬於中等位階。在這裡，保持在工作記憶裡的資訊會變成**指引**，引導你低一階的注意力。〈保持同步〉一章裡的「閱讀這一段文字當例子」，正好說明這種注意力的運作方式：在第一種情境下，你的注意力會集中在單詞的意義上；在第二種情境下，它會專注在標點符號上；在第三種情境下，你的大腦則會注意單詞的聲音。這個大腦系統讓你用有意識的思考，來推翻自動判定資訊優先順序的機制，但這個系統的**代價很高**。假如有人叫你多**付出一點心思來注意**，他們就是叫你的大腦增加開銷。

最後，位階最高的專注行為是跟自我覺察相關的程序，亦即我們的「心眼」向內看，並試圖評斷我們做某件事的**方法**到底有沒有讓我們更接近目標。在這個位階上，大腦會透過你意識覺察的能力，觀察它自己處理事情的程序，設法回答像「接

---

*　下一章會再詳述這個機制。

下來的考試，我讀的書能讓我拿九十分嗎？」或「為什麼我每次碰到這種情況都會發飆？」這一類的問題。

以上各種的專注層級雖然會運用不同的計算手法，但背後都有相同的限制：我們真正可以同時**覺察**的事情其實非常少。*不論資訊是怎麼進到你的意識裡，一旦某項資訊「進去」了，讓你說出「我正在想某件事」，就一定有**別的**東西被擠出來。換言之，不管是我們靠本能反應注意到的事，或是我們設法控制注意力而注意到的事，或者捫心自問注意到的事，都在互相爭搶意識裡有限的工作空間。至於這幾種專注方式抓住**你的**意識的比例分別有多少，當然事關你大腦的設計，以及你的人生經驗怎麼影響你的大腦。在下一節裡，我們會再談談大腦設計與各種「思想控制」手法之間的關聯，看看這些手法對一個人的思想究竟有多大的影響。

偏一邊的專注

接下來探討每個人大腦運作方式的差異，跟先前討論大腦建構方式差異一樣，我們先從大腦兩個半球的事情開始談起。在典型側向性的大腦裡，左腦和右腦進行的計算各有特色，而這些計算又會分別帶來完全不一樣的專注方式。我們可以在某一類的大腦病變當中清楚看到這方面的差異。這類病變的特徵是「忽視」，也就是感知系統明明完全沒有問題，卻無法**注意**到某件事。在腦部受傷的病患身上，最常見的忽視方式[5]是偏

側空間忽視（hemispatial neglect），通常最常發生在**右腦受傷**的人身上。以下的描述難免有些過度簡化：在偏側空間忽視患者的大腦裡，各種事情搶注意力的競爭會大幅降低，因為這樣的大腦根本**不會考慮**外在世界一半的資訊。舉例來說，假設有一位病患的視力完全正常，但右側頂葉（parietal lobe）受損（頂葉位於大腦視覺皮質的上方和前方，將視覺皮質與額葉相連），如果請他描述周遭發生的事情，他幾乎只會描述集中在鼻子右邊的事情。如果你在他面前放一盤食物，他可能**只會吃**盤子右半邊的食物。如果你給他一個圖案要他仿畫，他只會畫出圖案的右半。另外，曾經有電視節目示範一個很「上鏡」的情形：請病患憑記憶畫出一個時鐘，他會把所有的數字塞在鐘面的右半邊，左半邊會空白。[6]

但是，這一類病患沒注意到的事，不只有他們**看到**的事情而已。假如你請他們示範一下日常生活的行為，像是刮鬍子或梳頭髮，他們常常只會在身體的右半邊做這些動作；有時候，他們甚至會**忘記為身體左半邊穿衣服**。這種病症更奇妙的是，病患完全不會發現自己沒注意到這些事！跟左腦受到相似損傷的人相比，右腦受損的病患更有可能出現病覺缺失症

---

* 你同一時間到底可以想多少件事情呢？這其實要看你怎麼定義「事情」、「想」和「同一時間」。若將「事情」定義為「可以從特定脈絡中抽離出來並操縱的事物」，將「想」定義為「需要意識察覺，並且足以操控其他程序的行為」，將「同一時間」定義為「完全在同一個瞬間發生的事」，那麼這個問題的答案會是「介於一件到四件」。

（anosognosia），也就是「無法察覺到自身真實的病況」。他們難以集中注意力，不只有在反射反應的層級，更一路到了自我覺察的層級。雖然無知有時是福，但無法注意到這種地步可能會讓人深受其害，因為他們有可能不知道自己需要尋求治療，[7]接受治療的效果可能也不理想。

相較之下，左腦受損很少會造成忽視病症的情況。雖然還沒有人對此進行過系統性的研究，但就我所知，以下的情形不無可能：假如病患在左腦受損後注意力確實降低了，他的大腦側向性可能比較不典型，或者說左腦和右腦更平衡。但即使是這樣，有研究發現左腦受損的病患**知道**自己的處境艱困，因此更容易學習新的策略，來彌補專注力的不足。[*]

由於左腦和右腦受損後，注意力缺陷的情況有巨大的差異，[9]許多學者因此認為在健全的大腦裡，其中一個半球（通常是左腦）負責比較受控制、目標導向的專注，另一個半球（通常是右腦）則受制於自動決定注意力焦點的機制。先前曾提過左腦和右腦各自擅長不同的計算，以此來看，注意力會這樣不對稱有其道理。最起碼以典型偏向一邊的大腦而言，左腦擅長平行處理許多高速、特化的程序，因此適合由它挑選特定的資訊流，並加以放大。相對地，右腦能將許多不同的資訊流彙整成連貫的模式，因此格外擅長**注意**是否有東西不太尋常，或者不符合規律。

左腦和右腦會有不同的專注方式，也符合約瑟夫・迪恩提出的耶奴斯模式。這裡再複習一下耶奴斯模式中大腦兩半的

功能目標：根據這種說法，左腦的目標是預測未來，右腦則是專注在當下。如此看來，這樣確實合理：左腦會根據目標和計畫，將注意力集中在它認為跟預測結果最**相關**的資訊上，而右腦的目標則是理解當下正在發生的事情，所以會去注意周遭的現況。

但我們再來看〈偏向一邊〉一章裡只稍稍帶過的問題：假如左腦和右腦的注意力分別被不同的資訊吸引，這時會發生什麼事？還記得維琪嗎？這位接受胼胝體切開手術的病患如果想要從櫃子裡拿東西出來，必須跟自己的左手打架才行。這是大腦兩半通訊被切斷的極端案例：維琪似乎只**覺察**到右手的動機（即由左腦驅動）。前面提到這個案例時，我用葛詹尼加所稱的「解譯器」功能來說明，亦即左腦（至少在大多數人身上是左腦）會建構出一個敘事，來解釋事情**為什麼**會發生。但現在可以再增加一個項目：左腦在自言自語談論周遭事情的時候，會**驅動**自身去關注特定種類的資訊，而右腦（至少在大多數人身上是右腦）則更可能對周遭的事情自動產生反應。

假設維琪某個星期一決定要穿褲裙和舒適的鞋子去上班，因為她知道那天必須走很多路，她的左腦找到符合這些條件的物品後，右手就會有所動作。但是，假如過程中她的右腦被一件可愛的紫色洋裝吸引了，這樣會發生什麼事？在大腦兩半相

---

* 一個例子：病患會接受訓練，當覺得盤子上的東西吃完後就將盤子旋轉一百八十度，一盤新的食物就會像魔法一樣出現！

連的人身上，這一項資訊有機會爭奪她的注意力，並影響後續的決策過程。有越來越多的研究發現，**你的**大腦有多容易被自動注意周遭環境的程序誘惑（或者說多容易被分心），導致它偏離目標導向的想法，跟大腦兩半發出的訊號爭搶注意力的方式相關。* 若要理解你的大腦是怎麼運作的，這就是一個關鍵。在下一節裡，我們會花一點時間做一項測驗，看看你的專注力落在哪裡。

評估你的專注力

你已經大概知道你的大腦有多麼偏向一邊，但如果想看看你的左腦和右腦分別對你的專注能力有什麼影響，在家裡做一項簡單測驗即可。你需要一支筆、一張紙、一把直尺或卷尺。我在下一頁畫了幾條水平直線，每一條的位置都不一樣。如果你想用書上的線做測驗，就不需要再拿一張紙，但如果你不想拿筆在書上畫，你可以在一張紙上畫大約十條不同長度、沒有對齊紙張正中間的直線。

你要做的事情簡單到有點難以置信：不要拿東西來量度，用筆在每一條直線上畫個垂直的記號，標出你認為的每一條直線的**中心點**。準備好了嗎？

線段等分測驗

---

* 當我打字打到「被分心」這幾個字的時候，突然想到我得給耳機充電，這樣下午才能一邊遛狗一邊聽有聲書（愛德華・哈洛威爾和約翰・瑞提的《分心不是我的錯》）。我的耳機放在我的臥室裡，走過去的時候發現睡衣還丟在地上，所以我把它撿起來丟到洗衣籃裡。我的狗狗可可琳娜（Coccolina）跟著我走進臥室，搖了搖頭，我又想到得幫牠清潔耳朵──所以我走進浴室拿棉花棒，又覺得我的牙齒好像髒到要長毛了，所以又刷了牙。還好，花了十分鐘繞這麼大一圈之後，我**有記得**替耳機充電，而且也記得有一本正寫到一半的書。我的左腦和右腦互相搶著控制我的時候，狀況就是這樣。

評分的時候可以有不同的精準度，看你想要花多少時間、想要多精確而已。最快、最直接的方法是算一算哪些標記在正中心的左邊、哪些在右邊，看看你是否一致偏向某一邊，這樣的話，甚至連尺都不用：只需要再拿一張紙，對準某一條線的左半邊並做一個相同長度的記號，然後移到這條線的右半邊。假如長度相同，表示你標出這條線的正中心；如果右半比較短，表示你的記號標在中心點的右邊；如果右半比較長，表示你的記號標在中心點的左邊。如此一來，你可以計算出你最常偏向哪一邊，由此約略看出你的注意力有多麼偏向一邊。舉例來說，假如你十次當中偏向左邊和偏向右邊的次數一樣多，你的分數就是5／10，專注能力很平均。但如果十條線只有一條沒有偏向右邊，你的分數就是9／10，專注能力高度偏向一邊。

　　假如你想要更精確，可以拿一把尺來，量一量每個標記到底偏離正中心多少。如果你的標記在中心點的左邊，將這個數值變成負數，在右邊則當作正數，最後把十個數字全部加起來再除以十，這樣就會得到專注能力偏離的平均值。舉例來說，你可能會發現十次下來，你和正中心的距離平均只有三毫米——這表示你的專注能力相當平均。偏離正中心的平均距離越大（不管是向左或向右），表示你專注能力越不對稱。

　　所以，你的注意力是左腦還是右腦驅動的呢？

　　大多數**典型**左腦為主的人[10]容易把記號標在線段正中心的**左邊**，標在右邊的次數較少。如果你越是一致把記號標在正中心的左邊，[11]表示你的動力越有可能是左腦目標導向的專注程

序。假如你是左右兩邊均衡，或者是右腦為主，你可能較常把記號標在正中心的右邊。研究發現，專注能力容易被分心，或者說「有機導向」（organically driven）的專注能力，跟這樣的測試結果相關。

事實上，ADHD的患者通常會把記號標在正中心的右邊。[*]有越來越多的證據顯示，ADHD的症狀至少有一部分跟左、右腦爭搶注意力有關，這個現象便是其中一個證據。跟這個論點相符的是，非慣用右手的人更常診斷出ADHD！[12]但我們得記住，整體來說ADHD**其實不算是**注意力有缺陷；更正確的說法是，平均而言，患者的專注模式比較受自動注意機制影響，而不是叫你「現在要注意這件事」的專注機制。這並不是說ADHD患者無法專注在一件事上，只是對他們而言，這樣做的**代價**非常高昂。若要理解為什麼會這樣，我們得再深究思想控制這件事。大腦裡發生這種搶控制意識覺察的過程，究竟是什麼樣子的呢？

思想控制的節奏

思想控制有個奇怪的地方：大多數科學家、教師和家長

---

[*]　當然，這不表示「記號標在正中心的右邊」就能用來**診斷**ADHD。但如〈緒論〉一章所述，ADHD的種種症狀屬於一個連續體，你很有可能具有其中的一些症狀。

都會認為越能控制越好——最起碼，如果是大腦自己控制自己的話，當然是越能控制就越好。正因如此，大多數學者在研究自動程序和受控制程序怎麼交互作用時，通常會把注意力放在受控制的程序上。這種視角很容易忽略幾件事：有些頭腦必須**花更大的力氣**才能取得控制能力，以及不受控制、自然產生的注意力是否有好處。但是，我想每個人都曾經發生過這種事：你一直**試著**要做一件需要動腦的事，可能只是想要記起某個人名，或者是一件比較複雜的事，像是看到上一章的謎題後想要想出答案，但你直覺知道，如果想要找到答案，唯一的方式就是**不要去想**。「答案之後會自己冒出來。」你可能會這樣想，因為你有了受挫的經驗後，就知道有時候最好的方式，是叫你大腦受控制的部位趕快閉嘴。這是因為，這兩種注意力我們都**需要**，但有時候其中一種注意力太多反而會礙事。

自動和受控制的注意機制之間的關係，我喜歡用馬和騎士來譬喻。*馬是你大腦裡會自動去注意東西的部位，牠透過經驗和直覺，知道自己應該專注在哪些事情上。馬不需要騎士的指示，就能找到最適合落腳的地方。牠的求生直覺很強，假如放任牠不管，牠會自己找到對自己好的東西，避開不好的東西。假如牠碰到全新的事物，或者在新的地方碰到熟悉的事物，牠會停下來、好好看一看，再決定接下來要怎麼做。最後這一點可能會讓騎士不高興，但一般來說，騎士騎馬一定會比雙方單純步行更快抵達目的地。馬的注意模式也正好就是各個物種在地球生存的方式，而且已經**好幾億年**了。這種注意力針

對當下，讓人迅速、有效地回應周遭環境的狀況。

相對地，騎士是注意力中受控制、叫你「現在要注意這件事」的部分。他的動力可能是跟當下環境毫無關係的抽象目標，而且可以用輔助工具驅動他的馬達到目標，他甚至還可以用 Google 地圖導航到目的地。騎術精湛的騎士還能讓馬做出**牠做夢都想不到**的事情，像是管理牛群或是馳騁上戰場。

若將這個譬喻延伸到大腦內的機制，有幸騎過馬的人會知道，時間必須抓得好才能騎得好。馬行走的時候有自然的節奏，因此不論騎士想要對馬的行為產生最大的影響，或者想要把影響降到最小，都需要抓對周期。舉例來說，如果你想要讓馬轉彎，但是正好在牠飛奔、四腳騰空的時候對牠下令，你會非常不好受。如果你還有印象，〈保持同步〉一章裡曾提到我們的大腦也對下指令的時間點非常敏感。事實上，大腦控制中樞操弄自動注意的機制時，使用的「輔助工具」就是像 alpha 波等低頻律動產生的神經振盪。如果大腦裡扮演「騎士」的部位想要達成它們的目標，因而需要**調降**它們認為無關緊要的自動注意機制，就會把相關部位的 alpha 波**增強**。你應該也記得

---

* 這個譬喻是我在為這本書做自我調查時冒出來的。那天早上我跟安德烈說：「我覺得我的腦袋就像匹馬，我不知道該鞭策它，還是輕拍它的脖子安撫它。」我生命中的前三十年一直都想要一匹馬，之後的十五年則一直在琢磨要怎樣馴服我養的那匹，這個譬喻**真的**與我形影相隨，但可惜，它不是我發明的。馬與騎士（或是大象與騎士）的譬喻，早就被許多人（從佛洛依德〔Sigmond Freud〕到提姆・夏利斯〔Tim Shallice〕都有）拿來解釋一些人類心智方面的理論。

這件事：體內低頻振盪和來自外在世界的高頻叫聲碰撞在一起時，高頻叫聲會被蓋掉。反之亦然：如果大腦裡的騎士想要專注在某一項資訊上，但馬（也就是自動注意機制）本身可能不太感興趣，騎士可以把大腦特定部位的alpha波**減弱**，藉此**增加**來自外在世界的訊號強度。簡而言之，當各種資訊競相爭搶你的注意力時，這種做法就是讓某一項資訊贏在起跑點。當一切運作順暢時，你內在的騎士就能「掌控」進入意識覺察的資訊種類。

薩斯奇亞‧哈根斯（Saskia Haegens）等人曾進行一項研究，透過辨認觸覺的方式說明這種機制是怎麼運作的。[13] 在實驗任務中，受試者左拇指或右拇指會受到電流刺激，之後他們要想一想受到的刺激速度較快（四十一到六十六赫茲之間）還是較慢（二十五到三十三赫茲之間）。受到刺激的時間只有四分之一秒，刺激的強度也只有比受試者僅僅可以察覺到的門檻再高一點點。為了讓任務更難，每一次試驗開始時，受試者的兩個拇指都會受到刺激，但他們被告知必須忽略其中一隻手，只回報另一隻手接受到哪一種刺激。在試驗開始前，受試者會收到提示，指示他們接下來需要注意哪一隻手。研究人員給了提示之後，會測量大腦內與雙手對應的運動皮質裡的alpha波強度。他們發現，受試者被要求忽略的手，相對應的alpha波會變強，需要注意的手的alpha波則會變弱。更重要的是，強度變化的幅度可以用來預測受試者接下來會不會答對。換言之，如果需要注意的手對應到的alpha波減弱，導致注意力

「增加」，同時需要忽略的手對應到的alpha波增強，導致注意力「降低」，受試者就更能**感覺**到快速**和**慢速刺激的差異。

蕾貝卡‧康普頓（Rebecca Compton）等人進行的另一項研究用類似方式測量alpha波的通訊強度，來看受試者在史楚普試驗裡的表現[14]——我在〈保持同步〉一章裡曾提過這個指認顏色的測驗，用來說明閱讀行為會變得多麼自動化。你可能還有印象：大多數人看到文字就會自動去閱讀，因此如果用黑色的墨水印出「紅色」兩個字，受試者若要回答「黑色」，有點像是叫大腦裡的那匹馬向左轉，但同時右邊有人拿著一大筒方糖想要引誘牠。研究人員的發現並不讓人意外：受試者在回答這些內容有衝突的問題時，alpha波的強度會增強，而且負責自動注意外在環境的右腦更是明顯。他們還發現，最**勝任**這項試驗（亦即反應時間最短）的受試者，左腦和右腦的alpha波差異也最大：叫右腦「靜音」的alpha波越大，表示他們的右腦被阻擋，讓「目標導向」的左腦吸收資訊！控制思想**就是**這樣做的。

這幾項發現將專注力的差異連結到側向性和神經同步性，同時也符合〈保持同步〉一章裡提到布萊恩‧艾瑞克森等人的研究結果。如果你還有印象，他們發現左腦的alpha波[15]強度越高，與受試者更有可能靠靈感回答文字謎題相關；而左腦alpha波強度越低，與受控制、系統性地找尋答案相關。

這些結果合起來看，可以看出左腦和右腦的計算怎麼和大腦神經協調頻率交互作用，進而影響你的注意力會被哪些事

情吸引。這可以用來說明你大腦裡的騎士有**多常**下令指引馬的方向,或他有多常放手,讓馬的直覺牽著他走。但這個譬喻有一個大問題:騎士要怎麼決定他要帶馬往哪裡走?假如這位騎士自己也有**頭腦**,這樣豈不是他的大腦裡也有一匹馬和一位騎士?假如不是這樣,那你**腦中的騎士**又是被什麼控制呢?這樣無限迴圈一直繞,[16]只會讓你的思緒越走越快但沒完沒了。下一節會深入探究思想控制的細節,包括這一切從哪裡開始、到哪裡結束,以及讓你**感覺**自己受控的生理機制,是不是也在對你發號施令。

到底是什麼在控制你的大腦?

我先預警一下:這一節的標題是個大哉問,在談論大腦和心智的時候,可能是每個人都會問的問題——而且大家也確實會這樣問,涵蓋的範圍廣及靈性、意識和意志選擇。不過,正確答案(最起碼是現今**科學界**認知的答案)可能會讓很多人感到不安。*

然而,我們在前面幾章裡已經大致布好局了。比方說,〈偏向一邊〉一章提到大腦兩半切開來後,「感覺」到身體有一半無法受控,或者無法控制周遭環境其中一半的資訊對它的影響,進而會發生哪些讓人錯亂的事情。另外,這一章也談到左腦如果遇到它不能理解的事物,就會自動編造故事,將之和它能理解的事物整合在一起,來解釋它控制的身體**為什麼**會有

那樣的行為。

接著，〈保持同步〉和本章談到你的大腦能根據你當下的目標或意圖，利用低頻溝通的神經元來彈性協調腦內活動。但是像「協調」、「指引」、「影響」這樣的字眼，好像表示你大腦裡某個部位有自己的主見，而且還會因此去控制其他部位⋯⋯

如此又回到「腦中有腦」一事。關於大腦的運作方式，坦白說我們還有很多不知道的事，但假如我現在只跟你說你的大腦裡有個打上問號的黑盒子，從那裡發號施令說「大腦就這樣決定」，我等於什麼都沒解釋到！†

幸好（也可能是不幸），‡到目前為止我雖然沒有明白講出大腦裡到底是**誰**在決定**什麼事**，這並不是因為我不注重細節；事實正好相反，我反而可能**太重視**細節了。我最重要的科學貢獻都是以細節為主，而且細節也在我和安德烈的愛情故事裡扮演要角，正因為是細節，才讓我和他在工作和個人情感上相連。這方面的神經科學實在**太重要**，但又**太複雜**，我花了三

---

*　如果你有興趣，我強烈建議你閱讀羅伯・薩波斯基（Robert Sapolsky）在《行為：暴力、競爭、利他，人類行為背後的生物學》（*Behave*）對此議題的討論。[17]

†　這個叫做「小小人論證」（homunculus argument），認知神經科學家（包括我自己）在解釋東西的時候很容易落入這樣的陷阱裡！有一次喝太多杯啤酒後，我讓我的朋友羅伯（也是一位認知神經科學家）聽到崩潰，因為我不肯接受「大腦就是會這樣決定」足以妥當說明運作原理。大概就是因為這樣，我朋友才不多吧⋯⋯

‡　幸或不幸，等你讀完下面繁複的細節後再決定。

年才覺得我的認知夠讓我寫東西。我在這本書裡一定得弄對才行，因為你讀到這裡應該已經發現這當中可動的元件太多了（大約有八百六十億個）。所以就請你多擔待了，因為我要用一齣三幕的愛情劇，向你介紹你我大腦和內心的操偶師：**基底核**（basal ganglia）內的各種核。

第一幕：有個高大、黑髮的義大利人找我喝咖啡，表面上說是要討論研究。我們都在前幾年拿到博士學位，此時在卡內基美隆大學（Carnegie Mellon University）不同的實驗室裡工作，但都是用電腦模型來理解心智和大腦。在這第一次「約會」裡，我很快就把話題轉到嚴肅的科學研究。

> 我〔不太會閒聊〕：所以ACT-R*的運作原理是用一堆「若X則Y」的陳述，對吧？
>
> 安德烈〔雀躍，因為我懂一點模型〕：沒錯！
>
> 我〔除了不會閒聊，更不會打情罵俏〕：可是大腦**不是**這樣運作的啊。
>
> 安德烈〔更雀躍，因為可以跟我辯論科學〕：其實呢，† 我現在正在弄的模型，就是要說明我覺得大腦有一個部位就是這樣運作的！
>
> 我〔迷倒〕：快告訴我！

寓意：根據安德烈的模型（這個模型又以大量的實證資料為依據），基底核由許多核組成，可以利用**情境脈絡**相關的資

訊（像是「我在自己家裡，還是在哪個陌生的地方」），來決定‡在進行某些任務時需要採用哪些訊號（像是「既然我在家裡，就不需要特別留意我在這個空間裡的哪個位置」，因為我對自己家裡的空間很熟）。〈保持同步〉一章裡曾談到**彈性**，而這一點也對彈性非常重要，因為同樣的訊號可能在某個狀況下很重要，但在另一個狀況下必須忽略。簡單來說，受指引、目標導向的行為可以「程式化」，就是因為有這種機制。

第二幕：我和安德烈已經約會好幾個月了。他坐在餐桌的一端處理他的基底核模型，這個模型的正式名稱是「條件路由模型」（Conditional Routing Model），[18]但在這幾個月裡，我們已經習慣把這個模型叫做「小寶貝」。我坐在餐桌另一端，想辦法看懂我不久前做出來的實驗結果。這項實驗找來工作記憶容量不同的受試者，請他們躺進MRI機器裡，在各種不同的條件下閱讀句子，同時記錄他們大腦的反應。實驗結果讓我很困惑：有些結果落在皮質裡的處理中心，這些我可以理解，但我還看到工作記憶容量高的受試者在**閱讀**時，大腦**中間**一個叫做**尾核**（caudate nucleus）的小地方也會有不同的作用。老實說，我跟大多數研究人類認知的學者一樣，在學習這個複雜

---

* ACT-R是製作大腦模型時常用（甚至可能是最常用）的運算架構，創造者是安德烈的博士後指導教授兼好友兼天才約翰·安德森（John Anderson）。

† 安德烈每次說「actually」的時候都會多一個音節，聽起來太美了。

‡ 我保證，這一節最後我一定會講到基底核是怎麼運作的！

的領域時，會學到所有重要的事情都在大腦外圍的皮質裡發生，絕對不會在這種屬於「爬蟲類大腦」的部位裡！我想知道尾核到底有什麼作用，因此看了一下尾核相關的研究，發現它是基底核的一部分，*我就非常興奮！我希望安德烈可以幫我了解，在工作記憶容量高的受試者大腦裡，這個部位在做什麼。他的模型讓我有了新的想法，去理解工作記憶容量高和容量低的人為什麼閱讀方式會有差異：這個新的想法不是去看腦袋裡可以儲存多少東西，而是跟控制注意力有關。但除此之外，我本來把焦點放在額葉皮質，卻發現實驗結果和尾核有關，而他的模型也能說明這兩者之間的關聯。

寓意：跟大腦有關的文獻幾乎都會把大腦的「騎士」放在前額葉皮質裡，這個看法並沒有錯——但也不完全正確。我必須承認，我們確實很想把人類所有高階行為歸功給前額葉皮質：這個部位又大又吸引目光，而且我們跟黑猩猩的差異在這裡最明顯。演化導致這裡出現大量灰質神經元，它們一定有些驚人的壯舉才對，不然沒理由在那裡會出現那麼多神經元。我身為研究語言的學者，完全不會想反駁這個事實——但我想再補充，前額葉皮質還有個更古老、更有經驗的重要助手：大腦中心部位的基底核。

這種合作模式這樣解釋最直白：前額葉皮質裡存放了行為的目標，也就是「若X則Y」的「若」，而基底核會幫助執行「則」的部分。基底核會根據當下的目標，負責控制各個相關訊號的強弱。簡單來說，基底核會在背景裡運作，去影響**到達**

前額葉皮質裡的資訊，這樣有如社群媒體公司的演算法，不僅決定你會看到好友的哪些貼文，還會決定讓你看到哪些廣告和新聞報導。[†]

第三幕：安德烈和我已經結婚一年多了，現在我們到華盛頓大學進行共同研究，看看雙語能力會不會影響基底核的訊號選路機制。[‡][20] 我受託審查一篇論文，內容是自閉症譜系疾患（autism spectrum disorder，ASD）的神經科學依據。[21] 我會被找上不是因為我有ASD方面的專長，而是因為論文探討的是神經同步性，我在這方面**確實**有不少研究經驗。但我在讀這篇論文的時候，漸漸發現ASD典型的行為模式，似乎剛好是我們在雙語者身上看到的鏡像。那天**一大早的**，而且又是星期天，所以我稍微看了一下就爬回床上，小聲地說：「安德烈……我覺得基底核在自閉症裡好像有點**不一樣**。」安德烈不習慣早起，也不喜歡太早被叫醒，但他睜開一隻眼睛跟我說：

---

* 基底核是一個統稱，總共包括大腦裡八個不同的生理部位。沒關係，我一開始也被混淆了！但是，接下來會提到相當關鍵的訊號選路機制，這八個部位此時會一起運作。更慘的是，這八個部位又有一些比較小的組合，每個又分別有自己的名字，像是背側紋狀體（dorsal striatum）和腹側紋狀體（ventral striatum）。這些細節不太重要，但假如你想再去讀一些更艱深的大腦研究文獻，你就得知道基底核的各個部位還有**很多**不同的名稱！

† 我非常不喜歡這種事，接下來幾章應該可以明白看出為什麼。

‡ 順帶一提，安德烈能流利說三種語言。英語是他的第三語言，而且他說得比我還要好，所以這是我的脆弱之處。有人說：「不會做事的，就去教書」，看來除了教書之外，還可以去做研究！

「快告訴我吧。」

　　如果要深入理解我那天早上為什麼會覺得「靈光乍現」，首先要知道一件事：研究基底核的人多半會專注在運動控制方面。從演化來看，這當然是基底核最古老的工作項目之一，因為運動控制和許多其他受控制的能力一樣，由額葉的計算來驅動。那天早上我發現，ASD的研究文獻裡**已經**有基底核大小異常和功能異常的紀錄，但這些異常通常會被認為和某一種症狀相關，也就是一再重複的動作（或稱刻板行為）。我發現這個領域的學者忽略了一件事：「若X則Y」的彈性計算（也就是我們的「小寶貝」模型描述的計算）也跟語言和社交功能相關，而這兩方面的障礙也是ASD典型的症狀。*另外，我審閱的論文描述了不規律的神經同步模式，我認為有可能是因為基底核訊號選路機制不規律造成的。此時安德烈只睜開一隻眼，我跟他說我的推測：ASD患者的基底核有可能**無法**正常調整訊號的強弱，以彈性配合目標改變。

　　幸運的是，我們透過大學的學術人際網絡找到娜塔莉亞‧克萊漢斯（Natalia Kleinhans）幫我們探究這個想法，她是出色的臨床心理學家和ASD研究者。我們找來十六名成人ASD患者，和十七名同年齡、同智商、非ASD患者的成人，分析他們進行一項任務時的功能性MRI資料。[22]這項用來測量注意力控制能力的任務叫做「去／不去」測驗（Go/No-Go task），任務本身相當無趣，但可以從中看到思想控制和運動控制的交集。在「去」的部分裡，受試者每次看到螢幕上有東西出現

（依照我們測驗內容，可能是一張臉或一個字母），就要按一個按鈕。「去／不去」的部分比較困難一些：我們要求受試者看到某一種提示時（比方說，在字母部分裡看到X出現，或在人臉部分看到一張難過的臉）**不要**按按鈕。在我們的實驗裡，有一半的提示是「不去」。根據我和安德烈推測基底核在這項任務中的運作方式（這是「小寶貝」模型正式提出的猜想），我們認為基底核啟動時，因為會**降低**枕葉（occipital lobe，這裡會處理跟實驗提示相關的資訊）和額葉（這裡既存放了任務目標的資訊，也負責下指令按按鈕）之間的訊號流動，也就是注意力過濾（attentional filtering）的證據。我們發現，在當作控制組、非ASD患者的受試者身上，我們的推測確實沒錯；但在ASD患者上，基底核啟動時反而會讓枕葉和額葉之間的連結**增強**，基底核好像會放大**所有**的訊號。

寓意：基底核負責降低不重要（或干擾）的訊號、增強重要的訊號，而且「降低」**最低限度**也和「增強」同樣重要，這和前文薩斯奇亞・哈根斯等人辨別感官刺激的研究結果相符。當受試者兩隻拇指同時受到刺激時，假如他們的alpha波節奏有辦法將其中一隻拇指的訊號**減弱**，就更能察覺到另一隻拇指的電流刺激頻率。你可能用直覺就能感受到為什麼會這樣：想像一下，在閱讀這本書的時候，你無法阻止自己去留意

---

* 就我所知，語言障礙在二〇二〇年之前就已經不再列為ASD譜系診斷的必要症狀；不過，許多較嚴重的患者都有語言障礙，而且也有某些社交障礙。

周遭種種事情，像是你的脖子必須繃緊才能扛起五公斤重的頭、你呼吸的速度、房間裡燈光的頻色、空氣裡的氣味，或是你的室友、寵物、孩子、盆栽正在做什麼可愛、擾人或煩死人的事情——放棄吧，你做不到的。本章的一個**重點**是，不論何時，在你周遭與你的決策無關緊要的事情，遠遠超過跟決策有關的要事。基底核愛情故事**總算**要圓滿結束，因為這裡要回到「你」的運作方式，連接到你先前已經學到的知識：基底核每次把調整過的訊號封包送進前額葉皮質裡，就會得到**反饋**的多巴胺，讓它知道在這樣的訊號選路後，相關的決定最後帶來什麼結果。如此一來，基底核就能利用多巴胺來學習，漸漸知道哪些訊號該放大，哪些該減弱！

小結：靠直覺的「馬」，和有控制力的「騎士」，會用各種不同的資訊，搶著抓住你的意識覺察

重新整理一下本章的主題：基底核不僅是我愛情故事的核心，也是你實體大腦的核心，更是它象徵意義上的核心。從實際作用來看，基底核負責指揮你大腦裡的訊號：它們座落在一切的正中心，因此有絕佳的位置去聆聽周遭所有的八卦，知道現在的「輿情」。它們的作用也確實如此：事實上，基底核的周圍布滿白質纖維，將大腦幾乎**所有**其他部位的訊號帶進來。這些高速訊號除了有來自外在世界的感官資訊，還有儲存在工作記憶中、跟你當下目標有關的資訊——後者就是「若X則

Y」的「若」，讓它們知道接下來該做什麼。針對大腦側向性的研究也發現，這些目標主要應該用來帶動左腦的專注力，而來自外在世界的感官資訊可能用來推動右腦更古老、更靠直覺的專注方式。基底核是這些訊號的交會之處，它會用先前透過多巴胺傳遞的反饋，決定哪些資訊在當下的情境裡最重要——這就是「則」的部分。*

這個功能十分重要，因為前額葉皮質會收到大量錯綜複雜的訊號，而基底核就是用這種方式「給意見」，它們認為你的目標是什麼，就會依此來**偏袒**跟這個目標相關的程序。接著，額葉就會取得控制權，利用低頻率的腦波產生出不同的啟動模式，進而產生出想法、行為，或想法與行為之綜合。再來會發生〈調和的學問〉中提到的事情：基底核會用多巴胺酬賞訊號，判斷額葉的決定帶來的結果是比預期來得更好、更差或完全一致，未來碰到相同的目標時，就會影響基底核選擇傳送的訊號。說到最後，控制你的東西是一連串沒有生命的計算，有些計算代表情境脈絡或目標，有些則是形成系統用來提高或降低訊號的順位，又有另一個系統會根據結果決定未來的訊號優先順位。

有沒有浪漫呢？

在接下來的兩章裡，你會再看到基底核的學習過程。基底核和皮質裡的計算中心會相互合作，想辦法理解當下周遭的狀

---

* 〈導航〉一章會再談到多巴胺和反饋迴圈的作用。

況，並決定要怎麼應對，你的經驗又會怎麼影響它們的合作方式呢？

第五章
適應

你的大腦怎麼學會理解周遭環境的方法

這一章快寫完的時候，我正準備回大學，在疫情封控十八個月後開始實體上課和研究。我還清楚記得，當初接到「不要出門」的指示時，我本來覺得像是暴風雪多賺到一天假一樣，但很快就變成像一隻籠中鳥的感覺。我天生既外向，又**不喜歡**聽別人叫我怎麼做，*所以這個轉變很不好受。

但你知道嗎？

我後來習慣了，甚至還漸漸**喜歡**上一些事情，像是可以天天穿我覺得舒適的褲子，和開會的時候有狗躺在腳邊。現在的狀況「比較安全」，至少能讓我們每週**回去**辦公室幾天，我反

---

* 有人喜歡嗎？當然，我基本上會**遵守**規範，因為我知道這事關大家的健康和安全，而且社會必須靠規範才能運作……

而覺得跟真人相處**好累**。*

疫情想必對某些人的衝擊比較大，但我知道不管是誰，一定都多多少少受到影響，而且永遠忘不掉。†經過一年半以後，這件事情還沒有結束，跟疫情剛剛爆發的時候相比，我**非常肯定**這本書的所有讀者都出現了根本上的改變。

因為我們的大腦就是這樣運作的，我們的經驗會塑造我們的大腦，這樣我們才能**適應**各種不同的情境——包括明顯不理想的狀況。

事實上，這是我們大腦最**人性**的一環。當今有些人類演化的觀點認為我們的老祖先就是因為被迫要調適，導致他們經歷一場「認知革命」。[1]有證據顯示，在經歷過長時間極端氣候不穩定後，[2]我們老祖先的大腦容量因此增加了。有一種常見的看法認為，我們會有這麼驚人的彈性，就是因為**無法**適應環境變遷的原始人類就無法存活。當穩定、適宜人居的環境變得更冷、更難以捉摸、更嚴峻時，思考方式和反應有彈性的個體就更有辦法改變行為模式。換言之，現代人類的大腦是**演化選擇**的結果，因為它們有學習能力，有辦法適應環境的變化。

接下來，可以快速學習、彈性思考的人類繁殖了幾千個世代，這些後代的大腦和顱骨漸漸增大，這帶來一個很大的代價：生孩子變得更危險了。也因此，一代代的母親在嬰兒發展越來越初期的階段就生下孩子。‡事實上，現代人類嬰兒出生的時候，大腦容量只有成人的27%，因此剛出生的時候我們比老祖先**更難以**存活，甚至要到出生三到六個月後，肌肉的強度

和協調性才足以支撐自己的頭部！§

　　人類嬰兒出生的時候比許多動物更脆弱、更容易受傷害，但我們的學習能力非常突出，因此稍稍彌補了這個缺點。我們缺乏先天內建的直覺，出生的時候只有預先安裝一組強大的學習機制，讓我們能適應各種截然不同的環境。我**不知道**我有生之年內看不看得到，但我可以想像未來在火星長大的人類嬰兒適應了只有地球38%的重力後，騎三輪車下樓梯會比我成功。

　　但這種神奇的彈性有一個顯著的**代價**：人類出生的時候，對萬物運作的方式沒有明顯的先天知覺。美國哲學家威廉·詹姆斯（William James）是奠定心理學領域的功臣之一，在《心理學原理》（*The Principles of Psychology*）裡，他用詩意的文字描述在這種狀態下出生可能會有什麼感覺。[3]

　　「眼、耳、鼻、皮膚、內臟同時受到衝擊，嬰兒感到一股吱喳作響的龐然炫惑；乃至生命盡頭，我們將一切事物置於同一個空間，係因我們察覺感受之規模全凝結入同一個空間內。」這裡所謂的「同一個空間」當然就是大腦。在這一章

---

* 　還有，我每次出門的時候，我的狗狗現在會非常恐慌。

† 　對那些必須冒著生命危險繼續工作，讓我們都能生活如常的人，我向你們獻上最高的敬意。對於在疫情中失去親友的人——請容我聊表慰問之意。

‡ 　我必須指出，有一種相當有說服力的看法，認為人類嬰兒出生時發展不全，不是因為頭部越來越大，而是因為這樣對適應能力有幫助——但就我所知，這方面的爭論尚無定論。

§ 　相較之下，黑猩猩出生的時候，大腦大小是成年個體的36%；獼猴和其他離人類比較遠的靈長類，出生的時候大腦大小大約是成年個體的70%。

裡，我們會看到它生長在所屬的環境之中，接受各種外界的感受之後，怎麼讓「察覺感受之規模」有秩序。

沒人**記得**自己呱呱墜進「吱喳作響的龐然炫惑」是什麼樣子，所以我們很難真正領會這個事實：你的經驗塑造了你對周遭世界的認知。但是，如果你曾經跟別人經歷過**同一件**事，事後跟他交談時卻發現你們兩人的描述完全不一樣，讓你覺得彼此之間一定有一個腦袋有問題，你可能就稍稍了解個人經驗的影響有多大。我們得面對一個事實：我們的大腦會替我們建構出**只屬於我們個人的現實真相**，而且還建構得**非常有說服力**，這樣很可能讓人挫折無比。還記得「那條裙子」嗎？*當別人的「真實」跟你的「真實」不一樣，你可能會覺得他是不是故意想讓你精神崩潰，但也很有可能你們說的都是真的，只是你們都在講各自認為的真實。†總結來說，每個人對某件事情的**記憶**，會反映他們當初**經歷**這件事時的差異。若用科學的方式來解釋，這跟每個人**觀點**的差異有關。

大腦會被某些特定的人生經驗塑形，我們用「觀點」來描述這個現象應該格外貼切，因為這個詞既可以指一個人在實體空間裡所佔的位置，也可以指抽象的心理空間，我們在此間詮釋個人的經驗。「視角」等其他詞彙也描述了相同的概念：我們有可能在經歷同一個事件時，卻身處不同的「位置」，而且這個位置超越了感官和認知的領域。

讀到這裡，這個概念你應該已經不會覺得太意外了。本書前半談論各種不同的大腦設計方式，會怎麼形塑我們對世界的

認知，以及我們的行為方式。在前一章裡，我們又談到大腦專注方式的差異會怎麼影響人的注意力，讓人只會注意到某些資訊，進而影響意識裡對各種事件的經歷。接下來，我們就會看到人生經驗會怎麼形塑大腦，形成實體和象徵意義上的透鏡，讓我們從中窺見世界。

但在探討詳情之前，請讓我先倒回去前面，讓你複習一下〈緒論〉裡提到的解譯過程。當時你還對你大腦的運作方式不太熟，我把大腦描繪成一個資訊處理機器，威力雖然強大，但它獨自存在、不與其他大腦相連，而且能力有限，它要理解這個連續不斷又無邊無際的世界，只能盡力持續拍下一連串低解析度的「截圖」，並想辦法把相關的東西連接起來。這一章會詳細談論我們自己的經驗怎麼影響這種像「連連看」的連接過程；但請記住，當我講到大腦「解譯」時，並不是指刻意的「詮釋」或「解讀」，像是「他雖然**嘴巴上說** X，但我知道他**指的意思是** Y。」‡ 我指的是另一種**遍布一切**、用來建構現實的過程，每一個從感官神經進入意識覺察的資訊封包都會經歷這個過程。我最終的目標是要讓你記得一件事：你的大腦並不是從旁被動地看著這個世界……

---

* 我會在這一章裡實現我的承諾，談談為什麼大家看到的裙子顏色會不一樣。

† 我並非要說「沒有人會說謊」，有些人是真的會說謊。我只是想要指出，別人對某件事情有不同的記憶，也有可能是因為其他（誠實的）因素所致。

‡ 這種事當然會發生，至於為什麼會發生，請看最後一章〈連結〉裡討論和別人溝通的各種挑戰。

它其實在**創造**出你認知的現實，而且使用的是一個被你人生經驗定型的透鏡。

　　這一切大多發生得太快，而且又是自動發生，你根本無從得知透過自己的觀點**覺察**到的事物裡，有哪些是真的從外在世界裡偵測到的，有哪些是你大腦解譯出來的。我們用一個低科技又不會有危險的例子來說明，請看看以下的圖案：

　　你看到什麼呢？

　　大多數人會說自己看到一個用黑線描繪的立方體，浮在一塊黑色帶白色斑點的背景上。但如果你注意看立方體的邊緣，就會發現邊緣的線條其實不存在。印在這一頁上的東西，就只有幾個白色圓圈，每個圓圈中間畫了幾條黑色線段，把白色圓

圈弄得像是有人切披薩沒有切好一樣而已。你會看到立方體，是因為你大腦預期會看到立方體，因此將它**建構**出來。

除了這個例子以外，網路上還可以找到許多好玩的視覺錯覺。研究視覺的心理學家會創造出這種圖案，用來說明你的大腦其實一直都在編造東西。電視上閃過一連串靜態、平面的影像，但你看到的時候會**察覺**出深度和動態；同理，你在講電話的時候，語音訊號裡可能有一大半的資訊被切掉了，但你會把它填補起來。大腦收到的是破碎的資料，而這些填補過程都是它產生出來的捷徑，來幫它弄懂這些資料。但你接下來會看到，這些捷徑有可能帶來嚴重的代價，假如大腦必須在一個還沒適應的環境裡運作，這些代價可能會格外嚴峻。在下一節裡，我們會討論每個人的大腦會怎麼根據過往的經驗，來學習未來應該預期什麼，由此再探討這些捷徑是怎麼生成的。

你是怎麼學習的？

跟我交談過的人大多知道自己偏好什麼樣的學習**方法**。不過，當我們說自己習慣靠「視覺」、「觸覺」或其他方法來學習時，我們其實只是在說自己偏好哪種**形式**的指導。不論是在課堂裡，或是透過YouTube影片，大多數人想到**學習**時，會聯想到明確的、以指令為主的指導方式，人類就是因為有語言能力才能這樣進行指導。但是，比起接受指導，我們大半的學習遠更為被動。事實上，嬰兒是最**傑出**的學習者，但他們根本無

法遵照別人的指示，因為他們還沒具備完整的語言系統。

從神經科學的角度來看，**所有**藉由經驗改變未來思考、感受或行為方式的過程都算「學習」。假如你仔細觀察大腦在運作時的樣子，會發現只要你醒著，大腦裡隨時都看得到學習（和遺忘）的跡象。*這是因為所有的經驗都會留下印記，[4]在沙灘上散步會留下痕跡，因為你會把數以萬計的沙子推離原本的位置；同理，每個心理經驗都會對神經元之間的連結產生**實際**的變化，進而影響它們未來的通訊。†

經驗塑造大腦其中一種重要的方法叫做**赫比學習法**（Hebbian learning）。[5]簡單來說，赫比學習法是一種生理機制，在你的大腦裡維持一套不斷更新的統計數據，記錄外在環境中各種事情發生的頻率。這就像球隊會記錄球員的數據，並以此決定誰擔任先發，誰要交易到別隊去；由於你的大腦只會收到不完整的資訊，它會用這種方法「計算」各種事件的發生頻率，用來釐清當下最有可能發生什麼事。

幸好，你大腦統計事情的方式不需要你花力氣去計算，這一切都發生在愛聊八卦的神經元之間——在這些神經元之間的空間，可以看到誰在跟誰講話，講的時候又有多大聲。〈保持同步〉一章曾提過，這種通訊方式若要有條有理，每時每刻都必須精準無誤才行；除了溝通之外，時間掌控也是學習的關鍵。兩個鄰近的神經元大約同時受到刺激時，它們之間的連結會增強，讓其中一個神經元發送的訊息更有可能被另一個接收。赫比學習法的原理雖然還有不少細節，但我從來沒忘記大

學時學到的口訣:「神經元一起發動,就會一起牽動。」[6]這件事越常發生,神經元之間的連結就會變得更強。你的大腦就是這樣玩「連連看」的遊戲:假如A事件和B事件幾乎都同時發生,它就會假設這兩個事件屬於同一個「神經事件」。一旦這樣認為,就算大腦接收到的消息只能證實A事件在外頭發生,它很可能會自己認為B事件也一併發生,因此替你**創造**出這個經驗來,這就像在羅貝托·塞瑟爾的實驗裡,受試者在不同的alpha波頻率周期聽到兩個聲音時,就算研究人員只有閃一次燈光,他們仍然**看到**燈光閃了兩下。

在你一生當中,赫比學習法不斷影響你的大腦,讓大腦裡幾十億個連結各有不同的強度,整體有如一個**極其龐大**的資料庫,裡面反映了你一輩子經歷所有事情的發生機率。舉例來說,我看到有人在我的社區裡遛狗,我的大腦不需要收到太多證據,就知道現在發生什麼事:我幾乎天天遛狗,而且也常常看到別人在遛狗,所以這樣的事件在我的資料庫裡有**好幾千筆**。因此,在我的大腦裡,用來辨認狗狗事務的神經元網絡連結非常多。這樣能幫助我處理一件非常艱困的視覺工作:即使狗狗有各種不同的大小、形狀和顏色,我看到那個人的鍊子上

---

* 我們睡覺的時候也會有很多重要的學習和遺忘行為,但每個人在這方面的機制會有哪些差異,我們現今所知甚少,因此我選擇略而不提以節省空間。

† 這是安德烈在教書的時候會用的譬喻,我從他那裡借過來用,所以要確保大家知道這是他的功勞。

牽著一個繁複、立體、會移動的物體，我還是一眼就能理解那是什麼動物。

這個適應過程很重要（至少對我來說很重要），但老實說，我本來覺得這一切理所當然，直到有一天我在我家社區裡看到有人走在路上，但遛的是兩隻**羊**！我的大腦看到「鍊子另一端有動物」，就已經自動幫我填空了，所以我看到這個景象後，必須停下來呆在原地幾秒，用「這是哪招啊」的眼神瞪了幾下，才弄懂我**到底**看到什麼鬼東西。這倒不是因為羊比狗更難認，*假如我在鄉下開車，看到有個農舍前面有一片草地，我可能輕輕鬆鬆就認得那隻動物是一隻羊，反而需要多花點力氣才會知道我看到一隻伯恩山犬和貴賓犬的混種狗。這是因為我身為動物愛好者四十多年，大腦裡早就儲存很多資訊，讓我知道哪些地方和哪些時間最有可能看到哪些動物。當我在大腦裡搜尋「我家社區」和「用鍊子遛」的時候，這兩個關鍵詞的交集處現在會有兩個答案：其中用超大字體寫的答案是「**狗**」，因為另一個答案「羊」雖然比較精采，但可能性只有「狗」的幾千分之一。

我們要生存，這樣的捷徑非常重要。就算我們**真的**有辦法採樣天地萬物的一分一寸，考究所有「由下而上」、「見樹」式的細節，在腦中建立完全精準的表徵，這樣需要花費的時間**實在太久**，等到我們有辦法理解的時候，世界老早就變了，所以我們都只能根據幾個片刻之前的世界樣貌來下決定。在這種情況之下，不管你有沒有在遛狗，過馬路都可能是一件致命的

事情。

不過，正如大腦裡功能特化的部位會失去「一部位多用」的能力，當一個經驗豐富的大腦漸漸適應了某一種環境，假如有些事情它不會有規律地遇到，它可能就會喪失理解這些事情的能力。我傑出的同事派翠西亞·庫兒（Patricia Kuhl）常常帶來啟發，她的研究證實，嬰兒沉浸在自己的母語時，[7]大腦裡就會發生這種事。她說，嬰兒出生時都是「世界公民」，[8]因為他們不僅**聽得到**世上**所有**語言裡的各種聲音，也能分辨這些聲音，但一開始的時候他們不擅長發出任何一種聲音。當一直聆聽某一種語言，[†]漸漸獲得經驗後，他們的大腦會適應母語裡的聲音，但一旦開始適應，只要是沒有接觸到的語音，他們就會漸漸失去聆聽和發聲的能力。嬰兒六個月大的時候，我們已經可以看到他們的大腦逐漸**微調**成適應自身環境裡的聲音。隨著年紀增長，比較大的孩子還是**有辦法**學到其他語言的聲音，甚至連成人都有辦法，但此時學習會困難很多。正因如此，年紀較大才學習新語言的人多半會一直有腔調——而且他們**聽不出**自己有腔調，所以要改變說話方式更是難上加難。

到了這裡，你已經略懂赫比學習法怎麼用你的經驗去塑造你的大腦，以及這樣的適應過程有哪些利弊。在下一節裡，我們會再談談你的大腦會適應哪些種類的經驗。

---

* 羊有大約三百個品種，但牠們的體型和特徵差異沒有狗那麼大！

† 世界上超過一半的人是雙語者，別擔心，我們很快就會談到他們！

哪些經驗會塑造你的大腦？

　　每個人都有自己獨特的經驗集錦，看待世界的眼光都會受此影響，但在我們深入探究這件事之前，我想要先清楚說明什麼才「算得上」是影響觀點的經驗。簡單來說，所有的**神經經驗**（neural experiences）都是你學習的來源。不管是你看到外在世界的某個東西，或者只是搭公車時的幻想，都會導致大腦內有訊號穿梭，但大腦完全不管這些訊號究竟來自哪裡。每個隨之產生的電流風暴，都會改變大腦資料庫的景象。

　　假如你花點時間想一想，你大概可以用直覺理解為什麼。舉例來說，當你回想起某件讓你羞愧或痛苦的事，你可能會再次體驗到當初事件發生時的一些情緒，*甚至還有可能會臉紅或想哭！這是因為你將儲存起來的記憶**提取**出來時，會讓你的大腦進入一個狀態，跟它當初記錄這個記憶時的狀態非常相似。當你再次體驗這個記憶時，大腦會視之為另一次的學習事件，這就像是在沙灘上再一次走同一條路，一方面會把你第一次走的印記弄模糊，另一方面又會把這條路徑弄得更清晰；同理，再次體驗原本的記憶時，既會改變記憶的性質，也會讓這個事件在未來更有可能被提取。不論是記憶，或者是完全憑空想像的事件，都能藉由這個機制達到學習的效果，而且和大腦處理現實生活資訊的效果相似。†

　　我有一次利用這件事成功達到教導女兒的目的。賈絲敏差不多四歲的時候開始上體操課，當時她非常優雅又強壯，但體

型也比其他同齡孩子大了將近一倍。因此有些需要力氣的動作對她來說很難，其中「後翻上槓」（pullover）這個動作讓她一直卡關。

假如你有幸躲過體操的折磨，我在這裡試著用文字描述這個得靠蠻力的動作。後翻上槓除了需要單槓以外，還需要非常變態的核心和上半身肌力。開始的時候，你的雙腳著地，雙手放在單槓上。接著，你要用一個連貫的動作把你的胸口拉向單槓，同時把雙腳拉起來到空中，再**腳先頭後**地在單槓上往後翻。‡賈絲敏早就練熟同一級裡其他所有的動作，但沒有練成後翻上槓就無法進到下一級。她練了好幾個月，不管是放學後在遊樂場、下課的時候，或任何有機會的時候都在練。她**差不多**就要學會了，但還是需要有人在地上幫她一下才有辦法把屁股抬過單槓。在那一學期最後一堂課的前一晚，她跟我說她覺得失落，因為她的朋友都要進到下一級了，可是她只因為一個後翻上槓就跟不上。

我承認，我有點驚慌──但沒有表現出來。賈絲敏的媽媽

---

* 我有一次在一場科學活動上遇到亞馬遜創辦人傑夫・貝佐斯（Jeff Bezos），我實在**太不酷**了。大家在談論火箭的時候，我卻說了一句超冷的話：「我先生很愛他的Kindle。」真尷尬。

† 這樣的好處是，假如我真的看到傑森・摩莫亞在海灘上端調酒過來，我的大腦**馬上**就能認出現在發生什麼事。而壞處是，我一定馬上就會出糗。

‡ 我知道我解釋得很爛，假如你有看沒有懂，去YouTube搜尋一下教學影片[9]──但不要看了就以為這有多簡單！

只是一個還在讀研究所的單親媽媽，我覺得我們兩個人都算得上是「失敗達人」，但看到她那張落寞的臉，我也覺得難過。我相信**有些東西**確實可以靠努力達成，但身為體能零分的人，我也知道努力總有一個限度。*在不知怎麼辦之下，我想到某一堂研究所課程裡提到心理畫面和運動的事。

「你能想像成功後翻上槓會是什麼感覺嗎？」我哄她睡覺的時候這樣問她。她回答：「可以。」「這樣的話，你可以在腦袋裡練習！」我這樣跟她說，我們一起做了一次整套流程。我要她回想一下，有一次她老師幫了她一下，讓她成功翻過單槓，當時是什麼感覺。我們一起在心裡畫出畫面──踢起來，拉起來，縮進去，「咻」**過去**。

老實說，我**完全**不覺得這會有用，畢竟我這種人連什麼事都不做也會覺得難到受不了。但真的**見鬼了**，她第二天上課就成功翻了過去，之後差不多每次都能成功。†

我們憑空想像出後翻上槓的記憶，現在已經成為我和賈絲敏大腦中一條非常熟悉的路徑。每次我們有煩惱，就會互相提起這件事──以這個角度來看，煩惱等於是你**不想要**想像中的事情真的發生，但你在腦中為了這件事情預先練習。下面會談到你對世界的認知被哪些心理經驗塑造出來，當你繼續往下看的時候，請記得一件事：從**你大腦的**角度來看，你記得、想像、煩惱的「真實」，都是大腦用來調整、適應外在環境會使用到的資料。在下一節裡，我們會細看一種經驗，以及它對你大腦造成多麼深遠的影響：這個經驗就是「語言」。

評量你的語言經驗

本章的重點是，我們的人生經驗會形塑我們的大腦，讓它未來碰到相似的經驗時更能應對。但是，我不可能只用一個評量，就可以捕捉**所有**影響你的觀點的人生經驗；就算我有辦法弄出這樣的評量，裡面絕大多數的內容都沒有人在實驗室裡研究過。因此，我打算只看一個幾乎所有人都有的經驗，而且我們早已熟知這個經驗對大腦和心智有**全面性**的影響：我們說的語言（可能不只一種）。這是因為我們的思考、感受和行為方式跟語言有極其密切的關係，沒在睡覺的時候幾乎都在使用。我們在實驗室裡會使用亨里克·布魯明菲德（Henrike K. Blumenfeld）和瑪格莉塔·考珊斯卡雅（Margarita Kaushanskaya）設計的「語言經歷與水準問卷」（Language Experience and Proficiency Questionnaire，LEAP-Q），[11] 以下的測驗便是這份問卷的選題。

---

* 但有時候也有一些嚴重阻礙是制度使然。

† 當然，這則軼事沒有「控制組」：也許她在現實生活中練了那麼久，好好睡一覺之後，第二天本來就會成功。另外，不管在頭腦裡練習多久，都不可能擺脫身體的物理限制：我做夢的時候會飛，但不管我在夢中練習多久，都不可能在現實中飛起來。不過，有不少實驗性的研究發現，在腦中練習確實會讓人進步。[10]

精簡版語言問卷

一、依照你學習的順序,列出你會的所有語言。

二、在正常的一週裡,你使用每種語言的時間分別佔多大的百分比?這不只限於說這種語言的時間,還包括聽這種語言的音樂,或看這種語言的電視等等。(如果回答正確,所有的百分比加起來應該要等於100%。)

三、假如你會的語言不只一種,你從幾歲開始學第二語言?假如你還會更多種語言,請分別列出開始學習的年紀。

四、假如你能用不只一種語言和人流利對話,你最初能流利說第二語言的時候是幾歲?假如你流利的語言還有更多,請分別列出開始流利使用的年紀。

五、假如你會的語言不只一種,請評估第二語言以下幾項的能力,給自己打0到10之間的分數:

1. 說

2. 聽

3. 讀

(假如你沒有第二語言的經驗,這一題各項都打0分)

你的語言多樣性有多高？

你在這一方面有多「典型」？這個問題不太有意義，因為我得先知道你是哪裡人。舉例來說，如果你住在盧森堡，而你回答你只會一種語言，那你絕對是少數中的少數，但在大多數美國城市裡，你就不會屬於少數。*記住，這一章談的是你怎麼適應**你的**環境，所以我們才會碰上這個難題。語言畢竟只是你適應環境的其中一個環節而已，但我們清醒的時候會不斷運用它所依據的一套規則，因此我們可以利用它來看看你大腦的適應能力有多好。

假如你只會一種語言，或者你的第二語言能力有限（像是分數低於4分），或者你較晚（像是青春期之後）才學第二語言，你的大腦就會侷限在你第一語言的經驗裡。這樣有一個好處：跟會不只一種語言的人相比，你的大腦**更能妥善**使用你唯一會的那種語言。簡單來說，這是因為多語者在理解某一種語言，或者用某一種語言產出時，需要考量的條件更多：†在使用任何一種語言之前，他們需要化解語言之間激烈的競爭。這

---

* 美國人口統計的語言資料非常有限。人口統計只會問受訪者在家中是否使用英語以外的語言，然後請受訪者在下面四個形容詞裡挑一個描述自己的英語能力：「完全不會」、「不太好」、「好」、「非常好」。問卷完全沒問他們非英語的語言能力，也不會問他們使用各種語言的頻率。

† 問題還比這個更複雜：當雙語者的大腦想在其中一種語言裡挑選資訊時，語言之間的交互作用也會形成一種競爭。

表示即使是最熟練的語言，每次使用任何一項語言資訊時，他們都必須多花一點點時間來處理才行。

但你在這章會看到，廣泛接觸到各種不同的語言規則可能也有好處。接觸過多種語言的人不僅有更多種行為組合供他們選用，*在決定要怎麼行動的時候也更有可能考慮更多的資訊，像是當前的情境最適合用哪一種語言。但在現實生活中，如果必須思考應該要用哪一種方式來回應當下的情境，所付出的代價累積下來可能相當可觀。簡單來說，大腦接觸的事物越廣泛，在任一特定的環境或情境下處理的速度可能會變慢，但反過來也讓人有辦法應付更多種情況。

那麼，你的大腦的「調頻」範圍有多寬，或有多窄？在看你怎麼回答之前，我得先指出一件事：語言跟這本書裡談到的許多其他事情一樣，是多面向的概念，無法光用「單語」和「雙語／多語」單一軸線就能完整反映。我們在實驗室裡探索語言與認知時，會觀察的差異和四種語言經驗的面向相關：[12] 一、如果一個人有接觸過第二語言，接觸的年紀有多早；二、他的第二語言（或最不擅長的語言）能力有多強；三、他分別有多常使用他會的每一種語言；四、他會的語言有多相似。每一個面向都事關你的大腦怎麼運用你過去的經驗，來塑造你對世界的認知，以及你在世界裡行動的方式。

但我們可以看到一件事：以上幾個問題完全沒問一個人會講**幾種**語言。這是因為，不同的語言會怎麼影響你的大腦，還得看其他的因素。本章接下來會以語言當作經驗的範例，探討

這些因素**為什麼**重要，又怎麼能從中看到你的大腦如何適應各種其他的人生經驗。

年齡為什麼重要：經驗的早晚造成的不同影響

假如我們想探究經驗怎麼塑造大腦，語言是個不錯的範例，因為對大多數人而言，語言是持續一輩子的經驗。舉例來說，大多數會英語的成年人懂大約兩萬至三萬五千個單詞，[†][13]但**現今有人在使用**的英語單詞超過十七萬個。因此，假如你愛看書或聽播客節目，或甚至跟別人談論你不熟悉的事情，你很可能會不斷碰到新單詞。搞不好你讀這本書時就學到一些新詞了？但大多數人也知道，兒童學習語言遠比成人容易，所以問題就來了：我們在童年期間摸索著「吱喳作響的龐然炫惑」，但有多少的學習行為在這個時候發生？童年以後，我們的適應能力又有多少？

簡單來說，大腦不同部位有不同的適應期**窗口**。我們可以根據每個大腦部位什麼時候會被經驗影響、被影響多久，將它們大致分為三類。第一類的功能幾乎全部是控管維生機能，這些是**無經驗依賴**（experience-independent）的部位，這些部位

---

* 我在這裡假定會講某個語言，以及用這種語言和別人溝通所帶來的契機，種種好處不證自明。

† 如果你想看看你的英語字彙量有多少，不妨去 testyourvocab.com 試一試。你知道 terpsichorean 或 tatterdemalion 是什麼意思嗎？我可不知道。

負責控管呼吸、心跳、體溫等不會因環境而異的關鍵機能。

再來是**經驗預期**（experience-expectant）的大腦部位。這些部位先天就已經註定*要會解譯特定種類的外來資訊，因為它們已經有接收感官資訊的連結了。舉例來說，大多數嬰兒在成長時，進入眼睛的光線會傳到大腦後方的枕葉皮質，進入耳朵的聲音會傳到大腦兩側顳葉（temporal lobe）的聽覺皮質，進入鼻子的氣味會傳到大腦前方底部的嗅球（olfactory bulb）。我們**學會**辨認看到、聽到和聞到東西，人類嬰兒能夠精通自己所生長的環境，就是因為有這個能力。我們可以在法國紀錄片《寶寶的世界觀》（*Babies*）[14]裡看到這個現象：世界各地的嬰兒在各自的成長環境裡，既有些方面出奇地相似，又有些相當有意思的差異。

不過，我們的大腦演化出來時，可以讓我們輕易遊走世界各地的飛機和網路還沒出現，因此，大腦中許多經驗預期的部位會有接收經驗的「關鍵期」。†在你剛出生的時候，這些部位等著要接收資料，所以可塑性非常高。當你漸漸成長後，這些部位累積了跟周遭環境相關的資訊，也越來越穩定地處理它們預期會碰到的東西，因此比較不會被外面新的經驗影響了。一九七〇年代有一系列的實驗，清楚證實了早年經驗對大腦經驗預期部位的影響有多深：這些實驗以幼貓為對象，分別讓牠們在非常特定的視覺環境裡成長，[15]像是只有垂直線條的房間，或者圓筒型、牆上的東西只會往左移動的空間。在這些成長條件下，幼貓的大腦完全被牠們所受的視覺刺激制約，因此如果

碰到早期沒遇過的東西，像是橫線或是往右移動的東西，牠們竟然**看不到**！還好我們不會把嬰兒關在圓筒裡，但派翠西亞・庫兒的研究發現，嬰兒聽到的語音也會對他們產生類似的效果。這裡再提一下她的發現：人類嬰兒到了一歲以後，就會對母語裡沒有的聲音不敏感。

幸好，大腦裡**還是有**一些部位畢生保有可塑性，‡這些就是**經驗依賴**（experience dependent）的部位。皮質裡大部分跟「聯想」有關的部位屬於這一類，其中有些部位讓我們能一輩子不斷增加字彙量。在**經驗依賴**的部位當中，一個重要的成員是額葉，如前一章所述，額葉讓我們的行為有彈性，而這正是人類適應能力的關鍵。你可能也猜到，基底核的各個部位也是經驗依賴的類型。事實上，它們可能是適應能力最強的大腦部位，因為裡面充滿促進神經可塑性的多巴胺通訊訊號。在接下來的〈導航〉一章裡，你會看到大腦的決策過程受此影響有多大。但在進入下一章之前，我們會先討論你的大腦需要**先**做哪

---

* 除非你是一隻雪貂，然後有個神經科學家好奇心作祟，把你的神經重接了一次……

† 許多科學家會說這些是「敏感期」，因為與其說它們只有「開」或「關」的狀態，不如說是它們能接收經驗的程度會改變。另外，能接收的程度什麼時候會改變，改變的幅度有多大，也因不同的大腦而異。

‡ 這並不是指所有人的大腦一輩子都**同樣**可塑，也不是說早年和晚年的經驗對我們的行為方式有相同的影響。不過，我們大腦裡確實有些部位即使上了年紀後，還是相對有辦法接收經驗。

些事情，才能做出經過考量的決定，讓你知道應該要怎麼做：你的大腦在學會接下來應該要做什麼之前，得先好好弄懂當下發生了哪些事。下一節會再探討大腦的捷徑，以及經驗會怎麼影響我們用視覺去理解外在世界的方法。

觀點的生成：環境怎麼造就所見

用一個出乎意料但好玩的例子，來看看經驗怎麼塑造我們對世界的認知：我們再回頭看看「那條裙子」。為什麼有人會覺得裙子是白色和金色，但有些會說是藍色和黑色？這至少**有一部分**可以追溯到每個人不同的經驗。事實上，我們對顏色的認知仰賴解譯，而且仰賴的程度可能比你想像的還高。你可能會感到訝異，因為你也許學過一件事：我們看到不同的顏色，分別對應到不同波長的光。你也許還學過，一般人的色覺要靠眼睛後方的三種受器（也就是視錐），這三種視錐分別對波長為長、中、短的光敏感。乍看之下，這樣好像不需要把各種東西連結起來，就可以直接辨別顏色了，一個東西的**顏色**怎麼可能有不同的解讀方式呢？

我們看到某個物體後，是怎麼認知它的顏色呢？還好，這件事沒那麼簡單。假如真的那麼簡單，我們**大概**會一致認為那條裙子的配色相同，但我們也會一致認為青蘋果在夕陽下會變成紅色，在陰影裡會變成藍色。*這是因為當光線從物體上反射，假如光線的性質不一樣，透過眼睛傳送到大腦裡的波長也

不一樣。幸好，我們的大腦會根據過往的經驗，知道從物體反射的光線特性可能會有變化，但物體本身的顏色不太會變動。因此，大腦會用一條**捷徑**來因應各種不同的照明狀況：它會綜覽那個情境下所有的光線波長，在判斷顏色的時候，使用的不是波長的絕對數值，而是波長之間的差異值。

你的大腦會覺得裙子難以解譯，是因為照片裡沒有太多的情境脈絡，讓它判別是什麼樣的光線從裙子上反射出來。碰到這種情況時，大腦會自動去猜測照片裡的光線是什麼樣子，而且每個人大腦的推測都**不一樣**。如果你看到白、金相間的裙子，這是因為你的大腦根據**你**這輩子看到各種光源的經驗，推測光從後面照過來，所以裙子在陰影裡。為了「校正」這個情況，它就會自動減去深藍色和黑色相關的色調，所以你會看到白色和金色。如果你和我一樣看到藍、黑相間的裙子，這是因為你推測裙子的上方或前方有明亮的光線（光源可能是人工照明），所以就不會減掉某些顏色。

那麼，什麼樣的人生經驗會影響我們對光線的猜測呢？作家和視覺科學家帕斯卡・瓦利許（Pascal Wallisch）測試了一個有趣的說法：[16]習慣早起的人（「雲雀族」）和習慣晚睡晚起的人（「貓頭鷹族」），看到的裙子是否不一樣？他推測，雲

---

* 為了節省時間，我就暫且不提太多細節，像是太陽靠近地平線時，地球的大氣層會怎麼吸收不同波長的光。先這樣說就好了：從物體反射、進入眼球的光線，在不同的條件下，特性可能會有巨大的差異。

雀族看到自然照明的經驗比較多，所以更有可能認為裙子在陰影裡，因此看到白色和金色。貓頭鷹族在夜間清醒的時間比較多，看到人工照明的經驗也比較多，所以更有可能覺得裙子是藍色和黑色。他問了一萬三千個人覺得裙子是什麼顏色，以及他們平常的睡眠習慣，結果發現一個微小但確切的效應，跟他靠直覺的猜想相符：雲雀族更有可能認為裙子是白色和金色，但貓頭鷹族更有可能看到藍色和黑色！*

這裡還要記得一件事：你在本章開頭看到的黑色立方體，就算我告訴你它其實不存在，你也**無法**不看到它；同理，就算你現在知道光線的效果是怎麼一回事，你也不太可能突然「轉變」你看到的顏色。這個例子清楚點出了以下的事實：你的大腦透過經驗學會了自動處理的程序，就算給你目標或指示，你也無法壓下來。〈導航〉一章會再討論這件事——但如果有人真的**非常**想改變自己看到的裙子顏色，他得有系統地給自己的大腦灌輸大量的照明經驗（自然光或頂燈照明），而且在灌輸這些據信會影響幼年認知程序的經驗時，還得對抗兩個不利的因素：整整一輩子的學習經驗，以及培養視覺認知的關鍵期。

我實在不覺得有人會為了一條裙子的顏色去做這件事，但我由衷希望有些人會想要改變大腦對一些比較複雜的關係的認知，其中包括潛藏在**經驗預期**部位裡的內隱偏見（implicit biases）——可能跟種族、年紀、性別、性向等等有關。當較高階的事項同時（或在相同情境）發生，我們會將它們連結在一起，這些偏見雖然跟我們學習這些連結的方式有關，但也會

影響我們即時的感官認知，而且影響的方式讓人不安。

　　有一個非常直白的例子在世界各地的實驗室裡**不斷**被證實，而且在各種族群和測試條件下都不變：一個模糊不清的物體放在一個人臉附近，或是跟人臉出現的時間非常接近，假如是黑人的面孔，而不是白人的面孔，受試者更有可能說他們**看到**武器。這個效應最早由奇斯・裴恩（Keith Payne）[†]在二〇〇一年證實。[17]裴恩找來六十名非白人的受試者進行兩次實驗，實驗方式是在螢幕上顯示各種工具或手槍的黑白照片，每張照片只會短暫閃現五分之一秒，然後再請受試者回報他們看到什麼東西。實驗的陷阱是，每次螢幕上出現物體的照片之前，會先閃過一個黑人或白人臉孔的照片。受試者被告知人臉只是一個提示，用意是讓他們知道物體的照片即將出現，人臉跟物體沒有任何關係（事實上也確實毫無關係）。黑人和白人臉孔分別在工具和手槍之間出現的頻率相等。雖然如此，從受試者的反應時間來看，跟白人臉孔相比，當手槍緊接在黑人臉孔之後時，他們覺得手槍明顯**更容易**辨認。另外，如果是接在

---

*　不過，我是超級雲雀族，但我看到的是藍色和黑色；瓦利許本人也坦承他是一隻超級貓頭鷹，但他一開始覺得是白色和金色──然而他也指出，我們既然有整整一輩子的視覺經驗，可能只有一小部分的差異能以偏好的睡眠和起床時間來解釋，這樣不無道理。舉例來說，有很多雲雀長時間在室內工作，也有很多貓頭鷹為了朝九晚五的工作，只好逼自己習慣早起。

†　Payne和pain（痛苦）同音，這項研究揭露的事實讓人不安，由此看來這個名字還真貼切。

黑人臉孔之後，受試者辨認手槍比辨認工具更容易；但如果接在白人臉孔之後，辨認手槍和工具的難易度一樣。

這個效應雖然不太明顯，*但**尤為重要**地反映出學習行為和受試者大腦樣貌的關聯。在實驗裡，受試者**最容易**辨認的東西是緊接在黑人臉孔之後的手槍，這表示平均而言，受試者的神經系統資料庫裡將黑人臉孔（A）和槍枝（B）連結，而且連結強到足以在大腦裡形成捷徑。換言之，若要解釋**為什麼**手槍緊接在黑人臉孔之後，辨認速度會更快，最簡單的說法是受試者單純看到黑人臉孔時，大腦就已經開始自行填空，建構出「武器」的概念了。

這條「捷徑」可能會對現實生活造成什麼影響？[18]第二個實驗更清楚，也更讓人心寒。在第二個實驗裡，受試者被要求快速決定他們看到的照片是不是槍。如果照片緊接在黑人臉孔之後，受試者有37%的時間把工具誤認為槍枝（亦即超過三分之一的時間會誤認），但把槍誤認為工具的時間只有25%。†

這個現象多麼致命，只要有看過新聞的人就會知道。‡不幸的是，這項原創研究**沒有回答**一個重要的問題：這該怎麼解決？我們可以先從一個地方開始，看看這些偏見背後的資料從**哪裡**來。擁槍的美國人雖然不少，不過這些研究的受試者都是一般大學生，實在很難相信他們現實生活中有很多碰到黑人和槍的經驗（甚至可能根本沒有）。那麼，這些捷徑到底是怎麼來的？

若要回答這個問題，我們先回去看看哪些東西「算得上」

是經驗。簡單來說，你在現實生活中接觸到某些人、事、地的經驗越少，你的大腦在資料庫裡建立相關的內容時，就越有可能以你從電視、新聞、社群媒體或**虛構**故事裡讀到的內容為依據。記住，你究竟是親身體驗到某件事，或那只是回憶，又或者只是憑空想像，你的大腦其實根本不在乎——這些內心的經驗都算數。因此，如果你在電視上看到的黑人更常拿槍，而不是聽診器，§你的大腦會自動認為現實世界也是這個樣子，並且把它融入你的經驗透視鏡裡，讓你看到這樣的世界。

我們吸收別人創造出來的現實樣貌時，許多人的大腦**真的**就這樣被社會裡系統性的偏見左右。¶這些偏見可能會影響我們對世界的認知，而且跟辨認裙子顏色的情形一樣，影響既自動又飛快。這又要帶到另一個非常重要的差別：參與研究的受試者在大腦裡有這樣的捷徑，**不一定**表示他們是有意識、明明白白地認定會拿槍的是什麼類型的人。事實上，你明確相信的事情本來就有可能跟你的經驗資料庫互相抵觸——這件事會在

---

* 在手槍前閃現黑人臉孔時，辨認手槍的時間會減少大約20至30毫秒。

† 如果照片接在白人臉孔之後，受試者誤認工具和槍枝的次數一樣。

‡ 麥爾坎‧葛拉威爾（Malcolm Gladwell）在《決斷2秒間》（*Blink*）花了相當的篇幅講述這件事。[19]

§ 大力感謝電視製作人珊達‧萊梅斯（Shonda Rhimes）改變這樣的刻板印象（最起碼絕對改變了我的大腦！）。

¶ 而且，這些創造現實樣貌的「別人」往往是享有特權的白人男性，以自身的觀點來創造媒體內容。

〈導航〉一章裡再詳談。如今法院和企業會要求人們接受內隱偏見的訓練，但這樣的訓練究能不能影響大腦裡既有的捷徑，我們並不清楚。*就像裙子明明是藍、黑相間，我就算跟你解釋**為什麼**你會看到白、金相間，你看到的顏色還是一樣，就算你知道你有哪些內隱偏見，這些偏見很可能還是會自動影響你。我們最多只能期望這樣的教育可以改變你的**意識覺察**，進而讓你三思你的行為方式。下一章會再談論「知道要更好」和「做得更好」之間的關聯，但我們在這裡先回頭看看先前談到的語言經驗，替這一章收尾。

小結：調頻範圍窄的大腦非常適應特定的環境，接觸經驗廣泛的大腦會考量更多選項

本章談到內隱偏見，你可能會覺得這是因為大腦已經深深習慣了某個環境，因此過度適應，但這個環境比你想的還要狹窄。這有點像是〈偏向一邊〉裡談到的功能特化過程，使得大腦某些部位越來越擅長某些工作，而能做的工作項目也越來越少，但偏見是因為大腦大片區域只準備好在某一個特定時空裡存活。我們在這章提到你的經驗會打從根本塑造你對世界的認知，既然這是如此根深柢固的現象，我認為如果我們想要修正大腦裡的捷徑，需要做的不只有看書而已。†其他的先不論，我們得先更刻意挑選灌輸給大腦的經驗。我們吸取各種想法時，有哪些相關的暗示潛藏在表面之下？

還有一種方式可以擴充我們的資料庫：讓自己接觸多元、真實的經驗，用不同觀點的敘事來影響自己。若再以語言經驗為例，我們可以推敲一下，生命經驗更多樣的大腦會是什麼樣子。單就事實來看，一個人如果經常使用不只一種語言，就必須學習至少**兩套**語言規則，而這樣不無代價。有不少的證據顯示，假如兒童同時學兩種語言，若測試其中一種語言的能力，會發現他的進程比只會一種語言的兒童慢一些。即使是雙語**非常流利**的成人，也有可能比只會單一語言的人更難以存取任何一種語言。

　　這是因為在雙語者的大腦裡，兩種語言的相關資料不會整整齊齊分別存放在兩個地方。事實上，兩種語言會緊密交織在一起，導致雙語者只要在其中一種語言裡聽到或想到某個單詞，另一種語言裡相關的神經元多多少少會自動啟動。如果雙語者想要用比較不流利的語言說話，[20]就得克服主要語言裡更強烈、更自動的動態。換言之，當雙語者用非主要語言說話時，有點像是某個顏色單詞用另一種顏色的墨水印刷出來，但是要講出墨水是什麼顏色！

　　請多擔待，我知道講這些好像不太好聽。

---

* 　這裡值得提一下，現今確實有人在研究這一類的訓練是否有效，但從目前的結果來看，假如訓練有用，我們還不知道是什麼樣的機制讓它有效果。

† 　請不要誤會──我深信非虛構的好書也可以當作好教材。但我認為如果你真的想要改變，就不能只靠讀書而已，〈導航〉一章會詳談原因。

我和安德烈研究過雙語者基底核的訊號選路機制，根據我們得到的資料來看，雙語者的語言經驗可以讓他的大腦裡有更強的「騎士」。事實上，我們還證實雙語者具備更好的訊號選路機制，執行新的**數學**任務比單語者更快。[21]語言經驗更多元的人，可以用更多方式表達自己，這樣雖然有可能讓大腦裡的衝突更多，卻也會訓練他們更加留意身處的**情境脈絡**。雙語者若想要精確地使用次要語言，不能只仰賴由A到B的連結自動啟動。

我在二〇二〇年和我的博士後研究員金西・拜斯（Kinsey Bice）*發表了一篇論文，在研究中我們觀察了一百九十七個人的大腦，其中九十一個是單語者的大腦，另外一百零六名受試者都有不只一種語言的語言經驗。我們觀察他們在沒有進行任務時的神經協調模式，從中尋找控制能力更強的證據。[22]整體來看，語言經驗越多樣的人，alpha波的強度越高，表示他們由內發出的控制頻率讓他們的大腦更加同步——而且這還只是大腦**休息**時的狀態。本章談論大腦會用哪些方式來「適應」，這裡又可以再加上一筆：兩種語言都會頻繁使用的雙語者，其雙語經驗對alpha波強度的影響最大。這表示我們不只是需要增加經驗資料庫的多樣性而已，還得練習在各種不同的情境下**運用**這些經驗才行。

不同的語言經驗對每個人特有的思想、感受和行為模式有哪些更全面的影響？這方面的研究在學界仍有爭議，但我們認為這有一部分是因為「雙語」一詞是多種經驗樣態的統稱，而

研究人員有時候並沒有考量到這個名詞底下包含了哪些經驗。有越來越多的證據顯示，會規律使用超過一種語言的人，其大腦的樣貌和運作方式跟只使用一種語言的人不一樣。

我不會傻傻認為光靠學習多種語言就能解決內隱偏見的問題，但我覺得我們應該更留意給大腦灌輸資訊時，這些資訊來自哪裡，因為多語者的大腦確實有可能是絕佳的範例，讓我們看見接觸過多元資料的大腦是什麼樣子。多元的經驗也許會導致我們在任何情境下的反應稍微慢一些，但也會迫使大腦變得更具彈性，對當下的情境更敏銳。下一章會更深入探究這可能會帶來哪些效應，因為我們會看看你的大腦怎麼進行生活當中各種大大小小的決策。

---

* 她會說四種不同的語言，能力各有差異——但其中兩種非常流利！

第六章

導航

知識怎麼創建路網,以及我們下決定時
為何有時不照這些路網走

　　既然這本書你已經讀了超過一半,我**希望**你到了這裡已經沒辦法回頭,所以我會開始針對你和你的大腦問一些比較難回答的問題。前面幾章的內容**已經夠你**好好思考了,其中有一大半談論大腦運作方式的科學發現,我有時候還會自作主張給你建議。而且正如〈適應〉一章所說,我知道這樣的閱讀經驗一定會多多少少影響你大腦裡的連結,但我要丟給你一個大哉問:學到了這麼多之後,你覺得你的思考、感受或行為方式真的會**改變**嗎?

　　瑪雅・安吉羅(Maya Angelou)是我這輩子有幸聽過最

傑出的人物之一，*她曾經說：「盡全力去做，直到你更懂事為止。你更懂事後，再去做得更好。」†我找靈感的時候會去看看她說的話，不過我知道對大多數人來說，「懂」什麼跟「做」什麼之間的關係**沒有**這麼直接。我們在這一章裡就要探討**為什麼**是這樣。

若要探討這件事，我們必須以前面兩章的知識為基礎。既然我們看過不同的大腦會怎麼去注意事情和適應環境，這樣不免讓人問一個合理的問題：不同的大腦會怎麼**運用**它們對當下情境的認知，再加上從過往經驗獲得的知識，來幫它們在人生中航行？

光從主觀感受來看，有些經驗會讓人**覺得**好像對我們行為的方式影響比較大。但是，我們也已經花了不少篇幅，談論大腦會怎麼在暗中替我們建構出現實真相。那麼，這一切會怎麼綜合起來影響我們的行為方式呢？

為了更容易理解你所學之事究竟會不會影響你的決策過程，我們先想像一個情境：有人明明白白告訴你一項資訊，讓你明確知道**應該**怎麼改變自己的行為。姑且先想像這個例子：醫生跟你說你的血糖過高。這不是好事，因為你罹患第二型糖尿病、心血管疾病和中風的風險會提高。但醫生說這個情況可以挽救，假如你遵照他們的建議去改變生活方式，減少飲食中的糖和精緻澱粉，並且增加運動量，你的血糖很可能會回復正常，這樣你就會覺得更有體力、更健康！‡

那麼，接下來會發生什麼事呢？

著名心靈成長作家艾克哈特‧托勒（Eckhart Tolle）曾說：「察覺即改變之動力。」[2]假如你知道你的健康有問題但有辦法扭轉，你會改變生活習慣、讓自己更健康的**機率**幾乎一定會增加。不過，就像某些大腦需要花較高的代價才能保持注意力，當被告知**應該要**怎麼做之後，有些人的大腦也會比別人的更擅長遵照指示來控制行為，〈保持同步〉一章曾經稍微提過這個現象。內在、低頻的目標訊號若要去指揮來自外面的「多聲部」大合唱，需要花費多少力氣呢？我可以相當有信心地說這一句話：察覺**有可能**催生改變，但**不保證**一定會導致改變。正如丹尼爾‧康納曼在影響甚巨的名作《快思慢想》（*Thinking, Fast and Slow*）所言：「這並不是在說：[3]『讀了這本書，你的想法就會改變。』我寫了這本書，我的想法可沒有改變。」假如世界真的那樣運作，光是讀**我**這本書，可能就足以讓你接受自己的樣貌了。

　　在現實生活中，我們有時候會覺得自己**想要**有什麼樣的行為，但真正做出來的卻完全是另一回事。我們事後回過頭來看

---

* 在此澄清，我沒有近距離接觸過瑪雅‧安吉羅，但我讀研究所的時候，她曾經來加州大學戴維斯分校（UC Davis）演講，我和賈絲敏坐在第一排，**感覺**好像她直接在跟我說話。這個經驗跟她本人一樣，讓人非常震撼。

† 我不確定她第一次說這句話是什麼時候，但我猜這後來變成一句她常常說的格言。我倒是記得歐普拉（Oprah）曾提過，瑪雅‧安吉羅跟她這樣講了之後，她受到的影響有多深！[1]

‡ 容我再次提醒，以免你沒讀這本書的〈序〉：「博士」和「醫生」都是doctor，但我不是「醫生」的**那種**doctor。以上只是舉例而已。

的時候，「知」與「行」之間的關係比較像是我童年導師《特種部隊》（*G.I. Joe*）卡通的講法。在每一集裡，大家知道那一集的主旨之後，主角就會說：「知道就是作戰的一半。」就算我那時只是個八歲的小迷妹，我還是會想：那作戰的**另一半**是什麼？*接下來在這一章裡，我會盡可能就我所知來描述**整場**戰役。

我們再用大腦內的兩種控制機制來看看這個複雜的議題，也就是先前「馬」和「騎士」的比喻。你在生活中尋找各種決策的方向時，一定有一部分是用「馬」的決策方式，另一部分是用「騎士」這種相對受控制的駕馭模式。這一章會探討你的經驗怎麼影響馬和騎士的決策，讓這些決定驅動你的人生。

如前一章所述，我用「馬」來比擬靠直覺的控制系統。你的馬在運作的時候，會利用一種叫做**程式性記憶**（procedural memory）的知識，最基本、最常用的導航方式都會用這種記憶來進行。有趣的是，如果你寫書的時候想用文字描述程式性記憶是什麼，最方便的定義反而可能是「**你就是知道**但很難用文字表達出來的東西」。我們姑且先不要去質疑這件事：你大腦內的馬懂得很多事情，可以用這些知識幫你導航，但牠不知道怎麼用文字表達這些知識。你走在不同的地面上（或者穿高跟鞋走路時），你的腳會靠肌肉記憶知道該怎麼踩；有時候在決定各種大大小小的事情時，你的內心會有某種直覺告訴你應該要怎麼做。這些都是你的程式性記憶用自動、直覺的方式引導你的生活。†

以導航的方式來說，馬的運作原理相當單純：牠想要把你在《大腦要的就是這個！》遊戲裡獲勝的機率**最大化**。這表示，牠在決策時會想辦法找到最大的酬賞，同時避開險境。如果你肚子餓，冰箱裡正好有一桶好吃、讓人滿足、超高熱量的冰淇淋，大腦裡的馬就會覺得吃冰淇淋是個好主意。牠是一匹馬，所以牠在下決定的時候完全不會考慮像是糖尿病、吃完後塞不塞得進牛仔褲這一類的因素。簡而言之，作戰的另一半裡，至少有一部分是馬和牠尋找酬賞的動力。

　　在本章的第一節裡，我們會談談「馬」型態的導航系統從你的經驗學習時，可能會有哪些差異，因為不同的馬可能會有不同的學習方式。在第二節裡，則會談到大腦裡靠直覺的導航系統有哪些平行的路線，以及為什麼某些路線對某些大腦的影響更強。

---

* 　我在一篇超讚的文章裡讀到這一段話，這篇論文是亞芮拉·克里斯塔（Ariella Kristal）和勞瑞·桑托斯（Laurie Santos）在二〇二一年寫的〈「特種部隊」現象：理解後設認知知識在去偏見化的限制〉（G.I. Joe Phenomena: Understanding the Limits of Metacognitive Awareness on Debiasing）。這篇論文發人深省，而且從這個理論的名稱來看，當年會想「作戰的另一半是什麼」的人不只有我！

† 　我看人們**教導**別人程式性的技能時，像是怎麼騎腳踏車、騎馬、做出某個舞蹈動作等等，聽到他們的講解時總是會感到讚嘆。說到底，學習這種東西不能只靠人解決，你必須親自**感受**才行。好笑的是，我現在想要描述程式性記憶在意識裡的體驗是什麼樣子，正好也碰到同樣的問題。如果你學過怎麼騎腳踏車，或者曾經教過別人怎麼騎腳踏車，你可以把「程式性記憶」想像成各種相當關鍵，卻又難以說明的常識，像是轉彎的時候要怎麼抓時間轉移你的重心和轉動把手。

馬式導航：學習時靠紅蘿蔔或鞭子

在〈適應〉一章裡，我們花了不少篇幅討論大腦根據過往的經驗，試圖理解外頭那個「吱喳作響的龐然炫惑」時，會使用各種即時、自動的捷徑。在〈注意力〉一章裡，我們又談到各種資訊的重要性，以及每一項資訊的重要性會怎麼受到經驗的影響，同時也反過來影響我們的經驗。從馬的觀點來看，這些大腦功能都是用來達到目的的方法。簡單來說，馬會學會注意環境裡跟結果好壞有關的徵兆，同時也學會忽略跟決策無關的事項。舉例來說，如果你會說的語言裡沒有某個語音，你學會辨認這個聲音很可能沒什麼用處。如果你的母語是英語，懂得區別ba和pa這兩個聲音之後，你就有辦法跟人說你想要一條真實存在又好吃的banana，而不是根本不存在的panana。但是，你的大腦在決定接下來要做什麼，要怎麼知道環境裡哪些事情是**重要**的？它得先有辦法把它周遭的環境和它下的決定，連結到這些決定帶來的**後果**。

這個過程稱作**強化學習**（reinforcement learning），對馬式導航系統有極大的影響。你的大腦會進行以下四個步驟，讓它在驅動你時獲得最大的酬賞：首先，它會根據過往經驗的資料庫，盡可能用你周遭**重要**的特徵去建立起精準的認知表徵。舉例來說，當你在繁忙的街道上，大腦會被各種資訊轟炸，此時有人朝著你走過來的話，大腦會迅速判斷他手上是拿著工具還是武器，並驅使你採取不同的行動，但對方穿什麼鞋子可能

就沒那麼要緊了；*再來，大腦會根據以前在類似環境裡的經驗，建立起可能採取的行動方式的表徵。舉例來說，你可以對走過來的人微笑、打招呼或表現其他正面的交流方式，也可以選擇採取中立做法，或是假裝沒看到對方，或者也可以選擇避開對方，往另一個方向走掉或跑開。可以採取的行動當然不只這些：你也可以對他高歌碧昂絲的〈光環〉（Halo），或者選擇坐在街角素描整個場景。你的大腦會不會考慮這些行動，得看它以前在類似的情境裡有什麼樣的經驗；第三，你的馬式大腦會用你從過往經驗學到的事情，†看看有哪些可採取的行動，再決定哪一個最有可能帶來好結果，並把你帶到這一條路徑上；第四，你的大腦會比較實際的結果，和它原本**預期**的結果，並根據結果好壞來更新腦內的資料庫。

我們先前已經花了不少篇幅，談論不同的大腦設計會怎麼影響我們對世界的認知，這方面的知識當然有不少可以應用在現在談論的決策功能裡。舉例來說，你可能只會注意到環境裡的某些東西，你大腦在決定接下來要怎麼做的時候，你注意到的事情就會在決策過程中佔比最高。另外，人生經驗不同的人，對各種行為的結果好壞預期也會不同，這一點對我們現在探討的內容可能最重要。

舉例來說，如果你歌喉不好，在公開場合高歌〈光環〉就

---

* 我在這裡說鞋子不重要，我們家族裡的義大利人可能永遠不會原諒我……

† 等下就會談到這個機制。

會在各個選項中墊底；就算你有一副好嗓音，如果你容易怯場的話可能也不太會考慮這樣做。但是，如果你對某個情境沒有太多經驗，你的大腦就會用誤打誤撞的方式來逐一探索各種可行的行為，從中學習結果會多好（或多壞）。*

　　回到剛剛繁忙的街道，你可能會試著微笑一下。如果你得到好的反應，而不是可怕的回應，你的大腦會記住這件事，未來碰到類似的狀況就更有可能選擇相同的行為。但你的大腦會怎麼記住這件事？這就要看強化學習過程的第四個步驟了。人生當中可以百分之百確定的事情**非常少**，我們也很少會再次碰到完全一樣的狀況，因此，大腦的學習方式是比較**實際發生**的結果，和你根據過往經驗**預期會發生**的結果。如果實際的結果比你預期的好，你的大腦就會釋放讓人有好感的多巴胺。如果你還記得〈調和的學問〉中提到的，多巴胺會製造出學習的訊號，改變大腦內的線路，因此以後碰到類似的情況就更有可能選擇相同的行為。但是，如果結果比預期差，多巴胺神經元釋放的訊號就會比平常基準值要少，導致你覺得失望，跟那種行為相關的連結就會變弱。

　　舉例來說，假如你預期你唱歌聽起來一定跟碧昂絲一樣，大家聽到就會跑過來、把你高高舉起來捧為女王，所以就這樣跑到馬路上大聲唱〈光環〉，可真實情況卻讓你的大腦困頓窘迫。這時大腦內的狀況可能會讓你覺得像置身電影《全民情聖》（*Hitch*）裡的「舞蹈課」：[4] 凱文・詹姆斯（Kevin James）示範他覺得炫酷的舞蹈動作後，威爾・史密斯（Will Smith）

直瞪著他，用一句話消滅他的多巴胺：「以後……**不准**……再這樣。」

　　針對你的各種行為，你的大腦會逐漸調整它預期的結果；透過這個過程，它會編出一本戰術指南，記下各種情境裡哪些行為最好、哪些最差。大腦會再利用這本戰術指南來指引你的基本決策，讓你知道什麼時候該做什麼事，而且整個過程大半自動進行。打從一大早你要不要按鬧鐘上的「貪睡」鍵，到想用什麼樣的語彙來表達自己，大腦會利用四個步驟的強化學習流程，根據你過往的經驗來挑選酬賞最高的行為，而且整個過程似乎毫不費力。這個過程運作得非常完善，事實上，大多數有行為能力的生物都只靠強化學習來下決定，甚至大多數成功的人工智慧（AI）系統也使用這套機制。[†]

　　但是，強化學習機制有一個很爛的層面，AI不會碰到，但你得面對：假如你選擇某一種行為後，有幸碰到一連串跟這個選擇有關的好經驗，你的大腦就學會給這種行為非常高的酬賞期望值。這種期望會讓你**想要**做出相同的選擇，好讓你再次獲得相同的經驗；但是，多巴胺每次帶來的愉悅感只跟你期望值和實際值的**差異**相關。因此，你越常做這件事情，你實際體驗到的愉悅感就會越來越少。換言之，只有在這個經驗**出乎意**

---

[*]　這就是下一章的主題。

[†]　打敗世界頂尖圍棋高手的電腦程式AlphaGo，就是利用強化學習演算法來訓練的眾多AI之一。

料地好，或者既有的決定獲得比你預期**更好**的結果時，你才會得到大量的多巴胺。

講得更具體一點，你在**想像**裡可能覺得擁有碧昂絲的歌喉很讚，但不管你覺得這樣有多讚，你**真的去當**碧昂絲可能就沒想像的那麼好玩了。首先，你的大腦會有完全不同的期望。碧昂絲可不只有唱歌跟本人**完全一模一樣**而已，她每天早上起來也看起來跟碧昂絲完全一模一樣，而且過去的豐功偉業不乏許多史上絕無僅有超狂超讚的表演。我猜她大腦內的酬賞機制跟一般人的沒兩樣，所以她得等到有了超越碧昂絲平常水準的表演，才會獲得大量的多巴胺！正因如此，她一定會碰到非常多讓她失望的時刻，這不禁讓我想問——你會想跟碧昂絲交換來過一天嗎？[*]

在你回答這個問題之前，讓我再告訴你一個重要的細節，假如你真的當一天的碧昂絲，這個細節可能會影響你大腦**怎麼**從這個經驗裡學習，以及它會學習到**哪些東西**。人類大腦的強化學習路徑裡有一個關鍵的岔路，但大多數的AI沒有：這兩條分岔的路徑對應到大腦裡**兩個實體的通道**，多巴胺的學習機制就是透過這些通道進行的。第一條我們先稱作「選擇」路徑，其作用方式大致上如前面所述：當「選擇」路徑得到多巴胺酬賞的訊號時，它會把外在環境和所選擇的行為之間的連結弄得更強，讓你未來更有可能選擇這個行為。但還有另一條平行的通道，我們就稱作「避免」路徑。這條多巴胺路徑上的各種受器會抑制神經元，也就是降低它們收到的訊號強度。所

以，如果你選擇的行為**沒有**預期的那麼棒，導致多巴胺掉到基準水平以下，「避免」路徑就會主動學到這個行為**並不好**，進而把連結削弱。**所有**人類大腦裡的馬式導航系統都會運用這兩種學習方式：一種是吊在馬面前的「紅蘿蔔」，讓我們更有可能採取帶來好結果的行為；另一種是打馬用的「鞭子」，會降低我們走向壞結果的機率。大腦導航系統有一個重點：在「紅蘿蔔」式的「選擇」路徑，和「鞭子」式的「避免」路徑上，主要的多巴胺受器不一樣。正因如此，我們在〈調和的學問〉一章裡談到化學語言通訊有各種差異，這些差異也會決定每個人的馬式導航系統怎麼受到影響：是會被某一條路徑影響更深，或者是兩種路徑的影響力一樣？在下一節裡，我們會看看這種「紅蘿蔔」和「鞭子」的威脅／利誘學習法可以用哪些方法來測量，再探討採用不同學習方式的人在現實生活中會有哪些相異之處。

評量：你是「選擇者」還是「避免者」？

若要測量你的「選擇」和「避免」路徑的相對強度，[5]最好的方式是用麥可·法蘭克（Michael Frank）等人設計的機率刺激選擇任務（Probabilistic Stimulus Selection Task），簡稱為

---

* 我的答案是：會……但前提是我要帶我自己的大腦去，這樣才能把回憶帶回家……

PSS。不過，這個測驗看的是你做出決定之後，怎麼從結果去學習，因此需要有**即時的反饋**，我們在書本裡做不到這件事。如果你想知道你的大腦是用紅蘿蔔或鞭子來學習，請在閱讀接下來幾個段落**之前**，先到我網站上的「Brain Games」頁面做一下測驗。

　　PSS分成兩個階段。在第一個階段裡，受試者會看到兩種新的行為，並且學會怎麼選擇酬賞最高的一種。在這個測驗裡，「行為」是給受試者兩個他們沒看過的物體，並請他們選擇其中一個。一開始的時候，他們不知道哪一個會比較好，所以當然會隨機猜一個。接下來，他們每一次下決定就會得到反饋：有時候他們會看到螢幕上用綠色的字體打出大大的「正確」，讓他們知道選對了；但有時候，他們會看到螢幕上出現紅色的「不正確」，這就像是騎三輪車下樓梯一樣，知道自己不應該這樣做。跟現實生活選擇導致的酬賞和挫折相比，這種測驗方式好像很粗糙，但請不要太快下定論：這項測驗的目的是要測量受試者在學習時，是從「正確」的反饋還是「不正確」的反饋中學到**更多**。

　　但麻煩的是，正確答案不只有一個。這個實驗和現實生活一樣，相同的選項選兩次，結果**不一定**會一樣。這就是為什麼測驗名稱裡有「機率」兩個字：你得到的反饋是「正確」或「不正確」，會因你選擇的行動而異。在第一階段裡，受試者會有三項選擇題，每次要在兩種行動裡選擇其中一個，總計有六種不同的行動。在第一題裡，兩個選項分別是最糟和最佳

的行為，其中最糟的行為有80%機率產生出「不正確」的結果，最佳的行為則有80%機率得到「正確」的結果。這是最容易的一題，因為兩個選項的結果落差最大；第二題裡，其中一個行為會有70%機率產生「正確」的結果，另一個行為則有70%機率產生「不正確」的結果，這一題比較難學習一點；第三題裡，其中一個行為有60%的時間是「正確」的、40%的時間是「不正確」的，另一個行為是60%機率「不正確」、40%機率「正確」。這一題就**非常**困難，因為不管你選了哪一個選項，「不正確」的機率都**將近**一半。如果受試者對負面反饋太敏感，做這一題會非常挫折。

實驗第一階段的作用是讓受試者學習，因此受試者會一再反覆練習這幾個題目，一直到他們有辦法穩定地選出獲得酬賞機率最高（或者「不正確的機率最低」的行動）。接下來，六種行動的成對配對會打散，讓研究人員探究受試者是**怎麼**學會做決定，以及過程牽涉到哪些強化學習的路徑。

在PSS的第二階段裡，每一種行為會分別和其他五種行為都配對到一次。因此，受試者有時候得在兩種最好的行動裡（「正確」的機率分別有80%和70%）選擇其中一個，有時則要在最糟的兩個（「正確」的機率分別只有20%和30%）做決定，另外也會看到所有可能的組合。

以我來看，接下來就是最有趣的地方：獲得酬賞的機率分別為70%和80%，與獲得酬賞的機率分別為20%和30%，光看數字的話兩者的差異一樣，但從最後的結果來看，大家學習

最佳選項的方式，跟他們學習最糟選項的方式，兩者**完全互相獨立**。事實上，我們在實驗室測試的時候，大約12%的受試者看起來主要靠紅蘿蔔來學習，利用「選擇」的多巴胺路徑來學習最佳選項獲得酬賞的機率；另外，有12%的受試者則主要靠鞭子來學習，利用「避免」的多巴胺路徑來學習怎麼避開最糟的選項。*其他受試者則是落在這兩種模式之間，決策過程會兼採「選擇」和「避免」兩種路徑。在下一節裡，我們會再談談這個結果怎麼應用到一般的決策過程。

紅蘿蔔和鞭子學習機制的現實作用

我們在這裡用一個實例來看看「紅蘿蔔」和「鞭子」學習者可能會有哪些差異。以下的例子選自我們在實驗室裡開發出來的一系列謎題，這些謎題以測量推理和解題能力的瑞文氏進階漸進矩陣測驗（Raven's Advanced Progressive Matrices）[6]為基礎。在每一題裡，受試者會看到一個矩陣裡的各種圖案，然後需要從四個選項裡選出最適合把矩陣補滿的圖案，找出答案的方式是要留意圖案在矩陣裡由左至右、由上至下分別有哪些變化。

在實驗室進行時，有些版本的測驗會限時，有些不會。但下面我只給你一題，所以你想花多少時間都沒關係。選出你認為最適合的答案後，請翻到下一頁，看看我們能不能從中看到你大腦的學習方式。

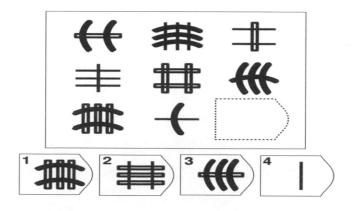

*　這些數據來自三百六十五名受試者，在分析這些資料後，我將受試者歸類的方式如下：「選擇」的表現比「避免」好至少33%的人是「紅蘿蔔」型的學習者，「選擇」的表現比「避免」差至少33%的人則是「鞭子」型的學習者。

這一題的標準答案是2，題目裡的圖案變化規律如下：由左至右時，直向的線條會漸次增加——一條變成兩條，再變成三條，然後又回到一條；同時，橫向的線條會漸次減少——三條變成兩條，再變成一條，然後又回到三條，就算你只看到這個規律，可以選的答案也只有2。但是，題目裡還可以看到其他的變化模式。由左至右時，直向和橫向線條的形狀也有變化，由空心的長方形，變成單純的直線，再變成像通心粉一樣的曲線。另外，如果由上而下看，你也會發現橫向和直向的線條數量與形狀也有規律變化。

　　這一題的標準答案其實可以用好幾種方式推敲出來，但我跟安德烈和以前的指導學生羅琳・葛瑞漢（Lauren Graham）一起進行研究，發現「避免」路徑越強的人，[7]越有可能在這一類題目裡找到正確答案，但「選擇」路徑的強弱卻跟這方面的解題能力毫無關係。更精準的說法：我不是說靠紅蘿蔔來學習的人都不擅長回答這種題目，因為他們不一定不懂得怎麼避開壞的選項，你可以兩種都擅長，也可以兩種都不擅長！如果用正確的方式來看待，應該要這樣說：在解決複雜的問題時，「避免」路徑的精準度**相對**和解題能力相關，但「選擇」能力則較不相關。那麼，為什麼會這樣呢？

　　為了更理解這兩種學習模式和解題能力的關係，我們開發了一個電腦程式，並教它用我們認為人類會使用的方式來解答這些謎題。它會先找出某個看得到的特徵（像是左上角圖案的兩條直向曲線），再想辦法找出規律，來說明這個特徵在下

一個圖案中會怎麼改變。接著，它會再看第三個圖案，檢查它的理論是否正確。我們的電腦模型有一個**關鍵**：它必須有辦法自我評估，決定自己有沒有進展——或者說，朝解決問題更進一步。我們在現實生活中往往就是這樣做，可惜的是（但也許並不會可惜？），我們在現實生活裡做出不理想的決定時，眼前通常不會亮起「不正確」的紅色大字。所以，如果要解決這個複雜的問題，過程中有一部分是要弄懂你做的事情有沒有效果。跟許多其他的 AI 不同的是，我們開發的 AI 有辦法給予反饋，讓它能夠兼用紅蘿蔔（「太好了，這招有用！」）和鞭子（「你得忘記這件事」）的學習法。電腦模型跟研究中的受試者一樣：當我們增加它靠「鞭子」學習的能力時，它的表現就會更好，但我們增加它的「紅蘿蔔」能力卻沒什麼改變。

我們從電腦模型得到的資料，和從受試者獲得的資料一樣：當你需要處理**複雜**的問題，知道自己的思路什麼時候出錯很重要。舉例來說，假如你解這道謎題的時候，是想把左上角的兩條黑色曲線連結到上排中間圖案的三條黑色曲線（你可能會猜規則是「旋轉 90 度再加一條線」），你的想法就出錯了。在這道謎題裡，直線和橫線分別有不同的規則——假如你看到直線跟橫線相關，你就是被誤導了！

老實說，解決問題的能力只跟鞭子學習法相關，我最初發現這件事情的時候不太高興。從科學的觀點來看，我深信我們的各種思考、感受和行為方式既有優點有也缺點；但是，紅蘿蔔學習法（這是我認同的學習方法）跟解決問題的能力無關，

但「不要在樓梯上騎三輪車」卻有關，我在心裡覺得這樣不太對。不過，我大腦導航系統裡那個外向、樂觀、想尋找快樂勝過避免失落的騎士，在這裡忘了幾個重點。

首先，各種趨吉避凶的選擇發生在潛意識裡，或者至少在難以用言語描述的層級裡。所以，不管你是否樂觀，或者認為自己對獎勵或懲罰更敏感，跟你靠紅蘿蔔或鞭子來學習不一定相關。

另外，紅蘿蔔學習者通常可以**更快**、更精準地學到好東西要去哪裡找。紅蘿蔔式的學習法非常強大，記住，絕大多數透過強化學習的 AI **只用**紅蘿蔔式學習法。

但有個事實跟本書的精神相符：只靠紅蘿蔔學習會有顯著的代價，其中之一在疫情期間就格外明顯——當你只有壞選項可以選，紅蘿蔔式學習者**就慘了**。事實上，正因為傾向追求好事，不好的選項他們就不會知道太多。換句話說，假如想在殭屍末日或傳染病大流行中活命，你的團隊裡必須有一位鞭子學習者。沒辦法，就是得這樣。*

但更重要的來了：在許多情況下，紅蘿蔔和鞭子兩種學習系統會導向同樣的行為，因此，紅蘿蔔和鞭子學習者往往殊途同歸，雖然過程被完全不同的經驗驅動，但最後都會選出最有可能帶來好結果的行為。

這一章前半的主旨是，日常生活中有許多決定靠的是自動、直覺的決策過程，這些過程絕大多數都建立在酬賞之上。不管**你**大腦裡的那匹馬想要避開壞事，或者更想要追求好事，

只要沒有騎士來控制牠，牠就只知道去尋找酬賞。

好在你那匹馬有騎士，關鍵的問題因此變成這個：假如我跟你說明**大多數人**在大庭廣眾面前高歌碧昂絲會落得什麼下場，我能不能讓你避免一次羞愧到無地自容的慘痛經驗？白紙黑字的資訊最起碼要能補充人生經驗的不足，假如連這個功用都做不到，那我何必花上**幾千個**小時來寫這本書、教研究生呢？這個問題又把我們帶回最初的議題：「知」與「行」之間關係是什麼，**為什麼**「知道」只佔作戰的一半？若要討論完整，我們必須把整場戰役的情況講完，談談你大腦裡的騎士怎麼利用**他**知道的事情，來影響你在現實生活中的思想、感受和行為方式。

騎士式導航：透過有意識的回憶來引導決定

我們總算要來看看你的騎士怎麼找到方向，畢竟他不只負責決定你要去哪裡，還得決定你該戴什麼樣的帽子抵達目的地。你認知的「導航」最有可能是這一種，因為你的騎士在導航時會用你的意識覺察：意識覺察位於光鮮亮麗的前額葉皮質裡，在這個控制中心裡，會根據你對「怎麼做才會更好」的具

---

* 只要講到鞭子學習者，我首先會想到我的朋友克莉絲蒂（Kristy）。她有一次真的救了我一命：要不是她大聲尖叫，我就會在路上被車撞死。那時我一心只想著要過馬路去買冰淇淋，完全沒注意到我生命有危險。我保證是真人真事。

體想法，讓你的目標成形。但這些想法是怎麼形成的？我們又要怎麼透過這些想法，讓你大腦裡的馬知道一心只追求冰淇淋會有危險？

我在這本書裡不斷穿插一個概念：語言是非常強大的工具。人類使用語言，就能遵照別人給的指示，一舉跳過許多演化而來的古老、慢速學習系統。瑪雅・安吉羅叫我們要「做得更好」，語言會讓人**想要**試著做得更好，就算你現在看到的文字是在說明哪些障礙讓你大腦裡那匹馬那麼難騎。

但若要弄懂語言會**怎麼**指引行為，我們得先看看這位假想騎士的馬鞍袋裡有哪些導航用的工具。袋子裡裝了各種**可以**用語言來描述的知識——陳述性記憶（declarative memory）。舉例來說，我知道章魚有八隻觸手，而且只要洞比牠的嘴巴大就有辦法鑽進去；在某些極端的情況下，成熟的水母可以把自己變回幼體；美國的第一任總統是華盛頓；二加二等於四。這些「冷知識」屬於陳述性記憶的其中一個類別——**語言記憶**（semantic memory）。語言記憶像是許多彼此交互連結的維基百科條目一樣，交織形成一個知識網，你大腦裡的騎士看到路上的情況後，就會利用這個知識網，有意識地思考接下來應該要怎麼做。這個知識網裡有你可以「點擊」的連結項目，其中包括你知道的詞彙的意思，讓你可以用這些詞彙來向別人描述事情。

但是，知識還有其他**更豐富**的形式，不只影響我們怎麼回答冷知識猜謎而已，還會形塑我們對自己處境的認知。舉例來

說，在我的大腦裡，「美國第一任總統是華盛頓」和「水母有可能永生不死」這兩件事情完全不一樣。這是因為我記得我學到水母那項知識的那一個時刻：那一次去水族館已經是十幾年前的事，大多數細節都漸漸忘記了，但我還清楚記得那一刻我在看什麼（水母在一個圓柱形水箱裡游來游去）、想什麼（永生不老），還有我的繼母問了一個笨問題後，我有什麼感受（困惑，然後覺得好笑）。這種具體、脈絡豐富的陳述性記憶稱作**情節記憶**（episodic memory）。

在你的意識覺察裡，情節記憶像是在心裡的時光旅行，把你帶回當初那個經驗的時間和地點，而且是用你大腦內騎士第一人稱的觀點來看。這種記憶有如一連串短片，每段短片都記錄著《你的每時每刻》這部好戲的精采片段。[*]播放這些短片時，你會在你的檔案資料夾裡尋找，這些檔案會有各種引人注目的標題，像是「初吻」、「水母問題」、「樓梯上的三輪車事件」等等。

你可以這樣想像：人生每一次碰到岔路時，騎士都可以翻閱馬鞍袋裡的陳述性記憶，看看裡面有沒有資訊可以幫他決定接下來要怎麼做。他翻開語言記憶，看到記憶裡有項目和周遭某些東西的樣貌相符：這些東西是做什麼用的？吃下去的

---

[*] 當然，真正的情節記憶會有觸覺、嗅覺、情緒等相關資訊，這些沒辦法用錄影記錄下來。假如我們的科技有辦法把這些資訊跟著記憶一起記錄在大腦以外的媒介，你能想像這有多麼不得了嗎？

話，血糖會增加嗎？它們是不是前面路況的線索？同時，騎士還會從情節記憶資料庫裡找出類似事件的記憶：我有沒有來過這裡，或是做過類似的事情？如果有，那次經驗有沒有東西可以套用到現在這個新情況？但是，你得先有辦法在龐大無比的神經元資料庫裡**找到**相關的資訊，才能讓過去所學的知識對接下來的決策有幫助。在下一節裡，我們會討論搜尋是怎麼進行的，以及搜尋出錯的時候會發生什麼事。

有什麼進去，有什麼出來：記憶編碼（encoding）和提取（retrieval）

你現在正要進入旅程的下一個階段，手伸進裝滿各種知識的馬鞍袋裡，看看能不能找出一些資訊來幫你決定接下來要怎麼做。但是，你有沒有過**這種經驗**：你想要記起一個名字，可能是一個人、喜歡的一間餐廳，或是一首歌，你覺得嘴巴快要唸出來了——但就是說不出來。這就像是你的手指碰到馬鞍袋裡的東西，但就是抓不到。「我知道名字在這個檔案櫃裡，」我祖母有一次在講故事的時候，想不起角色的名字，就說名字的第一個字母是 M。在她直覺的認知裡，她知道這個名字的**拼法**，跟名字儲存在她大腦裡的位置有關。好消息是，這種話到嘴邊但說不出來的「舌尖現象」（tip-of-the-tongue）[8]我們多多少少都有碰過，而且這是記憶提取過程裡正常＊的附加現象。壞消息是，這個現象會隨著年齡增長而越來越嚴重，[9]受到壓

力時也會變嚴重。假如你上了年紀，或者碰到壓力，或者上了年紀又有壓力，你就親身知道**記得事情**是「作戰的另一半」。

那麼，我們能不能從「舌尖現象」的事件，看出記憶是怎麼整理的？在〈適應〉一章裡，我用在沙灘走路當譬喻，描述我們的經驗會改變幾百萬粒「沙子」的位置，因此改變我們的大腦。這個譬喻暗示了一個生理現象：所有的記憶起初都大同小異。[†]語言記憶和情節記憶的組成方式，基本上都是神經元之間一再改變的連結交織而成。

不過，大腦如果要喚起這兩種記憶，它必須重現跟當時經驗相關的神經活動，但能還原多少就不一定了。在剛開始的時候，我們回溯過往的還原度很高，這表示我很久以前**可能**在情節記憶裡還記得我是怎麼知道華盛頓的。舉例來說，在我很小的時候，每次去看我叔叔佩西（Percy），他都會給我一張一美元紙鈔。[‡]我幾乎可以肯定，他有跟我說過紙鈔上的人是華盛頓，然後華盛頓是第一任總統，但那時我根本連「總統」是什麼都沒概念。不過，往後我每次看到一元紙鈔，這一段記憶就

---

* 這當然和大部分的現象一樣，正常（或不正常）都有一定的範圍。要注意的是，會出現「舌尖現象」的詞彙通常是專有名詞，不是像「咖啡杯」、「遙控器」這種日常物品普通名詞。老年容易出現的失智症有許多種形式，假如這種普通名詞的提取出了問題，有可能是某些種類失智症的症狀。

† 「大同小異」的意思如下：遍布大腦各處的神經元會有相互協調的啟動模式，心智經驗與這些啟動模式相符。確切的神經網絡會因為想法的性質，和注意力的集中度而異，但一言以蔽之，這些差異並沒有太分明。

‡ 我當時跟他說我要存錢買一匹馬，但我花了三十年才做到這件事。

會稍稍加強一些。後來上了小學，我相信我一定有學過極簡版的人物故事，知道華盛頓是誰、在美國歷史的地位是什麼。但時間蝕去了這些情節的樣貌，原本的路徑也被新記憶的軌跡蓋掉，種種細節漸漸消逝，現在剩下的一片知識，是許多跟華盛頓相關的「路徑」重疊起來的交會點。

為了理解這一切的運作方式，我們先從導航的角度來複習一些學習和神經網絡的原則。首先要記得，大多數有意識的心智經驗，與大腦各處神經元協調同步的啟動相符，每個神經元分別負責處理該項經驗的某個特定面向。再以前面醫生告知血糖過高的模擬情境為例，此時你右腦*後方某一區的神經元可能會注意醫生的臉，把相關的資訊送到顳葉和頂葉一帶，讓你試著用他的表情去逆推出他可能在想什麼。†同時，你的左腦顳葉可能會處理醫生剛剛說的話，試著弄懂每個字的意思。除此之外，還有許許多多我們還沒談過的大腦部位，像是恐懼時會啟動的杏仁核（amygdala）。

如果你還有印象，根據赫比學習法的說法，神經元一起發動，就會一起牽動。因此，這次看醫生的經驗會導致相關神經元的連結變得更強。這些神經元假如以後有一部份又啟動了（像是你下次看到醫生的臉，或是聽到「糖尿病」這幾個字），其他的神經元可能也會連帶一起啟動，「引發」大腦突然再次提取這一段記憶。大腦內會有這樣的效應，不禁讓我想到一些耐心遠比我強的高手製造出來的華麗骨牌圖案：有人推了第一個骨牌，第一個骨牌又會推倒其他的骨牌，沒多久就會

看到骨牌四處倒下，形成各種目不暇給的樣貌。‡兩個神經元一起發動，就像是把兩張骨牌放得更近一些。等你弄到八百億張骨牌，這個模型就跟大腦提取記憶的方式相當接近了。

當然，記憶的形成和提取過程遠比這個複雜。還記得〈調和的學問〉和〈保持同步〉兩章裡，我們談論大腦的設計時，一直提到腦內通訊有很多「雜音」嗎？當時有一件事情沒有說：由於大腦裡面有各種雜音，有時候某個神經元會在沒有外部事件觸發之下，就自行隨機發動，就像是你擺出一大堆骨牌，但有隻老鼠到處亂跑，把你的骨牌隨便移來挪去，甚至還推倒一些。當然，在大腦的骨牌效應裡，每張骨牌都可能會連結到成千上萬其他的骨牌。

除此之外還要記得一件事：每一次新的經驗，會導致骨牌之間的距離（也就是神經元之間的連結強度）發生變化。記憶會透過兩種過程來改變：衰退（decay）和干擾（interference）。有時候，原本會一起發動和牽動的兩個神經元不再一起發動，此時它們之間的連結就會變弱，由衰退造成的遺忘因此發生。這種遺忘行為有可能只是讓某段記憶的細節模糊不清，有時候則會把記憶完全抹除，取決於有多少骨牌不見、骨牌的

---

* 這裡假設你有最典型的大腦側向性⋯⋯

† 〈連結〉一章會再詳談這些重要的社交過程。

‡ 如果你想看個有趣又跟大腦複雜度差不多的影片，[10]不妨到YouTube搜尋Hevesh5的影片「1,000,000 Dominoes Falling is Oddly SATISFYING」（看一百萬塊骨牌倒下真的好療癒）。

位置在哪裡，以及其他相鄰的骨牌距離多遠。這也有可能導致「舌尖現象」：你的大腦彷彿熟練地推倒了上面寫著 M 的骨牌，但在它把整個圖案提取出來之前，骨牌效應就中斷了。

干擾則是指兩個原本會一起發動的神經元，在發動的時候同時還牽動別的神經元。這種效應有如在成串的骨牌裡將兩張骨排並肩立起來，接下來分別會帶往不同的結果。假如這種事情發生很多次，下游又產生複雜的連帶效應，你在新的記憶裡可能會看不到原始記憶的樣貌。現實生活中一個很好的例子，是回想自己把車子停在哪裡，特別是像大賣場等經常會開車過去停放的地方：你可能經歷過幾十次非常相似的事件，每次的記憶編碼只差在幾個微小的細節而已，如果只要提取某一次特定事件的樣貌，有可能會變得**極其困難**！

衰退和干擾會一起作用，影響你記憶的成形。情節和語言記憶都有可能被這些機制改造，但情節記憶更容易受影響。由於日常生活中有許多事件（像是在大賣場停車）的細節高度重複，情節記憶因此容易受到干擾。假如你要回想某一次特定的事件，像是把車子停在哪裡，或是上個星期四穿了哪件衣服，在重啟記憶的過程中，必須把相關的人、事、物綁定在某個特定的時間和地點。

這就是語言記憶和情節記憶的一個關鍵差異。假如你要再次塑造出一套神經活動模式，[11]而且其中情境相關的細節必須足以讓你辨別某一次特定的情節，就必須仰賴大腦裡一個非常特定的部位：海馬迴。我們在〈緒論〉裡首次碰到這個海馬

形的部位，也許你還記得，*倫敦計程車司機背了幾萬份地圖後，這個部位的形狀會改變。任何保有你**第一人稱觀點**的記憶，在編碼和提取的過程裡一定有海馬迴的參與。由於海馬迴在人類和其他脊椎動物裡負責空間定位和導航，[12]它兼具這個作用也不意外。在 Google 地圖發明以前的漫漫演化長路裡，你如果想要學會在空間裡找到方向，就得**親身**到處移動，把周遭各種細節的變化記下來，才能學會怎麼從甲地移動到乙地。

　　定位導航能力的關鍵之一，是海馬迴裡的**位置細胞**（place cell），[13]這種細胞顧名思義，負責**追蹤記錄**你在當下環境裡的位置。但除此之外，根據現今探討海馬迴與記憶的理論，位置細胞還有更廣泛的作用，以我們的經驗為根據畫出**意義地圖**（meaning maps）。[14]以下簡單說明這個過程：人類（還有某些動物）在某個空間裡行動一段時間，獲得這方面的經驗後，就能把許多個別的經驗「串在一起」，在心裡形成一幅地圖。之後，他們可以在心裡把自我拿掉，從只看各種事物和自己的關係、**自我中心**（egocentric）觀點，轉變成鳥瞰式、以各種事物之間相對位置為主的**他物中心**（allocentric）觀點。假如你可以摸黑從臥室走到廁所再走回臥室，而且一路上不會撞到任何家具，你頭腦裡可能有一幅相當精確的地圖描

---

* 　如果不記得也沒關係，這完全正常。你從讀到這件事到現在已經過了很久了，而且這只是一個很小的細節。你讀這本書，一路下來還學到很多其他新資訊！

繪出這些空間的樣貌，以及各個空間之間的相對位置。*

接下來的事情就更有趣了——至少我覺得如此。計程車司機會根據自己的經驗，在腦中建立各種地標相對位置的地圖；

自我中心觀點

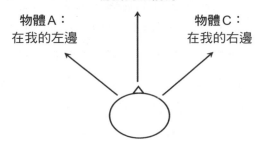

物體B：
在我的正前方

物體A：
在我的左邊

物體C：
在我的右邊

他物中心觀點

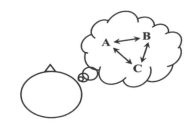

同理，你的大腦也會建立地圖，記下你經歷的人、事、地之間的關係。

　　我們就用一個小遊戲來說明這件事。下面會列出幾個英文單詞，請你說出你讀到之後，腦中第一個出現的單詞。

dog（狗），＿＿＿＿＿；salt（鹽），＿＿＿＿＿；
doctor（醫生），＿＿＿＿＿；coffee（咖啡），＿＿＿＿＿

　　有一個資料庫收集了超過六千名英語人士的回應，[15]同樣使用以上幾個單詞進行像這樣的「自由聯想測驗」；根據資料庫的數據來看，你的回答最有可能是cat（貓，67%）、pepper（胡椒，70%）、nurse（護士，38%）和tea（茶，44%）。

　　為什麼一個字可以讓那麼多人有相同的反應？或者，假如你的回答跟一般人不一樣，你也許會想知道這代表你的大腦有哪些不同之處。簡單來說，除非你做了什麼奇怪的事（像是沒有說出腦中第一個浮現的單詞，而是想著要怎麼回答比較**有創意**），否則你腦中第一個出現的單詞應該是你的意義空間（meaning space）裡，跟題目連結最多的單詞。[†]狗和貓、胡椒

＊　如果你跟我一樣常常摸黑從臥室走到廁所，你大腦裡的馬式導航也可能依靠程式性記憶帶你走過去。我可以在半睡半醒間這樣走，所以我可能是這種情形。

†　下一節會再談到這些空間結構在每個人身上的差異。

和鹽、醫生和護士、咖啡和茶──**為什麼**這些單詞會靠在一起呢？假如你花一點時間想一想，你會發現一件事：這些是你在相似的情境裡會遇到的東西，它們有時候會一起出現，像是吃飯時會有胡椒和鹽，或者醫療機構裡會有醫生和護士；有時候是兩者出現其一，像是寵物可能是貓或是狗，或者早餐的時候固定喝茶或咖啡，雖然是兩者出現其一，但**功能**大致上一樣。假如在你的意義空間裡，這些概念存放在相同的地方，它們在《你的每時每刻》這齣好戲裡就有著類似的作用。

但根據查蘭·藍甘納斯和莫琳·里奇（Maureen Ritchey）提出的記憶模型，海迴馬會製造出**好幾種**不同的地圖，[16]每一種都有根本的差異，其組織方式取決於海馬迴和大腦其他部位的連結。藍甘納斯和里奇回顧記憶相關的研究文獻時，認為記憶相關的行為被兩種機制控管，這兩種機制背後的動力分別是海馬迴裡不同的部位。其中一個部位負責記錄熟悉的人和物、這些人和物的特徵，以及這些人和物彼此的關係；另一個部位負責理解情境，其中的資訊可能包括空間（像是會在家裡發生的事）、時間（像是會在早上發生的事），和綜合空間與時間資訊後，更複雜的事件架構（像是區別早上會在家裡發生的事，與晚上會在家裡發生的事）。米拉登·索馬茲（Mladen Sormaz）等人最近的實驗呼應了這個想法：他們發現，受試者記住語言或空間資訊的能力，[17]和他們的海馬迴與大腦其他部位的連結模式相關。

索馬茲等人先找來一百三十六名受試者，請他們在功能

MRI機器裡放空腦袋，從中收集到他們在沒有做事情時的功能性MRI資料。但是，他們的做法跟我們用EEG資料不一樣：我們在做EEG研究時，會看受試者的大腦有多少部位用某個特定頻率溝通，而他們則是測量受試者在機器裡神遊時，大腦各個部位啟動與休止的動態。他們推測，大腦兩個不同部位的動靜變化，會反映出它們彼此同步的程度，而這又與兩個部位在各種不同的情境下互相牽動的頻率相關。得到了連結模式的資料後，他們再讓受試者在機器外接受記憶相關的行為測驗，然後拿測驗的表現對照他們在MRI機器裡的資料。

研究團隊報告了好幾項發現，*其中一項特別值得注意：大腦內有一種連線模式，可以準確區別擅長記住東西「是什麼」的人，和擅長記住東西「在哪裡」的人。這個模式事關海馬迴的兩半，和左側顳葉與頂葉交接處某一個區域的側向性連結，此部位經常與詞彙意義的提取相關。更精確來說，左側顳葉與頂葉這個部位和海馬迴左側連結比較強的人，在語言記憶任務的表現較好，但在空間記憶（或稱地形記憶）任務的表現較差；同一部位與海馬迴右側連結較強的人，各項任務的表現則正好相反，他們的空間記憶任務表現較好，但語言任務的表現較差。我們透過這項發現可以推測，大腦內「記住東西在哪

---

* 這裡值得一提，研究人員描述了好幾種海馬迴連結模式與記憶的關聯，但礙於篇幅限制，在這裡只能講其中一種！

裡」跟「辨認這是什麼東西」兩種能力可能互有競爭，*當你大腦裡的騎士想要尋找某個東西時，海馬迴會幫助**重啟**跟這兩種記憶相關的神經元啟動模式，而這種競爭的現象可能跟海馬迴在這方面的作用相關。

　　我希望你跟我一樣，覺得這件事有意思，但這一節開頭提到的問題還沒解決。為什麼**人名或地名**會那麼難記呢？到目前為止，你已經學到不少跟儲存和提取記憶有關的知識，而這個問題的答案會把這一切全部串連起來。簡單來說，「舌尖現象」大多牽涉到專有名詞，而在你的記憶空間裡，專有名詞座落在一處像是三不管的地帶裡，介於情節記憶和語言記憶之間。平均來說，你碰到像「賈絲敏」、「林哥」（Ringo）、「西雅圖」、「星光出口」（Twilight Exit）†等特定專有名詞的頻率，遠比「女兒」、「狗」、「城市」、「酒吧」等普通名詞來得少。因此，除非這些專有名詞指的是你非常熟悉的人、地、物，否則在你的大腦裡，這些名詞和它們指涉的對象之間**不會**有一條常用的連結路徑，因此讓它們更難被找到。再來，我們還要考慮干擾的問題。在你的資料庫裡，有多少人名和特定面孔綁定在一起？你認識多少個叫「凱倫」的人？除此之外，很多專有名詞的背後不一定有某個道理可循。「蘋果」和「橘子」分別有特定、可預測的特徵，也通常會出現在類似的情境裡，但在你的大腦裡，各個「凱倫」和「莎拉」的面孔就沒有可預測的特徵了。‡以上種種因素全部加在一起後，也難怪大腦碰到某些專有名詞時，相關的神經元啟動模式可能只能提取

一部分而已。在下一節裡，我們會把焦點轉到一些沒那麼難以提取的事情：你的大腦會根據各種事物跟**你自己的**關係來畫出意義地圖，這是下一節要深入探究的內容。

「知」的神經科學：大腦裡的意義地圖

大腦會用它的意義地圖來指引我們的日常生活，而在過去十五年裡，馬歇爾・賈斯特（Marcel Just）等人進行的「讀心」實驗大幅促長了我們對意義地圖**結構**的認知。我在二〇〇五年到卡內基美隆大學接受賈斯特的指導，這一方面精采萬分的研究才正要起步。賈斯特合作的對象包括電腦科學家湯姆・米契爾（Tom Mitchell）、我的朋友斯維特拉娜・辛卡瑞娃（Svetalana Shinkareva）、羅伯・麥森（Rob Mason），以及其他出色的研究人員。他們的研究試圖理解我們思想的**物理結**

---

* 我和安德烈分別屬於這兩類。我辨別事物的記憶非常好，詞彙量不算差，而且尤其擅長記住的面孔（但我超級不會記人名）。我們看電視的時候，有時我會認得節目裡有一個演員，在十年前我們一起看的另一個節目裡扮演某個小角色。相較之下，安德烈的時間和空間記憶強到超乎想像。「你有看到我的眼鏡嗎？」我可能會這樣問他，然後他就是有辦法搜尋他的視覺記憶，提取出他看到眼鏡玩捉迷藏的事件。「你還記得我們的活存帳戶是什麼時候開的嗎？」我可能還會這樣問他（因為我知道他有這方面的超能力）。「這個嘛，我記得應該是二〇〇七年的四月或五月。」我可沒說過我的能力比安德烈的更有用喔……

† 譯註：西雅圖的一間酒吧。

‡ 除非你打算打電話給你的上司……

構，我雖然沒有直接參與這些研究計畫，但光是在他們身邊，就足以讓我看到這一切有多麼複雜。

一言以蔽之，主要的問題在於我們分析功能性MRI資料時，通常只是為了看大腦某個特定部位是否跟團隊想要研究的功能有關。舉例來說，如果想要觀察某功能X底下的神經運作，我們就會測量大腦某部位A的神經元啟動模式，看看功能X運作的時候，部位A整體的活動是否會增加（在理想的狀況下，會拿某個已知的功能Y當作控制組）。測完部位A後，我們就會一個接著一個測量部位B、部位C、部位D等等。全部做完以後，就會得到一張大腦部位圖，指出功能X比功能Y活動量更多的部位，接著再看功能X和功能Y的差異，藉此推敲這些大腦部位可能在做哪些事情。舉例來說，跟讀到無意義的虛構單詞（像blicket）相比，當受試者讀到真正的單詞（像drill）時，大腦活動量比較大的部位可能負責提取相關的語言資訊。

但問題是，這種分析不夠敏銳，無法區別語言知識結構相關的細微差異，像是我們想到「鐵鎚」（hammer）和「鑽頭」（drill）時有什麼差別。其中一個原因是我們測量的大腦部位的**大小**。在實務上，功能性神經造影研究通常把大腦分成最小一立方毫米的單位，大約跟削尖的鉛筆筆尖一樣大。這樣看起來好像很小，但當這麼小的區塊發出訊號時，總共會有超過五十萬個神經元發動。因此，就像是在偷聽一個社區在聊什麼，但裡面有幾十萬個人在講八卦。在傳統的分析裡，我們只在意

社區整體的音量是否變大，但在神經語意學研究裡，我們的目標是要找出神經元何時會改變話題。在任一特定的社區裡，單一神經元碰到「鐵鎚」和「鑽頭」可能分別會有不同的反應，但假如反應有差異的神經元**數量**不夠多，傳統的分析方式就偵測不到變化。*

　　若要解決這個問題，我們要先知道一個重要事實：語言知識不會只在一個社區裡。如果我們想知道社區 A 裡是否有一群神經元對「鑽頭」和「鐵鎚」的反應不一樣，得先知道它們會跟誰說話。這表示我們得設法測量社區 B、社區 C、社區 D 等等的啟動模式，看看受試者看到鑽頭或鐵鎚時會有什麼變化。二〇〇一年時，詹姆士・哈斯比（James Haxby）等人開發出多像素型態分析（multivoxel pattern analysis）[18]的技術來做到這件事，賈斯特等人便運用這種技術，試圖釐清人類大腦組織意義的方式。

　　這個團隊進行了許多神經語意學研究，在辛卡瑞娃的帶領下，第一項實驗讓受試者看十張不同的線條圖，[19]其中五張是工具（鐵鎚、鑽頭、螺絲起子、鉗子、鋸子），另外五張則是住所（平房、公寓、城堡、茅屋、冰屋）。在受試者躺進機器之前，研究人員先讓他們看過這些圖案，並且練習在大腦裡思考每個物體的特性，藉此訓練他們在看到圖案的時候，一定會

＊　當然，你接下來要受試者拿這些真實或虛構的單詞做什麼事情，也會影響大腦思考的內容──但這裡先暫且略過。

動用到相關的知識網絡：用手觸碰或拿起這個物體會是什麼感覺？你會用它來做什麼事？你會在哪裡看到它？受試者躺進機器後，每個圖案會各出現六次，但沒有一定順序，研究人員同時記錄他們的大腦啟動模式。

　　研究團隊的目標是從受試者的大腦啟動模式，來判別受試者當下在想什麼物件。假如猜不到受試者看到哪個圖案，是否有辦法至少猜出受試者想的是工具或是住所？辛卡瑞娃等人想要透過受試者的大腦啟動模式對他們施展「讀心術」，因此結合了神經科學的研究方法和電腦的功能。他們使用**機器學習**的技術（這指的是跟人類一樣、透過實例來學習的演算法），將大腦啟動模式的資料輸入一種叫「分類器」（classifier）的演算法。分類器的作用是在獲得資料後，學會怎麼辨別這筆資料屬於哪一個類別。舉例來說，受試者看到鐵鎚後，研究人員記下了大腦裡一百個部位的動態資料，再將這些資料輸入電腦，並且標記為「鐵鎚」。接下來，電腦可能會再收到一百筆跟鑽頭有關的資料，並且知道這些資料標記為「鑽頭」。訓練資料集越來越大，分類器就能漸漸學會怎麼辨認這一百個[*]部位的資料，知道哪一種啟動模式跟哪一個圖案相關。演算法的學習能力非常強大：研究人員輸入了五十個大腦啟動模式的資料集（十個圖案，每個圖案看了五次）以後，再輸入一組它沒看過的資料，看它能不能猜出這筆資料是什麼。在效果最好的受試者身上，它猜出受試者想什麼物體的準確率高達94%；在效果最差的受試者身上，準確率則接近60%。等一下會再回來談談

這一差異可能代表什麼。

用受試者**自己的**大腦資料，來偵測受試者當下在想什麼，這還不夠神奇，辛卡瑞娃等人接下來還更進一步，證明用**其他**受試者的資料來訓練分類器後，仍然可以猜出某一位受試者在想什麼。這本書讀到這裡，你大概猜到這種分類器的效果平均而言沒那麼好。†這很合理，因為每個人對鐵鎚和鑽頭的經驗都不一樣，所以用某個人自己的資料來訓練分類器，分類器才能更掌握這個人的觀點。即使有這樣的差異，這種用別人的資料來操作的方法也適用於大多數受試者。事實上，辛卡瑞娃等人用其他受試者的資料，就能猜到75%的受試者在想什麼。這當然會帶出一個問題：剩下25%的人有什麼不一樣？整體來看，研究結果看到每個人的大腦在組織語意資訊時，既有共同之處，也有不一樣的地方。

在這次開創性的研究之後，賈斯特等人又進行了幾十次研究，探討人類大腦怎麼組織意義。舉例來說，有一次實驗研究了六十種具象物體引發的大腦啟動模式，[20]除了工具和住所之外，還增加了食物、動物、交通工具等類別。接著，他們再根據大腦啟動模式的相似之處，將這些物體再分類一次，從中

---

* 這個數字只是舉例而已。這次實驗做了許多不同的分析，大腦啟動的部位數量在每個項目中都不同。

† 效果最好的分類器，準確率大約有80%。但有一件事值得留意：在兩位受試者身上，分類器用別人的資料反而比用他們自己的資料更有效！

推得大腦在表徵物體相關的資訊時，會用以下三條組織原則：一、我能不能吃它，或者它跟吃東西有沒有關係？*二、我能不能把它拿在手裡，或者用手去弄它？三、我能不能進去它裡面，或是用它來當遮蔽物？

語言知識可能源自我們情節記憶的共同之處，只要記住這一點，這些組織原則就很合理。這些原則也能說明，為什麼**你的**大腦活動模式可以用來判別**我**在想什麼：以芹菜為例，我跟你可能對它有不同的經驗，但我們都認為它跟吃或料理有關。還能更進一步說，我們都不會用拿鉛筆的方式來拿芹菜，也不會用吃整根玉米的方式來吃芹菜。†但是，不管是用自己的資料，或是別人的資料，有些人的想法不容易分類，這個現象又要怎麼用這些原則來說明呢？

有一個重點需要留意：分類器能否辨別不同的想法，要看這些想法在每個人大腦裡的神經表徵有多**分明**，而分明的程度取決於每個人對這些物體的經驗。‡舉例來說，假如拿我跟一個不喝茶和咖啡的人相比，由於我們的經驗不同，「咖啡」和「茶」這兩個概念在我的大腦裡的分別**一定**更仔細：這兩種飲料通常都有咖啡因、通常都是咖啡色、通常裝在有把手的杯子裡，看似好像可以互相替換，但對**我**來說，我看到的差異是義大利vs.英國、早上vs.下午、熱飲vs.冷飲、健康時喝vs.生病時喝。由此可以推論，假如跟這個虛構的「不喝含咖啡因飲料的人」相比，分類器看了我的大腦資料後，應該更有可能辨別**我**什麼時候在想咖啡，什麼時候在想茶。你也許還會猜測（而

且還猜對了），我看到「咖啡」這個單詞時，首先聯想到的概念不是「茶」。§我們能不能從你對各種事物的聯想，逆推這些聯想是怎麼被你的經驗塑造出來的呢？¶

在〈適應〉一章裡，我們談過經驗會怎麼塑造語意關聯，而且影響有時非常嚴重——像是把黑人臉孔連結到武器。二〇一七年時，賈斯特的團隊發表了一篇論文，說明了經驗另一種影響意義地圖的方式，令人不寒而慄。[21]這項研究找來兩個受試者群體，其中一群自認有自殺的想法，另一群則否。**研究團隊這次的目標，是測量受試者看到各種單詞後的大腦啟動模式，再看看分類器能不能辨認出**在想這些想法的人**有什麼樣的特質。但受試者這次看到的不是工具、住所或其他具象的物體，而是各種負面（像是死亡、失落、絕望）或正面（像是幸福、無憂無慮、親切）的抽象概念。出乎意料的是，分類器只根據這些抽象概念產生的大腦啟動模式，判別對象是否來自有自殺傾向群體的準確率高達91%。兩群受試者的大腦啟動模

---

* 食器（像杯子）和受試者所屬主流文化裡經常食用的動物（像牛），啟動模式看起來更接近食物（像紅蘿蔔），而不是其他跟「吃」無關的工具或動物。

† 但如果你真的是這種怪人，我們一定可以當好朋友。

‡ 還有大腦內的噪音有多少，以及測量數值的差異有多大——不過這裡先暫時略過。

§ 有8%的人看到「咖啡」會想到「咖啡因」，我是其中一位。

¶ 注意：這樣的逆推是用你大腦裡的騎士去推導出一個完全被馬控制的過程。

** 無自殺想法的受試者是指，經評估後，在進行實驗時沒有精神疾患，過去也沒有自殺傾向。

式，對於正面和負面的詞彙，都**同樣表現出**明顯的差異。當想到死亡、殘酷、問題、無憂無慮、美好、讚美等概念時，兩組人的差異最為顯著。

這項實驗帶來不少啟示。若用事不關己、純科學的立場來看，有一件事需要留意：我們在經驗當下的**感受**也會影響記憶的組織方式。但若用更人性、不批判的眼光來看，我們不禁要想一想——一個有自殺傾向的人，即使想到「好」的概念，其大腦活動模式都足以讓一臺**電腦**分辨出他和精神狀態較健康的人不一樣，這樣看來，他對這個世界的**經驗**又會有多麼巨大的差異？另外，姑且不談更複雜的概念，如果個人經驗的差異足以讓最根本的概念在每個人的大腦裡形成截然不同的樣貌，我們又怎麼有辦法互相調整和連結呢？*我希望神經科學家和臨床醫學專家能一起處理這些問題，幫助全世界超過二億六千四百萬名受憂鬱症所苦的人。†

但我們已經知道治療憂鬱症有一個困難之處：在任何經驗裡，當下的情緒狀態也會影響我們留意或關注的事情，而且不管把焦點放在哪裡，我們在儲存記憶時都會把注意到的事情放大。這樣看來，這個層面不只會影響大腦儲存概念時有多分明，還會影響大腦把這些概念儲存在**哪裡**。凱薩琳・阿弗列德（Katherine Alfred）等人在二〇二一年發表一篇熱騰騰的研究，正好就說明了這個情況——每個人注意力的根本差異，[22]會影響大腦建構意義表徵的方式。

阿弗列德的團隊為了這項研究，開發了一個巧妙的測

驗方式，來觀察受試者更會留意語言資訊還是視覺資訊。在測驗中，他們讓受試者看一系列像撲克牌的黑白提示，每一張紙牌上畫了一個撲克牌常見的花色圖案：心形、梅形、桃形。但紙牌上沒有標數字，而是在圖案的上方或下方印出「心」（heart）、「梅」（club）、「桃」（spade）的**單詞**，‡只是有時候會出現一張圖文不符的「陷阱牌」，像是在桃形上方寫「心」。研究人員沒有事先告訴受試者測驗裡會有陷阱牌，也沒有說這些牌應該要怎麼分類。受試者看到視覺和語言資訊相互抵觸時，必須從中擇一，研究人員希望藉由這個方式看看每位受試者傾向注重哪方面的資訊。

從受試者的表現來看，幾乎每個人都有一定的偏好，在語言和視覺資訊之間偏重其中一項：在分類陷阱牌時，有些人幾乎只看上面印的單詞，有些則主要用圖案來分類。研究人員統計了每位受試者分類五十張陷阱牌的方式，將「用單詞分類」的次數減去「用圖案分類」的次數，最後算出一個+50到-50之間的「單詞偏差值」。

接下來，研究人員想看注意力偏差是否會影響大腦對具

---

* 這是最後一章的主題！

† 這是世界衛生組織提供的數據，而且還只是全球疫情爆發前的人數！

‡ 我完全不知道這項測驗為什麼會省略「方塊形」，但有可能是因為 diamond 一詞遠比其他幾個單詞長，因此更有可能「吸引」受試者的注意力。研究人員在設計測驗時非常細心，針對可能會影響注意力的層面進行控制，像是在每次測驗裡移動單詞或圖案的相對位置，避免資訊出現的位置影響注意力。

體物體的意義表徵。他們請受試者看六十種物體的單詞或圖案，同時記錄他們的大腦活動，然後使用一種叫做**探照燈法**（searchlight method）的方式來看語言資訊在每位受試者大腦的表徵方式。探照燈法是多像素型態分析的一種變體，可以想像成結合每次只看大腦裡一個部位的傳統神經造影法，和同時看大腦各個部位活動模式的多像素型態分析。「探照燈法」一如其名，做法是先界定需要搜尋的空間，再搜尋這個空間內相鄰大腦部位的啟動模式。這種做法通常用來看探照燈位置改變時，分類的準確度會怎麼變化。

但阿弗列德等人還更進一步，他們想看**人與人之間**是否有差異：能否從每個人注意力的偏差，看出他們用不同的方式去組織對各種物體的想法？研究人員使用探照燈法，逐一檢視大腦各個部位，把每位受試者對圖案或文字的偏好，連結到大腦針對六十種物體之間的關聯性所組成的**意義地圖**。[*]他們的發現相當驚人：如果比較注重文字的受試者和注重圖案的受試者是怎麼組織意義地圖的，可從大腦裡的三個部位看出根本的差異。其中一個部位是左側顳葉與頂葉交接處，如前文所述，這個部位與海馬迴的連結可以用來分辨擅長記得東西「是什麼」的人，跟擅長記得東西「在哪裡」的人。研究發現，自認偏好利用語言資料的人，這個部位的活動較多。

換句話說，[†]我們可以從這些研究推敲出以下這件事：較為注重語言或語意資訊的人，在左腦一個一般認為和語言相關的部位裡，會有更清晰、更明確的意義地圖。同時，他們海馬

迴左側和左腦的語言區有更強的連結，因此更容易根據儲存在這裡的意義地圖，來**提取**或重啟各種概念。至於比較注重情境畫面和圖像的人，存放在這些部位裡的表徵就沒那麼明確，海馬迴與左腦的連結也沒那麼強，因此他們較難用單詞來提取語意概念。也許這就是為什麼有些人在思考的時候**不會**「自言自語」，但又有些人覺得很難在腦中想像出畫面來——我們的大腦會偏好使用最有效率的方式，來形成外在世界的表徵。

總結來說，各種跟記憶編碼、儲存和提取相關的程序，會影響大腦裡的騎士怎麼定位和導航。你「知道」的東西能不能用來讓你「做得更好」，取決於你能不能在適當的時機裡**提取**這個記憶，並且用這個知識來指引你。

但是，那些跟現實生活決策無關的各種「冷知識」又要怎麼解釋呢？我平日的工作是探索大腦運作的基礎‡科學議題，此間我發現我對於「知」的看法和提利昂‧蘭尼斯特（Tyrion Lannister）比較像。§他的看法和瑪雅‧安吉羅不同：「我就是

---

* 我在這裡把相關的分析簡化一些，免得你不想知道太多細節卻又得耗費時間和腦力。假如你真的有興趣，我建議你去讀一下他們的研究論文，論文裡說明他們怎麼用一個複雜的演算法，去計算實驗裡各種物體（用單字和圖案呈現給受試者）之間的語意差距。

† 接在上一句後面，這當然是雙關語。

‡ 我在這裡講「基礎」兩個字好像會讓人以為我故意瞧不起人，但在科學界，「基礎」兩個字指的是我們研究各種事情運作的根本機制，有別於臨床或應用方面的議題。

§ 《冰與火之歌》的角色，我最想一起出去鬼混的虛構人物當中，他是其中之一。

這樣。我喝酒，我知道東西。」他這樣一說，我心裡就覺得舒坦一些，因為只為知而知，足矣。在下一章裡，你會看到**為什麼**有些人覺得學到新知是一件好事，即使這些知識不太可能讓我們把事情**做得**更好。但在此之前，我們先統整一下各種「馬」與「騎士」的控制機制怎麼利用所學的知識來導航。

小結：馬和騎士分別以獨特的方式「邊活邊學」，合力引導你的一生

我希望你讀完這一章後，更能理解「知」與「行」之間的關係。知道**真的**只有「作戰的一半」嗎？如果是這樣，當你學到有可能改進行為方式的事情後，是什麼東西讓你無法改變呢？我們先前曾提過一件事，此時需要你記住：你的大腦有許多不同的「知」的**方式**。另外，〈適應〉一章曾稍稍提到，自動、靠直覺的馬式導航有可能跟有意識、明確目標和理念的騎士型行為模式互相抵觸。當這種情況發生時，就跟爭搶注意力一樣，馬和騎士也會互相競爭。至於你的決定是被馬主導、被騎士主導，或者是雙方一起引導，取決於這兩種程序在你大腦裡的相對強度。騎士往往可以利用他提取出來的資訊讓馬轉向，但騎士也比馬更容易疲倦。

不過，有一件事情之前沒有提過：經過**練習**以後，原本必須費力、依靠騎士的導航方式有可能變成自動進行的馬式行為。還記得你當初怎麼學開車的嗎？大多數的人不會把自己的

孩子丟進駕駛座裡，然後跟他說：「開去有冰淇淋的地方，路上自己想辦法不要撞死。」我們會給孩子一連串清楚明白的指示：「調整後照鏡和座椅，手放在方向盤兩點鐘和十點鐘的位置，變換車道前記得看後照鏡，還要轉頭看看鏡子照不到的盲點。」大腦裡的騎士一口氣要記這麼多資訊太困難了，所以我們（或者比我們更勇敢的人）會坐在孩子旁邊，在他忘了什麼事情的時候提醒他，但自始至終，大家都得練習一番才有辦法把車開好。這些事項原本都透過語言指示來編碼，但最後會變得非常熟練，使得你的自動控制系統可以不必再「逐項檢查」，就能帶著你在車流中穿梭。你大腦裡的馬**可以**學會新把戲，每當牠學到新一招時，就會在腦中形成一套新的連結，將行為和酬賞連在一起。假如你有動力想要改變什麼，但你的馬不肯聽話，請記住這件事：多練習也許無法讓你做得完美無缺，但最起碼可以讓你做起來不用那麼費力。*

在這一章裡，我們還看到馬和騎士控制系統**內部**也因人而異。你學習的時候靠紅蘿蔔、鞭子，還是兩者都會用？哪一種情況會讓你大腦學到更多：是結果比預期差，還是結果比預期好？假如你知道你的大腦偏好哪一種學習方式，當你想做一件複雜的事情時，這一項資訊能不能幫你確定有沒有走錯路呢？

最後，我們還看到大腦內的騎士有哪些導航輔助工具——

---

* 但也要留意：騎士對於壓力和疲勞等事情非常敏感，因為這類型的控制系統需要消耗大腦極高的能量。

也就是馬鞍袋裡裝的東西，裡面裝了各種繁複的記憶片段，全部加起來便是《你的每時每刻》這齣好戲，另外還有透過一再重複的經驗得到的種種大道理和冷知識。你集中注意力的方式，會怎麼跟你的人生經驗交互作用，進而形塑你大腦裡的意義地圖？當你的騎士再次伸進馬鞍袋裡，想要拿出可以幫他決定下一步怎麼走的記憶時，這樣形成的連結又會怎麼影響騎士提取出來的記憶？

　　既然我們已經一起探索過各種不同「知」的方式怎麼影響我們的行為，我還要再提醒你一件讓情況變得沒那麼單純的事情：有時候，就算某項資訊幾乎不可能改變我們日後的行為方式（像是知道章魚可以擠進比自己還小的洞裡），我們還是會**喜歡**吸收這種資訊。為什麼會這樣呢？下一章會談談大腦面對未知時會有哪些反應方式，以及為什麼有些大腦更有「為知而知」的動力。

第七章

探索

好奇心與威脅怎麼較勁，來塑造知識邊緣的行為

「水母的**意義**是什麼？」

我自認這輩子被問過不少不知道怎麼回答的問題，但都比不上這一個。還好，被問的人是常駐家中的海洋生物專家賈絲敏，**不是**我。提問的人是我的繼母琳達（Linda），她是我認識的成年人當中最愛玩又最愛冒險的人之一。提問的時間是我們有次去西雅圖水族館玩，賈絲敏在那裡工作過好幾年，這次她來當我們的私人導覽——而且她導覽得真好。雖然她到高中才真正開始研究海洋生物學，但自從她第一次在水裡睜開眼睛後，就一直對海洋世界深深著迷，到了青春期時已經像是一個裝滿滿的PEZ糖果匣玩偶，每次碰到海洋生物就會丟出各種「你知道嗎？」。

在琳達問問題的那一刻，我的思緒完全在神遊，剛剛學

到的水母新知還在我的頭腦裡打滾。上一章曾稍稍提過，我不久前才知道有些水母可以[1]從成熟的樣態（像一隻長腳的雨傘，正式名稱叫「水母型」〔medusa〕），變成不能移動的水螅型——但水螅型通常是牠們生命周期**初始**的樣貌。

什麼啊？

想像一下，假如一隻雞受傷或找不到食物，就會**變回**一顆蛋一陣子，這會是什麼情況——然後把這個畫面變成一隻無脊椎生物！光是**想到**這種事情有可能發生，就已經完全違背我自以為對生物的認知了。此時我的眼睛被這些水母型生物的動作催眠，但腦袋還在想辦法認清這個事實：或許其中有一隻可以永生不死。

當「水母的**意義**是什麼？」這句話傳到我的鼓膜時，我老早陷入「永生不死」的泥沼裡，所以幾乎沒辦法**理解**這個問題。琳達的頭腦在另一種思索狀態中，讓她說出那樣的話，對我來說卻是完全出乎意料，竟然讓我的思緒突然受到衝擊，頓時徹底困惑不解。這就像是看到我那位鄰居在遛羊一樣困惑，然後再乘上一千倍。她的問題非常**務實**，但由於實在太出乎意料，我們這團裡三位學科學的人都完全被問倒了。

我現在還是**根本不知道**要怎麼回答琳達的問題，但我知道這個故事的**意義**是什麼：當人碰到一項新資訊或一個意外情況時，每個人思考、感受和行為表現的方式都不一樣，而且對有些人來說，當我們推估這項新資訊在現實世界中有什麼用處時，我們的反應有可能會和我們的推測交互作用。賈絲敏位於

其中一個極端：她年幼時對海洋動物深深著迷，這成為她人生中一股巨大的動力。她十幾歲第一次當志工的時候就是去西雅圖水族館，如今她在美國國家海洋暨大氣總署工作，幫助制訂全球漁業規範，她對海洋生物的好奇心自始至終塑造了她的一生；琳達則在另一個極端上，若要說她有什麼專長，大概就是「玩」！正因如此，琳達這一生充滿各種冒險，也有許多有趣的奇聞軼事。我則是和歌手吉米・巴菲特（Jimmy Buffett）一樣，*落在她們這兩個極端的中間，想著**當一隻水母**好不好玩。

你可能覺得難以想像，但你「探索」的方式，和你用來在這個世界裡「導航」的腦中地圖，兩者之間的關係有點像是水母的生命周期。我現在還**記得**水母可以把自己的生命周期倒過來，但那次去水族館學到的其他「你知道嗎？」全被我忘得一乾二淨，這就印證了神經科學家在實驗室裡觀察到的事：「好奇」這種大腦狀態，既會比「學習」更早出現，也會促進「學習」。簡單來說，當一個人的大腦想要吸收呈現在面前的資訊時，他的主觀感受就是「好奇」。因此，不論情況為何，當你越感到好奇，你的大腦就越準備好**記住**接下來發生的事。

---

* 撇開我喜歡聽人用各種歐洲腔講話，吉米・巴菲特〈給腦袋剔牙〉（Mental Floss）的歌詞有些深深打動我。譯註：〈給腦袋剔牙〉的歌詞如下：「我想當隻水母／因為水母不用付房租／牠們不會走路，不會講／做作的歐洲腔調……」（I'd like to be a jellyfish／'Cause jellyfish don't pay rent／They don't walk and they don't talk／With some Euro-trash accent）。

一顆渴求資訊的大腦，會促使你探索未知的世界，我們甚至可以在新生兒身上觀察到這種行為。我的朋友兼前同事凱西・路卡（Kelsey Lucca）研究了嬰兒和幼童自發性用手指指東西的行為，[2]她在研究中一再觀察到這件事。凱西和共同研究人員證實，當一個十八個月大的嬰兒*指著一個新東西時，假如你這時說出這個東西叫什麼，他事後更有可能**記得**這個東西的名字。他們在實驗室證實這件事的時候，將這種情況與另外兩種情形比較：一種是嬰兒沒有指著東西的時候（因此似乎對這個新玩意沒興趣），研究人員說出這個東西的名稱；另一種是嬰兒指著一個東西，但研究人員說出**另一個**東西的名稱。跟「告訴嬰兒感興趣的東西的正確名稱」相比，在上述兩種情況下，嬰兒較不會記得東西的名稱。這個結果顯示，嬰兒的大腦發展出**用手指指東西**這個聰明的工具，讓它在還沒學會用語言表達之前，就已經先有辦法問問題了。一個人可以把好奇心指向單一**特定**的目標，而且會因為這股好奇心促成他學習——除了嬰兒會這樣之外，實驗證實成人也有這種現象。在研究這個現象時，一種常見的實驗方式是採用特別設計的問答遊戲。在實驗中，受試者會看到一系列的問題，這些問題的作用是讓各種不同興趣的人都能產生好奇心：導演昆汀・塔倫提諾（Quentin Tarantino）最喜歡哪一部電影？哪一種樂器是為了模仿人聲而發明出來的？麥可・喬丹（Michael Jordan）跟芝加哥公牛隊（Chicago Bulls）拿下幾次NBA總冠軍？歌手巨星馬龍（Post Malone）†身上有幾個刺青？受試者看完每個問

題後，需要填寫自己對於說出正確答案多有**信心**，以及想知道正確答案的**好奇心**有多少。接下來，在大部分的情況下，他們會得到正確的答案，‡並在實驗最後再接受一次隨堂小考。這些成年受試者跟用手指東西的嬰兒一樣：他們越感到好奇的項目，就越有可能**記住**答案。

這當然會讓人想問：到底**為什麼**有些人會想知道巨星馬龍有幾個刺青，但又有另外一些人想知道麥可·喬丹和公牛隊贏過幾次總冠軍？問與答的循環此時就有如水母生命一樣無止境。根據馬提亞斯·葛魯伯（Matthias Gruber）和前指導教授查蘭·藍甘納斯§最近開發出來的「預測、評量、好奇、探索」（Prediction, Appraisal, Curiosity, Exploration，PACE）架構，在任一情況下，你有多少好奇心取決於你對外在環境的**既有認**

---

* 相較之下，在十二個月大的嬰兒指著東西的時候告訴他們名稱，就沒有這種效果。

† 除了巨星馬龍本人以外，我不知道這個問題的正確答案還有誰會知道，因為我提這個問題只是為了刺激你的好奇心而已——但其他幾個問題倒是真的有在實驗裡用過。根據實驗資料（所以假如昆汀·塔倫提諾最喜歡的電影變了，請不要揍我），前面三個問題的答案是：《大逃殺》（*Battle Royale*）、小提琴、六次總冠軍。

‡ 本章後面會再深入探討這些實驗的設計細節，以及這樣設計的理由。

§ 你沒有看錯：這是你第三次看到查蘭·藍甘納斯，而且他還會再出現。我這本書的收入應該留一部分給他，因為他的研究對這本書實在太重要了！我在讀研究所的時候，加州大學戴維斯分校不久前才聘他為助理教授，我當時有幸接受他的指導，他非常聰明又風趣，完全就像是個會研究好奇心的人。

知。[3]簡單來說，假如你**以為**你知道某件事情，*結果卻出乎你的意料，或者發現你的認知有漏洞（這是一種心理衝突的狀態，亦即你需要知道更多資訊，才能在當下的情境裡決定要怎麼做），†你的好奇心就會被激發出來。

我們就拿最近流行的迷因當例子：「你覺得今天過得很糟嗎？[4]這隻毛被剃光的駱馬絕對比你慘！」我相信大多數看過這個迷因的人覺得最有趣的地方，是駱馬那個看起來火大又搞笑的表情，或是牠全身的毛被剃光，讓牠的頭看起來像一株蒲公英一樣；但是，**我**看到這個迷因覺得最奇特的地方是，我相當確定那不是一隻駱馬，而是一隻羊駝。這個差異讓我感到好奇，於是我上網搜尋一下，確認了我前幾年在地方市集裡學到的知識沒有錯，這兩種動物的差異我認得。這又帶我進到另一個好奇心的無底洞裡，我因此學到這兩種動物是否容易馴化：駱馬比較像狗、更為親人，但羊駝比較像貓、相對獨立。但**這兩種**動物看起來都一樣搞笑——駱馬是因為耳朵和鼻子又長又蠢，羊駝是因為臉部又胖又圓。我的知識資料庫增加了，因此**不論是**駱馬**或**羊駝相關的迷因，日後都更有可能引起我注意。

在「想」和「知」不斷的循環之下，我們可能每一天都覺得更加好奇，也可能覺得更困惑。根據柏拉圖（Plato）的描述，他的老師蘇格拉底（Socrates）對求知的心態相當矛盾，我**相信**柏拉圖指的就是這個現象。很多人認為蘇格拉底是史上最有智慧的賢人之一，但他的名言是「我一無所知，也不認為自己知道什麼」。[5]但如果你和琳達一樣務實，**不太**想要「為知

而知」呢？你是不是就沒機會像蘇格拉底一樣「有智慧」呢？

讀到這裡，我想你應該已經知道我會說事情沒那麼簡單。你在這一章裡會看到，探索未知領域可能需要付出顯著的代價，輕則只是「浪費時間」，但嚴重的話，你可能會發現讓你身心受創的東西。

那麼，我們又**何必**探索新地方或新想法呢？

若要回答這個問題，我們得回到PACE架構和問／答循環，同時也要記得探索可能需要付出什麼代價、得到哪些利益。但在此之前，我們先做個小小的測驗，看看你「為知而知」的動力有多強。

你天生的好奇心有多強？

接下來深入探索每個人好奇心的差異，我想再回到古希臘哲學家上，先仿照亞里斯多德《形而上學》（*Metaphysics*）的開頭，推敲人類好奇心的**本質**是什麼。《形而上學》的第一句話是一個大膽的陳述：「求知為**所有人**之天性。」[6]不過我非常

---

* 研究人員會問受試者對於說出正確答案多有信心，就是要考量受試者的既有認知。本章後面會看到，當一個人感到驚訝或意外時，學習的動力可以跟單純感興趣一樣強，甚至還更強。

† 舉例來說，假如你在上面幾個問答題裡看到某個不認識的名字，你可能會想要上網搜尋一下，再決定對這個人是否感到好奇。（假如你不知道麥可·喬丹是誰，請不要跟我說！）

懷疑，他有這樣的想法，是不是因為他平常都跟某一類型的人鬼混。哲學家本來就會花**很多時間**在想東想西，畢竟這本來就是他們會做的事。我的叔叔布魯斯（Bruce）是在韋恩州立大學（Wayne State University）任教的哲學家，跟他邊喝酒邊閒聊一下，馬上就會讓人覺得自己跟蘇格拉底一樣「有智慧」！但是，我認識的其他人大多像琳達一樣，好奇心比較務實又有選擇性。

人類思索的方式有哪些差異？專長是人格特質的心理學家研究這個問題後，得到的結論和前一段相似。他們的研究多半請受試者自行回答關於好奇心的問題，由此發現每個人「天生」的好奇程度其實不一樣。每個人在做不同的事情時，好奇心本來就會隨之起伏，這個現象稱作**好奇狀態**（curiosity state）；但是，如果拿很多時間點和情境來比較，**人與人**之間也有相對恆定的差異，這個現象稱作**好奇特質**（curiosity trait）。更複雜的還在後頭──好奇特質可以分為兩個不同但相關的面向：獲得新知的欲望，即**認知好奇心**（epistemic curiosity），和透過感官獲得新體驗的欲望，即**感知好奇心**（perceptual curiosity）。這一章主要談的是認知好奇心，只因為這一方面的神經科學研究較多。

那麼，我們就來看看你天生有多好奇。下面是我從一些好奇心量表借來的問題。[7]跟〈調和的學問〉裡的問卷一樣，請你讀完每一項陳述後，想一想這句能不能準確描述你的**平均**

狀態，除非句子有特別指定某個時間，像是「現在」。為求一致，我使用跟〈調和的學問〉一樣的評分系統。

好奇心量表

-3	-2	-1	0	1	2	3
非常 不貼切	相當 不貼切	有點 不貼切	普通	有點 貼切	相當 貼切	非常 貼切

一、新點子會激發我的想像力。

二、我喜歡把東西拆開來，看看它們是怎麼運作的。

三、我喜歡學習不熟悉的新知識。

四、我現在覺得有問題想問。

五、我會特別注意新的情境。

六、如果有個新想法會帶出更多新想法，我會覺得興奮。

七、我在打量此時正在發生什麼事。

八、我樂於思考互相矛盾的想法。

九、我喜歡知道複雜的機械是怎麼運作的。

十、我覺得全心投入現在正在做的事情。

十一、我喜歡解謎。

十二、我喜歡針對我不懂的事情提問。

每一項陳述都跟好奇心的某一個層面有關。平均而言，你同意的陳述越多，你**整體**的好奇心就越強。如果要更精確一些，把陳述一、三、六、八的分數加起來再除以四，就會得到**認知好奇心**的平均分數，假如你沒有算錯，這個數值應該介於-3（在這一方面完全不好奇）和+3（認知好奇心非常強）之間；接著，再把陳述二、五、九、十一的分數加起來再除以四，這個是**感知好奇心**的平均分數，和上面一樣，數值越接近+3表示感知好奇心越強，反之亦然；最後，陳述四、七、十測量的是當下的**好奇狀態**，*由於只有三題，這次請把分數加起來再除以三。

　　所以，你有多好奇呢？

　　這些人格特徵的數據呈常態分布，所以我預期現實中大多數人每一項的分數會在-1到+1之間。但是，如果你有做這個量表，這表示你不僅拿起這本談論大腦運作方式的書，甚至還快要把它整本讀完了（至少我希望是這樣）。我也許有偏見，不過如果你不是那種好奇、想知道各種事物怎麼運作的人，你八成**不會**拿起這本書來看！但在我講太多超出討論範圍的話之前，我們先來談談天生有好奇心的人的大腦。就我們目前所知，假如我掃描你的腦袋，你覺得我能不能判別你對這本書有沒有興趣呢？

如果好奇心是雞，懂知識是蛋，
是雞生蛋還是蛋生雞？

　　如果你好奇想知道「充滿好奇心的大腦」長什麼樣子，不妨看看這顆非凡的大腦，它的主人曾經宣稱：「我沒有任何特殊才能，[8] 我只是有顆狂熱的好奇心。」這顆大腦的主人叫愛因斯坦（Albert Einstein），至於他是不是真的「沒有任何特殊才能」就很難說了。

　　不管愛因斯坦這樣說自己到底準不準確，他的大腦在他過世後有人拍照[9]和測量過，神經人類學家狄恩·佛克（Dean Falk）等人也在一系列的學術論文裡詳加分析。你大概猜得出來，從許多方面來看，這顆大腦都相當非凡，其中包括閃閃發亮的前額葉皮質，在這個負責「目標導向」思考的部位裡，不論左邊或右邊都有顯著的增生。†

　　但問題來了：愛因斯坦是**因為**大腦奇特才有顆狂熱的好奇心，還是他一輩子狂熱的好奇心讓他累積了大量的知識，導致

---

*　測量你對「好奇心」有多好奇，這完全是一種「後設好奇心」的行為。如果你還多花了一點腦力，發現我沒有說陳述十二屬於哪一類，那表示你的好奇狀態非常高！事實上，陳述十二通常被歸類為認知好奇心，但我覺得這要看你問的是什麼樣的問題。舉例來說，如果你看到一個鐘擺在擺動，而且還動手操控它，此時你提的問題很可能跟感知好奇心有關！

†　更精確來說，一般人的額葉有三個腦迴（gyrus），但愛因斯坦有**四個**。這實在太狂了，他的大腦皺摺迴繞多到看起來像是在餅乾上噴了一大坨的液態乳酪。

他有顆奇特的大腦？*換句話說，愛因斯坦的大腦是不是誇大版的倫敦計程車司機大腦？如果是這樣，那他可能需要付出哪些代價？艾莉諾‧馬奎爾研究計程車司機時，可以利用科技進行縱貫性研究，但我們沒辦法這樣測量愛因斯坦的大腦變化，所以很難把各種因素分開來看。

用神經科學的方式看每個人好奇心的差異，目前還是一個全新的研究領域，可惜的是，這個領域還是擺脫不了上述的限制。雖然如此，跟研究一個死人的大腦比起來，這個新興的研究領域還是有一些優點。首先，這方面的研究真的會去**測量**好幾百名受試者的好奇特質，也會運用現代的腦造影技術，在測量受試者好奇心的時候，同時探索這些人的大腦特性。如此一來，研究人員可以有系統地探究「天生好奇」的人的大腦有哪些特徵。研究的結果全部跟一個重要的事實有關：好奇特質的個人差異不能歸到大腦任一特定的部位裡。愛因斯坦右腦的手結很大，我們可以由此推斷他的左手很靈巧；†但是好奇心跟這不同，因為大腦裡沒有一個「好奇結」。一個人天生有沒有好奇心，跟他大腦**同步**的程度相關。

雅許萬蒂‧瓦吉（Ashvanti Valji）在她的博士論文裡，簡要地統整了這一方面的研究。[11]瓦吉想知道認知和感知好奇心跟大腦內特定的高速白質通道有什麼樣的關聯，她關注的其中一個通道叫做下縱束（inferior longitudinal fasciculus，ILF）。下縱束是一大束白質神經元，連結大腦後方的視覺區和前顳葉（anterior temporal lobe，ATL）——顧名思義，這個部位在顳

葉的前方。

　　前額葉負責哪些功能，學界至今仍然在爭論，[12]但許多人認為它是大腦內的一個集散中心，[13]各種跟某個特定東西相關的資訊會送到這裡拼湊在一起。我們就拿咖啡杯當例子好了——這個東西負責盛裝上天賜予的瓊漿。〈導航〉一章曾經提過，像「咖啡杯」這種物體的表徵會四散在大腦各處，因為懂得靠**視覺**辨認出咖啡杯的神經元，跟知道怎麼**使用**咖啡杯的神經元距離很遙遠：你的手要放在哪裡，咖啡又要裝在哪裡呢？除此之外，這些神經元又跟各種運動相關的神經元距離很遠，但運動神經元才能做出各種跟咖啡杯有關的動作——倒咖啡、伸手拿杯子、用手握住杯子、把杯子舉起來靠嘴巴等等。運動神經元又跟知道「咖啡杯」這個語言標籤的神經元分散在大腦不同的地方；除此之外，還有其他的神經元負責辨認你用耳朵聽到的「咖啡杯」這幾個字，或者負責辨認印刷出來的文字，又或者負責讓你說出這幾個字。光是一個咖啡杯，就有這麼多相關的知識分散在大腦好幾個不同的部位裡！

　　大腦視覺區的資料若要傳送到前額葉的知覺中心，必須

---

*　用一個死人的大腦形狀去推敲這個人活著的時候是怎麼運作的，當然非常困難。他的大腦結構差異也有可能只是讓他的大腦有辦法進行不同的計算，因而和他的好奇心與智慧只有間接的關係。

†　這個冷知識有時候會被當作愛因斯坦慣用左手的證據；但是，替他立傳的人都堅稱他用右手寫字。他倒是會拉小提琴，我們用現代腦造影技術觀察技藝精湛的小提琴家，[10]發現他們大腦裡跟左手相關的感官和運動表徵也會增大。

透過下縱束這條資訊高速公路。瓦吉想要測量下縱束的組成方式，因此使用一種叫作**擴散成像**（diffusion imaging）的技術，掃描五十一名身體健全的年輕成人。擴散成像會追蹤水分子在大腦內的擴散動態，[14] 研究人員再用這個資訊來推論大腦各個部位有多少白質神經元，以及資訊傳送的方向。簡單來說，白質神經元的外部覆蓋了一層水分子難以穿過的脂質，因此卡在白質通道裡的水分子容易順著資訊傳輸的方向移動，不太可能跟資訊傳輸的方向垂直。基於種種原因，水分子的動態比神經元的方向更容易測量。

瓦吉觀測到最強的相關性，是認知好奇心的特質程度，和下縱束在大腦兩半的組成方式。[15] 她的研究結果顯示，跟缺乏認知好奇心的人相比，認知好奇心較強的人下縱束內的擴散性也較低（水分子的動態比較受限）。這項發現可能反映出下縱束的兩種差異：一、好奇心較強的人，其視覺區和前顳葉之間的白質神經元數量**較多**；二、在這些人的下縱束裡，白質神經元的組織方式更平行。換句話說，在「天生」缺乏好奇心的人裡，可能只是資訊高速公路沿路的出口比較多。皮質內有兩種資料處理中心，一種負責辨認眼見之物體，另一種負責整合視覺資訊和其他所有相關知識，兩者之間以資訊高速公路相連，不論我們用上述哪一種解釋方式，從功能層面來看，好奇心比較強的人在這條高速公路上的流量都會更高。

換言之，從研究結果來看，天生好奇心強的人，其意義地圖也更同步。另外研究結果也顯示，一個人想要探索新的想

法，背後的動力不會只來自大腦內單一特定的部位，好奇心強的大腦，協調的能力似乎也更強，更能將散布腦四處的知識整合起來，就像是把記憶圖裡的骨牌靠得更近：只要推倒一個，就更有可能連結到各種其他的想法。

但我們光是知道這件事，還是無法回答這個問題：到底是神經協調性更高**導致**好奇心更強，還是一個人四處探索的過程**使得**「冷知識」資料庫更大，因而提高神經協調性？這一方面的研究有一個限制：科學家測量的是靜態的好奇心「特質」，並且將這些數據連結到其他**相對***穩定不變的大腦連結能力指標。若要更深入理解這個「雞生蛋／蛋生雞」的問題，我們得看看在大腦吸收新資訊的**當下**，思考（和神遊）的行為會怎麼形塑心智和大腦。

好奇心怎麼驅動學習？

抓住大腦正感到好奇的一瞬間並不容易。其他事情先不論，我們面對完全陌生的受試者，還得先想辦法弄出一個有可能激發他好奇心的情境。而且不要忘了，我們這樣做的時候，受試者不是坐在實驗室裡，就是靜止不動、躺在一個很吵的

---

*　我在這裡用「相對」兩個字，因為你已經知道大腦的連結能力是不斷在變動的。但瓦吉測量的白質數據跟下述的研究不一樣，因為好奇心即時的變動不會影響這些資料。

MRI機器裡面。但研究好奇心的神經科學家也夠聰明，因為他們開發出各種任務來做到這件事。

姜玟廷（Min Jeong Kang）等人最早用MRI掃描捕捉到好奇心的樣貌，他們使用的方式類似我在這一章開頭提到的問答遊戲。[16]首先，他們讓受試者躺在很吵的MRI機器裡，用鏡子照出問題，讓受試者躺在機器裡也能看得到。受試者讀了每個問題之後，要評估自己的好奇心和回答正確的信心有多少。在靜止片刻讓機器記錄大腦啟動的模式後，受試者會看到每一題的答案。研究人員比較受試者**最**好奇的題目，和他們不太好奇的題目後，發現大腦啟動的模式有固定的樣貌。在比較人與人之間的好奇心時，相關的連結差異散布大腦四處；但如果看的是同一個人在不同時刻的好奇心變化，相關的差異只會出現在**特定**的幾個部位裡，其中包括兩位老朋友：基底核，以及基底核的重要合作對象，也就是愛因斯坦大腦裡變得特別大的前額葉皮質。

這個研究結果能怎麼幫助我們解開這個雞與蛋的迴圈？一個人的好奇心暫時變動，只有基底核和前額葉皮質會有變化，但人與人之間相對恆定的好奇心差異程度會反映在大腦的許多地方裡。從這個現象來看，後者**更有可能**跟一個人四處探索後獲得的知識相關，而不是驅動他去探索新知的動力。

另外，技能訓練的研究常常發現，一個人在學習新技能時，皮質不同部位之間的連結會增加，這也呼應上一段的概念。舉例來說，瓦吉的實驗發現下縱束的白質神經元，和人與

人之間認知好奇心的差異程度相關；其他研究請年輕成人花六天學習摩斯密碼後，[17]也看到下縱束白質的頻寬**增加**。想像一下，一個人花了一輩子決定要不要探索新知後，好奇心的強弱對這裡的影響會有多大差異。

我們先回過來看看基底核在問答循環裡的作用。我最愛的大腦部位為什麼會在這裡玩問答遊戲呢？畢竟基底核是老早就演化出來的部位，當初會出現恐怕不是為了這個！* 若要知道基底核到底怎麼跟好奇心有關，我們就得像前顳葉一樣，把散布在這本書裡的各種知識連結在一起。首先，〈注意力〉一章談到基底核負責讓進入前額葉皮質的大量資訊有秩序：它會根據特定的脈絡或目標，把它認為重要的訊號「放大」，並把不重要的訊號「調小」。假如這樣做之後，前額葉皮質成功進行導航工作，而且結果比預期來得更好，此時多巴胺就會釋放出來，一如〈調和的學問〉和〈導航〉兩章描述的情況，進而促成大腦重新連線，讓你學會和記住你當初**做了什麼**才會得到好東西。† 但在你把「冷知識」網絡中跟基底核有關的項目連結到你的好奇心之前，我們還得找到最後一塊拼圖：多巴胺訊號會怎麼（以及在什麼時候）把我們再次導向這些好東西上。

我在〈調和的學問〉提到多巴胺時，曾經用一個假想的情況當例子：在新的社區裡隨便亂走，結果正好找到一間冰淇淋

---

* 如果爬蟲類會玩問答遊戲，一定只有非常**基礎**的內容。

† 當然，假如壞事發生，以上的作用則都相反。

店。但我想，除非你運氣比我好很多，不然現實生活不太可能是這個樣子。沒錯，假如你愛冒險、外向、時時刻刻都感到好奇，你可能有事沒事就會出門探索新地方，但除非你在做「銅板式散步」，不然我猜你選擇的路線不可能真的完全隨機。*你在探索的時候，很可能會先選擇到一個本來就想去的地方。接著，每到一個轉角要下決定的時候，你的大腦很可能會用各種**線索**，引導你決定往哪個方向轉。你大腦裡的馬可能會想：「我看到左邊有一些樹，我想親近大自然，所以我們就往那裡走。」或者，你可能有另一種心情：「我聽到右邊有車流聲，我想找找商店、吃的和喝的，或是其他人煙的跡象。我們往那裡走！」假如你的學習方式傾向依靠鞭子，你的大腦可能會想：「我聽到右邊有車流聲，但我想要安靜，我們往左走。」或者：「我看到左邊有一些樹，但我想到有人的地方——我們往右走！」無論如何，你的大腦會利用它面前的資料，來決定接下來要怎麼做。

有了第三個跟基底核有關的「冷知識」後，我們就看得出這樣的導航方式是怎麼運作的。多巴胺訊號會讓人覺得很好，但其實這種訊號**不只有**在我們碰到好事的時候才會出現。事實上，基底核會有策略地釋放多巴胺，並配合它們對於行動結果的認知，適時給你「推一把」或「拉一把」的暗示來帶領你找到人生中的好事（或是遠離不好的事）。如果用老鼠來做實驗，假如你每次給牠食物當酬賞之前都伴隨某種提示（像是亮燈或發出提示聲音），你會看到牠的多巴胺神經元對這些提示

的反應越來越強。到了最後，**大部分**多巴胺會在出現提示的時候釋放出來，[18] 而不是牠得到食物的時候。換句話說，牠們的大腦只要確定酬賞馬上就來，便會盡早開始慶祝。這就是為什麼響片訓練對寵物有用：當提示可以用來準確預測酬賞即將到來，提示本身就變成一種酬賞。

但這一切跟問答遊戲有什麼關係？把這三項基底核冷知識串在一起後，我們就能看到多巴胺是怎麼變成「學習過程中燃燒的燭心」[19] 的了。† 一個人**感到**好奇時，表示他的大腦已經透過計算，知道發現資訊的過程很可能會帶來酬賞；假如這個人偏好鞭子學習法，這表示他的大腦認為發現資訊的過程不太可能帶來比預期更差的結果。這個人在真實世界裡四處探索時，他的大腦會有策略地釋放多巴胺，把他帶到最有可能獲得酬賞的道路——這個酬賞有可能只是一項新資訊，也有可能是一間冰淇淋店。

不過在姜玟廷等人的問答實驗裡，受試者不需要走路去探索。受試者自評好奇心的程度後，很快就會看到每一題的答案。在這個不自然的實驗室環境裡，受試者只需要在那裡等，就能得到酬賞。在等待的時候，基底核就會先釋放多巴胺來慶祝，因為它知道它即將獲得知識上的酬賞。你大概已經猜到，

---

* 「銅板式散步」是指每次要轉彎的時候，用丟銅板的方式決定要往左轉或往右轉。但就算你真的用這麼隨機的方式散步，建議你先從一個覺得安全的地方開始！

† 這是姜玟廷等人那篇論文的標題，我喜歡這種有創意的標題！

這一股多巴胺促成大腦重新連線，因此受試者越想要知道問題的答案，也就越會記住這些答案。

但在現實生活裡，假如你不確定某種行為到底會不會帶來酬賞呢？探索未知的潛在風險又要怎麼處理呢？這就是下一節要說明的問題，我們會深究探索未知可能會帶來的利與弊。

不確定時的好奇心

姜玟廷等人開創性的好奇心研究發表時，許多研究人員就開始想：在現實生活中，好奇心和學習有著什麼樣的關係？不同的研究團隊分別用不同的方式修改問答實驗的流程，藉此了解基底核和前額葉皮質碰到較為複雜的學習情境時會怎麼反應。羅曼・林紐（Romain Ligneul）等人想知道「驚訝」會帶來什麼樣的反應，[20]他們的實驗和許多團隊一樣，都是以冷知識問答為主，但他們的問題全部跟電影有關！

在林紐等人的實驗裡，一開始腦造影的部分跟姜玟廷團隊的實驗差不多：受試者躺在機器裡讀了問題後，再評估自己對答案有多好奇。但這個實驗和真實生活一樣，不保證他們會得到答案。實驗的前半段像是丟銅板遊戲：受試者看到問題後，只有50%機率會知道答案，這是「高度驚訝」的情境；在此之後會有「低度驚訝」的情境，在每一題後都會提供答案。

那麼，高度好奇的大腦如果不確定會不會得到答案，看起來會是什麼樣子呢？林紐團隊的研究發現，前額葉皮質的活動

增加，但基底核靜止不動。基底核覺得這時慶祝還太早，一定要等到答案出現後，活動量才增加。這樣的話，受試者的學習方式會怎麼受影響呢？

研究人員在問答遊戲之後用隨堂小考測試受試者的記憶，發現他們記住電影冷知識答案的能力被兩種因素影響：除了受試者對問題的答案有多好奇以外，還有他們得到答案的時候有多驚訝。*透過這個轉折，研究人員得到新的證據，證實多巴胺分泌與基底核跟學習能力的關係：不論受試者對單一題目的好奇心有多強，跟第二個「低度驚訝」的情境相比，受試者較能記得住第一個「高度驚訝」情境下的答案。事實上，只有在實驗中第二個情境、每一題後都提供答案時，才能複製出姜玟廷團隊的研究結果，亦即受試者對答案的好奇程度可以預測他事後是否記得答案。當受試者無法確定會不會得到答案時，基底核不會有動靜，此時受試者的好奇程度就無法顯著預測他們的學習能力。神奇的是，他們更會記得「高度驚訝」情境下、他們不感到好奇的答案，而不是「低度驚訝」情境下、他們感到好奇的答案。

在學習東西的時候，為什麼**驚訝**比有沒有**感興趣**還有效？答案當然在基底核驅動的酬賞機制裡。前面曾經談過為什麼當一天的碧昂絲可能沒你想像的那麼好，當中提到一個重點：假

---

* 為了測量「驚訝」的效應，研究人員比較了「50%的題目有答案」的情境，和「每一題都有答案」的情境下的大腦啟動狀態。

如你本來就預期好東西會出現，當它出現時，基底核很快就會適應。它必須碰到好得**出乎意料**的事情才會真正開始動作，這可能是你本來完全沒有期待什麼，卻碰到一點點的好事，或者你本來預期會有好事發生，結果竟然比你預期的更好（或者也有可能沒有你原本預期的那麼糟）。*從基底核的觀點來看，驚奇之事即人生當中「**最寶貴的一課**」，不管你是從中學到以後應該做什麼（紅蘿蔔），或是不該做什麼（鞭子）。

這個實驗的結果再次證明了一件事：人類大腦覺得知識就是一種獎勵。一個人對問題的答案越感好奇，他也會期待獲得知識後感受到的酬賞越大。當他得到讓他「驚訝」的意外知識時，大腦的反應就像湊巧發現一間冰淇淋店一樣：不論是知識或冰淇淋店，這兩種情境都會讓大腦在確定會獲得資訊的第一時間釋放多巴胺，進而促成學習所需的迴路重新連線。

另一個實驗由共同提出PACE架構的馬提亞斯・葛魯伯、查蘭・藍甘納斯等人進行，這個實驗用另一種巧妙的方式改變問答的流程，藉此更進一步探討好奇心對學習能力的影響。[21]他們的實驗開頭跟傳統做法一樣，請受試者讀冷知識問題並指出自己有多好奇。但是，當受試者看完問題、等待答案出現時，研究人員會突然在畫面裡插入一張人臉的照片。研究人員用了一點巧思，確保受試者至少會**稍稍**留意這張照片：他們請受試者用按按鈕的方式，指出他們覺得照片裡的人知不知道問題的答案。†接著，在90%的時間裡答案會出現；但為了確保受試者不會放鬆，在其餘10%的時間裡，人臉照片後面會接

著出現一整串的 X，暗示這個人不知道答案。

這個實驗也帶有不確定性，但從他們的研究結果來看，「90%的時間答案會出現」就已經足以讓受試者的基底核提前開始慶祝。跟姜玟廷等人的實驗一樣，葛魯伯和藍甘納斯發現，在實驗的**提問**階段裡，好奇心的強度跟基底核和前額葉皮質活動量增加相關。另一個與預期相符的結果是，在最後隨堂小考時，受試者越感興趣的題目，答案也越有可能被記住。

但那些人臉呢？大腦本來期待獲得知識當作酬賞，中間卻突然看到一張人臉，這時會發生什麼事？葛魯伯等人的實驗最創新的貢獻之一，是設法觀察受試者在好奇的時候，是否也更容易記住「偶發」‡的資訊。為了確認這一點，他們還給受試者做了另一個隨堂小考：這個測驗會出現一連串的臉孔，其中包括一些之前沒出現過的人臉，受試者必須指出他們在實驗過程中看過哪些臉孔。

從實驗結果來看，受試者在感到好奇的答案之前看到的人臉，在最後的測驗裡也**更常**被他們指認出來；如果他們對答案

---

* 記住，外向的人格外如此，這讓我更想知道外向性格跟好奇心驅動的決策會有怎樣的交互作用！

† 就我所知，他們沒有分析受試者針對人臉的答覆。但在現實生活中，假如你覺得某個人應該知道答案，你應該會更注意他的臉才對。我也不知道這些臉孔有哪些特徵，或者受試者光看人臉就判斷他知不知道答案，當中是否潛藏了一些偏見。

‡ 在這裡故意把「偶發」兩個字放在引號裡，因為在現實生活中，記住一個可能有辦法回答你問題的人長什麼樣子，絕對不會是「偶然發生」的事！

沒那麼感興趣，人臉就不容易被他們認出來。這個結果顯示，受試者預期會獲得資訊酬賞時，提早釋放出來的多巴胺會打開一個學習的窗口，讓一些額外的資訊偷偷遛進去，相關的記憶也增強了！

但家長和老師請不要太狡滑，用這個原理設計出各種巧妙或奸詐的方式去逼人學習無聊的事情。我還得指出一件事：好奇心對受試者記住偶發出現人臉的**效應**，遠比記住冷知識答案來得小——這是他們本來就認為屬於酬賞的資訊。沒錯，這在統計上有顯著性，但從整體受試者的情形來看，在「好奇心高」和「好奇心低」兩種情況下，辨認人臉的差異只有4.2%；相較之下，受試者在這兩種情況下記住問題答案的平均差異高達16.5%。由好奇心驅動的學習會出現這樣的落差，其中一種解釋是基底核控制機制裡的訊號選路方式：基底核想要知道的是問題的答案，但它最後可能明白在答案出現之前，會出現跟答案無關又造成干擾的人臉提示，因此學會把這些無關緊要的訊號調小一些。

葛魯伯等人針對受試者在看到問題和看到人臉之間的時間延遲，測量受試者在「高度好奇」和「低度好奇」兩種情況下大腦提早啟動的變化，來看好奇心引發的學習窗口在不同人身上是否會在不同時間出現，打開的幅度是否也有差異。就我們目前討論過的內容來看，你可能已經猜到結果是什麼：大腦活動的**程度**和**方向**都因人而異，而且差異**非常大**。只有大約一半受試者的大腦活動方向，出現與群體平均值相符的差異，亦即

受試者對答案感到好奇時，在等待答案時基底核活動**會增加**。其他受試者在人臉出現之前，基底核的活動並沒有增加，有些人甚至還**減少**了。此一現象跟這個設想一致：在這些人身上，基底核會把和目的不相關的人臉訊號「調小」。至於那些基底核想要提早慶祝的受試者，偶發的人臉記憶增強效應也最強，有些人的記憶甚至增加了10%至15%，這個幅度和記住問題答案的進步幅度差不多。

當我們把好奇心影響學習能力的相關研究串接起來，會看到一個一致的現象：我們的大腦演化出基礎的強化學習機制，用來驅動我們找到好東西，這個機制也會驅動我們去尋找知識方面的酬賞。我們在探索時的學習效果有多強，事關大腦覺得某項知識的酬賞價值有多高，以及大腦原先預測會獲得新資訊的機率。不管你是在新的社區裡散步、玩機智搶答遊戲，或者在書店裡瀏覽架上的書，你在過程中感受到的好奇心，其實是你大腦有策略、一點一滴地釋放多巴胺，用這種帶來**美好感覺**的物質引導你到它覺得最有可能獲得好資訊的方向。但如果你要獲得這些資訊，必須奮力爬一個（真實或抽象的）陡坡呢？下一節會看看好奇心強的人會願意付出多少**代價**來換取資訊，從中看出多巴胺訊號的誘惑力到底有多強。

好奇的代價：你到底有多想要知道呢？

在二○二○年五月，強尼・劉（Johnny Lau）等人發表了

一篇關於好奇心的研究論文，其中包括堪稱是史上最狠的好奇心實驗，[22] 讓人看到「天生就有好奇心」的黑暗面。劉的論文摘要寫道：「好奇心往往被當作是一件好事，但有時候可能會把人帶進危險的情況，讓人付出不少代價。」

在現實世界裡，好奇心可能帶來的代價差異甚大。在最輕微的情況下，代價可能只是你白花時間去尋找資訊，假如你很容易就**落入**一直探索下去的無底洞，你可能就會花幾十個小時去看各種瑣碎的資料，像是羊駝、黑洞，或其他日常生活中幾乎不可能派上用場的資訊；再往上一個層級是社交方面的代價，這不僅更棘手，對許多人來說可能也更危險。舉例來說，你願不願意在別人面前問問題，背後影響的因素可能包括你對答案有多好奇，以及你有多擔心在大家面前丟臉——雖然大家都說「世界上沒有笨問題這種事」，但我們都知道，我們隨時都可能問出讓自己丟臉的問題；最危險的情況，好奇心可能會驅使人去嘗試毒品，或是做其他事情來尋求刺激。

劉等人為了探究好奇心給人帶來的**動力有多強**，用實驗測量受試者願意付出多少代價來獲得資訊。研究人員還動了一點巧思，把這種追求知識的動力放在更貼近現實生活的情境裡：他們逼受試者挨餓！研究人員要求參與實驗的人在進行腦造影前先空腹幾個小時，如此一來就能把**食物酬賞**當作一個基準，來比較**資訊酬賞**的作用。對漢堡感到飢渴，和對知識感到飢渴這兩種情況，哪種對大腦更有動力？

餓到不爽的受試者躺進掃描機的時候，會看到以下三種試

驗的其中一種。第一種就是前面提過的問答遊戲：受試者看到問題，評估自己對於知道正確答案多有信心，以及自己對這個問題有多好奇；第二種試驗就比較有趣了：受試者看到的不是冷知識問題，而是變魔術的影片！接下來的項目就跟冷知識問答類似：這個魔術是怎麼變出來的，你覺得你知道答案的信心有多高？你有多好奇想知道答案？在第三種試驗裡，受試者會看到各種食物的照片，接著被問道他們有多想要吃照片裡的食物。在解讀研究結果時，我們必須記住一件事：這裡問的不是像「你有多喜歡吃漢堡？」這種抽象的問題，研究人員是對著餓肚子的受試者，問他們**想不想**吃漢堡。另外，正如冷知識和魔術提問後，受試者有可能獲得知識酬賞，第三種試驗的受試者也被告知在實驗結束後，有可能真的獲得照片裡的食物。

接下來的事情就**相當**有趣了：受試者在評量自己有多麼想得到知識或食物後，就有機會實現自己所說的。更具體來說，研究人員會根據受試者願意付出多少代價去獲得他想得到的東西，來計算他的欲望強度。受試者在每次試驗結束後有兩種選擇：可能會受到電擊，但也有可能獲得試驗裡提到的酬賞；或者放棄這個機會。被電擊而非獲得酬賞的機率，最低為16.7%（六分之一的機率被電擊），最高為83.3%（六分之五的機率被電擊）。

受試者看到冷知識問題、魔術把戲或食物的照片後，接著會看到一個圓餅圖表示這次試驗被電擊和獲得酬賞的機率分別有多少，然後再被問這一次是否要賭。這裡還要再提一件事，

讓你知道受試者此時腦袋裡會想什麼:他們在躺進機器前,會先接受各種不同強度的電擊,來確定每個人疼痛的門檻在哪裡,目標是讓試驗中的電擊強到會讓人感到**不適**,但不至於太痛苦。*我覺得這一項資訊重要,是因為他們真的有接受過電擊,因此在下決定的時候更會有真實、切身冒風險的感覺。

我想以下的事實跟你預期的一樣:在大多數受試者身上,被電擊的機率**增加**時,他們想賭一把的意願就會**降低**。†但是,當他們自認想要獲得酬賞的**欲望**更高時,被電擊的意願也相應增加。更重要的是,不論酬賞是食物或資訊,受試者整體的回應模式非常相似。這算是相當強力的證據,說明我們求知的欲望源自一種更早就演化出來的學習機制。

接下來就是大哉問了:假如受試者願意為了了解魔術是怎麼變出來的,或是知道冷知識的答案,而願意接受電擊,他的腦袋裡到底在想什麼?為了找出答案,劉等人分別檢視了受試者不願意賭和願意賭上一把時的大腦啟動模式,把重心放在兩個關鍵點上。他們的發現印證了基底核用「推一把」或「拉一把」的方式來釋放多巴胺,讓受試者有動力尋求資訊酬賞,即使冒著需要付出真實代價的風險也一樣。當受試者最初看到試驗的項目時,如果基底核的活動微幅增加,最後會讓受試者願意冒險。在這種情況下,他們的基底核告訴他們接下來可能會有好事——以此印證他們的大腦會評估因探索而得到酬賞的機率有多高。但是,到了真正要下決定的時候,研究人員才看到更明顯、更全面的基底核活動差異。當受試者明白看到真實的

代價，必須決定接下來該**怎麼做**的時候，誘惑力最強的是基底核的訊號。

可是我還沒講完！研究團隊之後進行探索式資料分析時，決定再問一個重要的問題：「基底核在跟誰說話？」他們測量了基底核和大腦所有其他部位之間的同步模式，發現了一件震驚的事：受試者決定要冒上被電擊的風險時，基底核和感覺運動皮質裡某些部位之間的連結會顯著**降低**，這些部位過去已發現和痛覺的擬感（virtual feeling）——也就是對於痛覺的預期——相關。

就我對於基底核訊號選路機制的認知來看，我覺得這些結果代表以下的事情：當基底核根據你過往的經驗，和它對於當下目標的認知，來推估某一項資訊值得你去冒險時，它會把大腦某一個部位（在此例中是預期痛覺的部位）發出來的訊號**調小**，因為這些訊號可能會影響前額葉皮質做出不同的決定！由此來看，我們可以更概括地看這些結果：假如一個人明明**知道**會有哪些風險，卻還是**決定**要徒手獨攀酋長岩（El Capitan）或從事其他冒險行為，他的腦袋裡發生了哪些事情？

劉等人的研究結果讓我們有了更豐富的認知，從真實的觀點來看好奇心的神經科學。好奇的人不僅有探索未知的動力，

---

* 就說這個研究超狠的吧！

† 值得一提的是，有兩位受試者的資料後來被排除，因為他們**每一次**都賭。由此來看，有些受試者也是狠角色。

也會去思考他們在探索時會冒上什麼樣的現實風險。事實上，在PACE的架構底下，A指的就是大腦在現實中感到好奇之前的**評量**階段。這樣也許是明智之舉，因為他們的研究結果顯示，假如在知道潛在風險**之前**就先感到好奇，我們的好奇心有可能把大腦中警示潛在危險的訊號「調小」。

在本書的最後一章裡，我們會談談人類最冒險，但也最關鍵的探索行為，因為我們永遠不可能直接看到這個未知之地：別人的心智。但在進入下一章之前，我想先複習一下「想」與「知」的循環，並且特別把重心放在探索未知的動力會帶來哪些利弊。

小結：面對未知情境時，我們的大腦會預測所獲得資訊的價值，來決定要探索或是忽略

如果用葛魯伯和藍甘納斯提出的PACE架構，來看過去兩章討論的研究結果，很多事情就變得更為明朗。為什麼有時候就算對未來沒有直接幫助，我們還是會有學習新知的動力？〈導航〉一章曾提過，每當我們獲得一項新資訊，大腦裡的知識圖就會稍稍變動，因為這一項資訊會連結到我們已知的其他知識。在這張知識圖的正中間，是我們對自己和我們在大環境中的地位之認知。所以，就算我**永遠**不可能到外太空去，或是不需要猜一隻水母到底幾歲，我對「無窮」和「永生」的認知會改變我看待自己的方式。以PACE架構來看，在我思考著未

知之地可能潛藏哪些新發現時，這些知識也會改變我**預測**的內容。

但是，你的知識圖的中心就是**你自己**，這又會帶出一項還沒提過的風險：如果學習一項新資訊後，你對世界的認知改變了，而且有可能會衝擊到你的認同，這樣會發生什麼事呢？

我**相信**，這個問題有一部分可以用PACE架構的**評量**階段來解釋。從這個理論來看，只有在你的大腦確定狀況**相對安全**後，「想」與「知」的循環才會進入最後兩個階段：此時它才會製造出**好奇**的感受，並由此驅動**探索**。當然，這整個過程處處都有可能因人而異，因為每個人覺得什麼樣的風險可以接受，必然取決於他們過往尋找資訊的經驗，以及他們的大腦是偏好靠紅蘿蔔還是鞭子來學習。但我們也需要考慮你探索的空間（可能是真實的，也可能是抽象的）有哪些差異，讓你覺得比較不危險，或者更加危險。

真實的威脅（像是被電擊的風險）可能會讓我們失去探索的意願；同理，你的大腦必須有自我保護的動力，免得它受到心理上的威脅。假如此事為真，你的前額葉皮質在引導你的行為時，其中一個目標必然是你最核心、跟身分認同最相關的**信念**（belief）。這種信念架構威力強大之處如下：它不會驅動你去探索或搜集資料，然後用這些資訊對外在環境的實際情況形成客觀的看法；相反，這種「由上而下」的導航策略會驅使你的基底核只把「相關」、符合你信念認同的資訊放大，把「不相關」、跟你世界觀不符的資訊調小。傑・范巴弗（Jan Van

Bavel）和安德拉・佩瑞亞（Andrea Pereira）近期發表一篇意見論文，闡述了這樣的大腦運作模型可以怎麼說明個人價值觀、政治信念和派系行為之間的關係。[23]

不管你願不願意**相信**，事實上**大家**都會這樣，因為如此我們才會覺得自己安全、受到保護，又正確無誤。專門研究人類怎麼形成和堅守信念的心理學家早已知道，當人碰到讓人驚訝、跟自己**相信**的事實互相抵觸的新資訊時，行為常常就會不理性，你會忽略跟信念相違的資訊，甚至還會汙衊這樣的資訊──這個現象稱作**驗證性偏誤**（confirmation bias）。我們需要知道的重點如下：當我們遇到一項跟自己信念相違的資訊，會覺得因此受到威脅的時候是在**評量**階段。思考（和神游）的循環原本會促成我們前去探索未知，但在這種情況下，這個循環就會停止。既然知道這一點，下一章我會帶你走一趟最容易讓人覺得脆弱無比的探索：我們設法穿過自己大腦建構起來的泡泡，去連結到觀點可能跟我們不一致的人。

第八章
連結

兩顆大腦要怎麼在同一個頻率上運作

在《解密陌生人》（*Talking to Strangers*）一書中，麥爾坎・葛拉威爾（Malcolm Gladwell）帶領讀者見識了各種人與人之間誤會的真實案例，[1] 這些戲劇性的故事清楚點出兩件事：一、理解別人有時候**真的**很難；二、人與人之間的誤會有時會導致災難。不管是龐氏騙局，或是種族清洗那麼嚴重，只要我們搞錯狀況，就有可能**真的**搞砸。有些人不太想探索跟別人之間的關係，這樣好像也不太奇怪吧？

我在這本書裡給你各種背景知識，幫你了解哪些生理上的障礙可能會導致人與人之間的分歧。不同的人分別有不同的生理運作和生命經驗，兩種影響力會一起形塑這些人的大腦，當兩顆不同的大腦在**共同**的環境裡互動時，它們之間會分別隔著由它們自己創造出來、與別人不同的**主觀**現實感。

不過，大腦既會讓我們難以和別人擁有相同的觀點，卻也促成我們想嘗試用別人的視角來看。每個人的程度當然有差別，但人類大腦有社交的特性，因此會**渴望**和別人連結。從嬰兒時期跟照護者的關係，到成年後我們和別人形成的各種親密關係，大腦內建的各種機制會驅動我們去和別人連結。這當然有道理，因為人際關係對人類的生存至為重要。事實上，大腦最重要的功能之一就是和別人建立連結。

在《冰與火之歌》裡，喬治‧馬汀把這一段話放在史塔克家族（House Stark）敘事的核心：「當大雪降下，冷風吹起，[2]獨自行動的狼會死，聚集成群的狼卻得以生存。」我認為他這一句話直接點出了現在討論的重點。就算現代人類大多不需要靠別人來獲得溫飽，或是集體去狩獵，當生存變得困難時，緊密的人際關係仍然是存活的關鍵。這個現象在衛生醫療領域的研究裡經常看得到：研究證實撫觸有助[3]早產嬰兒的身體和大腦發育；另外，社會支持網有助減緩愛滋病等慢性疾病的衝擊。[4]若要用更具體的衛生研究資料來印證緊密的人際關係有多重要，我們不妨來看看茱莉安‧霍特－倫斯塔德（Julianne Holt-Lunstad）和提摩西‧史密斯（Timothy Smith）最近發表的一篇後設分析研究：[5]他們分析了世界各地超過三十萬名受試者的資料，發現早死與缺乏密切人際關係的關聯性，是飲酒過量或肥胖的兩倍以上。[*]

除此之外，我還相信我們會越來越明白孤獨對健康造成的風險，因為心理學家和公衛專家正開始分析新冠肺炎疫情

造成的「社交隔離大實驗」。只要用像「社交隔離」、「全球疫情」、「健康」等關鍵字去搜尋科學文獻，就會看到過去兩年有超過一千五百篇相關主題的學術論文。我可能**不會**覺得這是新冠疫情的「好處」，不過每一項研究都能幫助我們更了解**為什麼**健康的生活必須要有人際連結，以及好的人際連結有哪些元素有助於促進身心健康。但是，這些研究能不能指出健全的人際關係要怎麼形成的呢？

幸好，我的同事、社交連結研究中心（Center for the Science of Social Connection）的所長強納森・坎特（Jonathan Kanter）在這方面有一些指引。他在二○二○年發表一個模型，指出親密人際關係當中可訓練的元素，[6]其中包括心智與大腦間三種雙向的資訊交換：一、非語言情緒溝通，亦即情緒表達者可以**安心**地展現脆弱；二、語言表達自我，亦即表達者覺得**被人理解和肯定**；三、請求或要求之行為，亦即表達者覺得**受到協助**。坎特的模型以過往的人際關係研究為基礎，其核心作用是定義出讓人更貼近彼此的條件，同時也說明了一些錯位會導致我們彼此疏離的地方。

根據坎特和前一代模型的作者，當人際交流符合他列出的各項條件時，結果是有益的：這會**加強**想要和人連結的欲

---

* 「飲酒過量」的定義是每天飲用超過六份酒精性飲料，分析中用作對比的對照組是完全禁酒。論文作者沒有明白說明肥胖的門檻是什麼，但他們用BMI當作胖與瘦的標準。他們還指出，缺乏緊密的人際關係，對健康的害處相當於每天抽大約十五支香菸！

望，並且增進雙方之間的連結強度。但當交流沒有滿足這些條件時，相反的情況就會發生。從你大腦的觀點來看，多巴胺酬賞迴路會看行為的結果是什麼，根據結果的好壞來學習，因此這個現象完全合理。我們先前還談過紅蘿蔔和鞭子的學習機制，這兩者會合力驅使我們朝好東西前進，遠離以前經驗過不太好的事情。在考量坎特的親密人際關係模型時，如果還記得上述各種學習方法，你大概看得出來為什麼有些人會比其他人更在意過去失敗的人際關係。這一章會繼續延伸這個概念，因為我們會再把一種神經化學物質加進來——**催產素**（oxytocin）——其作用就是促成我們投入這種脆弱的人際關係。

坎特的模型還提到一件事：雙向溝通的行為會經過每個人的「知覺過濾器」。就你目前讀過的內容來看，你應該已經意識到，加入這一物質之後，事情又會變得更複雜。但在這全書最後一章裡，我們也會談到幾種理解他人想法的方法。有一些方法會自動發生，讓你直接站進你想連結的對象的立場；但有些方法需要花費更多腦力，當兩顆不一樣的大腦想要溝通時，可能會發生各種錯位的情形，而這些相對耗力的方式則較不會出現這種錯位的問題。

在我們一起進入這趟旅程的最後一段時，我由衷希望先前講的一切對你有幫助：在知道大腦可能會用哪些不同的方法，引領我們踏上各式各樣的人生道路後，希望你會有動力**試著**跨越鴻溝去連結別人，讓兩個對現實有不同觀點的大腦相連。史

上有不少非常重要的合作關係，就是因為雙方的思想、感受和行為方式有明顯的**差異**才變得不朽——像是披頭四的約翰・藍儂（John Lennon）和保羅・麥卡尼（Paul McCartney）、民權領袖保利・莫瑞（Pauli Murray）和美國前第一夫人愛蓮娜・羅斯福（Elanor Roosevelt）、微軟創辦人比爾・蓋茲（Bill Gates）和保羅・艾倫（Paul Allen），以及美國女權領袖蘇珊・安東尼（Susan B. Anthony）和伊麗莎白・史坦頓（Elizabeth Cady Stanton）。在這本書的最後幾頁裡，我們來看看大腦怎麼促成這些有意義的連結，有時候又會怎麼阻礙這些連結。

「認識一個人」是什麼意思？

我們等下就會談論大腦使用哪些機制和別人連結，但在此之前，我想先從你大腦的觀點來看看「理解別人」是多大的挑戰。在〈導航〉和〈探索〉兩章裡，我們花了不少篇幅奠定基礎，一來確定「理解某個東西」指的是什麼意思，二來是我們怎麼用這些知識來下決定。那麼，知道或認識**另一個人**，跟理解周遭環境的各種現象，兩者有哪些相似之處，又有什麼不一樣呢？

簡單來說，從大腦的觀點來看，知道一個「人」跟知道任何其他事物怎麼運作，本質上其實沒什麼不同——當然，差別只在人類**遠比**大多數事物來得複雜，也更難以預測。這樣就有問題了，因為你的大腦**喜歡**預測東西：〈探索〉一章曾提過，

大腦如果想要知道它需不需要取得更多資訊，「預測」便是它使用的一個基本工具。

不幸的是，人類可以做出來的行為實在太多樣了，所以**我們永遠不可能**有足夠的資訊來準確預測某個人接下來的言行。*假如我們真的**有辦法**這樣預測，那可能就會像影集《西方極樂園》（*Westworld*）裡我非常喜歡的一幕一樣：[7]在這個場景裡，劇中主要人物之一的梅芙（Maeve）得知自己是機器人，†她輕聲對技工說：「沒人知道我在想什麼。」但對她感同身受的技工拿出一臺平板電腦，跟她體內運作的程式同步後，她看到螢幕上出現一個「對話樹狀圖」，每次要說話之前，她正準備要說的字就會在螢幕上跳出來，使得她憤怒和困惑交替。「這不可能……」她邊說邊看著螢幕上出現相同的字，接著是一個寫著「推論引擎」的紅色框框裡出現**衝突**。

這個場景（以及這整部影集預設的背景）之所以那麼震撼，是因為我們對機器人感同身受。如此一來，我們就必須面對這個概念了：我們自己也是行為完全能夠預測的機器。但是，我們和機器人有一個截然不同之處，就是我們各種行為有相當大的**彈性**，這一點在〈保持同步〉、〈適應〉和〈導航〉這幾章裡都談過。讀到這裡你已經知道，即使在周遭環境裡碰到相同的狀況，每個人的反應方式可能都不一樣；就算是**同一個人**，也有可能因為他的內在與外在世界有不同的交互作用，使得同一事件引發出不同的反應。我講了這麼多，只是要把一開始的重點完整說明：理解別人很困難！

但是我們**非得**這樣做不可。全球疫情大流行確實帶來不少改變，但在正常情況下，我們每天都會跟不熟悉的人互動，不論是跟同事合作，或是走在路上遇到別人時，頭腦裡想著要怎麼回應，我們的大腦隨時都得待命，準備預測別人的行為。為了做到這一點，它會貪婪地吸收各種跟人類行為有關的資料。

　　我們可以把收集到各種跟人有關的資料，放在許多同心圓裡來分類。在最中間的圓圈裡是跟某一個人相關的資料，像是「安德烈喜歡冷笑話」，到最外圍附近則是跟全體人類有關的資料，像是「會用語言來溝通」。中間各個圓圈裡的資訊分別落在不同的專一性軸線上，你的大腦碰到某個特定的狀況可能會覺得某一項資訊有用，因為這項資訊能幫助你理解當下發生的事，並且推測接下來最有可能發生什麼事。舉凡種族、年紀、性別、性別傾向、政治認同、社經地位、職業、口音、髮型等等，我們各種內在的偏見就是這樣影響你對別人的認知。一如〈適應〉一章所述，有些偏見可能會帶來非常嚴重的後果，像是把**種族**和「手上拿的是工具或武器」連結在一起。但即使是不會讓人喪命的偏見，也有可能阻撓你認識一個人，因

---

*　但安德烈都自**以為**他有辦法做到這一點——而且他這樣有時真的非常惱人。除非我們的話題跟科學有關，否則他想幫我講我還沒講完的句子，通常都**不是我**要講的。公道來說，這種預測機制，能夠讓他流利地使用三種語言來溝通，但我還是覺得**很煩**。

†　這裡指的是二〇一六年開始在 HBO 播出的電視節目，不是一九七三年上映的電影，不過電影也一樣嘆為觀止！在 YouTube 上打關鍵字「Maeve "No one knows what I'm thinking"」（梅芙、沒人知道我在想什麼）就能看到這一幕。

為你看到的可能不是他們真實的樣貌，而是你預期他們應該要有的樣貌。我們的大腦有著想和別人連結的動力，卻也是無情的行為模式偵測器，天生就會在資料不足的情況下自行推導出結論。

當然，如果要避免犯下「一概而論」的錯誤，最好的方式就是針對每一個你想互動的對象收集大量的資料。在這個原則之下，我們就會竭盡所能避免跟陌生人交談。但我們又得回頭看看上一章討論過的概念：我們什麼時候會想要（或者需要）冒上跟陌生人交談的風險？請你先在心裡記住這個問題——我們等下會再回來。但是，假如我們真的大量收藏跟某一個人相關的資料，這又會帶來另一個問題：「擁有大量跟這個人相關的**資料**」跟「認識這個人」是同一件事嗎？根據哲學家馬克‧懷特（Mark White）寫的一篇文章，[8]這兩件事不太一樣。

基本上，我同意他的看法。

舉例來說，過去這一年半以來，我收集了不少跟一位男性相關的資料——這位男性住在我們附近，每天都會遛一隻很老的米克斯狼犬經過我們家門前。我可以預測某些跟他有關的事，而且準確度相當高。不管是晴天或雨天，他幾乎每一天都會走在街道上靠我們的這一側，往南走，而且時間都在早上十點到十點半之間。他的狗一定會拖在他後面一、兩公尺，彷彿在跟他說：「你又走太快了！」我的狗一定會開始大叫，警告我「有人入侵」，此時這個人幾乎一定會回過頭看看他的狗。我雖然可以預測他**一定會**這樣做，但我不覺得我認識他，大概

是因為我不知道他**為什麼**會這樣做吧。*

　　懷特引用了大衛・馬錫森（David Matheson）在哲學論文裡針對這個議題提出的論證，[9]指出「知道一個人」和「**了解**一個人」的差異。懷特區分了**非親近知識**（impersonal knowledge），像是各種明星花邊消息，和必須親自跟人交流才能得到的**親近知識**（personal knowledge）。但我想再加一個層面：有時候我們會**覺得**自己真的跟某個明星很熟（至少我會這樣覺得），†有時卻會覺得天天跟另一個人相處，但對方完全是個謎。

　　我認為原因如下：我們覺得跟某人熟悉與否，看的是我們認為自己對於對方心裡想的事情知道多少、多精準。沒錯，跟人親密相處可以得到更多資料，但這一切還牽涉到其他因素，像是一個人的表達能力和公開程度。這一整本書都在探討私密、複雜的內在世界，但不管直接和別人相處的經驗有多少，我們都不可能**看見**他們腦中那個內在世界發生什麼事。因此，既然拼圖缺了一片，就跟處理其他觀察不到的東西一樣，大腦會採取的辦法之一，就是用相同的方式來規畫和判斷：它會用想像力在你心裡建造一個模型。

　　這樣就是一個**天大**的逆向工程難題了。在這個過程中，我

---

* 有時候我會想，他回頭看那隻溫和的巨犬，是不是為了看牠有沒有對著我的狗狗比鬼臉去挑釁牠們。有時候我猜，他可能只是想確認他的狗沒有被我那隻四公斤的猛犬用腦波電死。

† 你是不是覺得我又要講到傑森・摩莫亞？拜託，我可沒**那麼**好預測！

們只有觀察得到的資料可以運用：這個人說了什麼話或做了什麼事，他當時看起來是什麼樣子？或者，如果你的大腦比較專注另一類型的資訊，你看到的可能是：這個人**沒有**說什麼話或做什麼事，他當時看起來是什麼樣子？我們若要把別人的心智建構成模型，就必須從**有辦法**觀察到的事情逆推回去，試圖理解對方**為什麼**會有那樣的行為。在下一節裡，我會從一項測驗裡抽幾個例子出來，我們常用這個測驗來判斷一個人有多擅長逆推別人的想法。

你逆推別人內心的能力有多好？

　　光靠各種線索，你有沒有辦法猜出別人在想什麼呢？為了測量你這方面的能力，我從**以眼讀心測驗**（Reading the Mind in the Eyes Test，或稱「眼神測驗」）挑了幾個題目來讓你試試看。這個測驗由賽門・巴倫－柯恩（Simon Baron-Cohen）等人開發出來，經常用來測量成年人的心智模型能力。[10]這項試驗的操作方式相當簡單，但做起來就不一定了：你必須單憑一個人的眼神，來判別他當下的感受。畢竟，大家不是說「眼睛是靈魂之窗」嗎？*下一頁的照片周圍有四個詞彙，請分別選出你覺得最能貼切形容那個眼神表情的詞彙。假如有哪個詞的意思你不太明白，去翻翻字典沒關係——這不是語言測驗！

下列四種心神狀態，你覺得哪一種描述這個人[†]最貼切？

惱怒的　　　　　　　　　　　　戲謔的

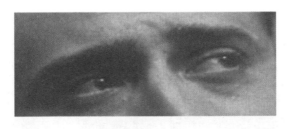

擔憂的　　　　　　　　　　　　友善的

在公布答案之前，我們再做一題：

果決的　　　　　　　　　　　　愉快的

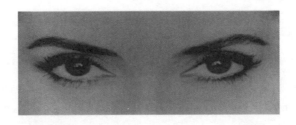

受驚嚇的　　　　　　　　　　　感到無趣的

---

* 這句話最早是誰說的？這個問題好像有點爭議。是西塞羅？莎士比亞？最起碼我們知道不是巴倫－柯恩，但就我們從這項測驗發現到的事情來看，我們至少可以確定人的眼神可以透露相當重要的資訊，所以歷史上不只一個人注意到這件事也不意外。

† 這鐵定是尼可拉斯・凱吉（Nicholas Cage），對不對？

這兩題的答案分別是**擔憂的**和**果決的**。如果你想再看看**你**光靠眼神逆推別人想法的能力有多強，可以上網搜尋完整的測驗，或者到我的網站點選「Brain Games」頁面。

在這一章裡，你會看到大腦可以使用許多種方法，從它觀察到別人的行為來推敲別人的心智狀態。我們和別人連結時，就是這一個環節可能會讓人跌了個狗吃屎。畢竟我們是人，不是機器人；在現實生活中建構心智的模型，**不一定**只是回答幾個選擇題而已。在下一節裡，我們會描述一下大腦會用哪些並行的方式來理解別人，又在哪些情況下會促成連結，或者讓人彼此疏離。

鏡中讀心

說到理解別人，你大腦會使用的第一個工具，其他社會靈長類也會用。從幼兒時期開始，這個工具讓我們透過模擬別人的行為來彼此互相學習，簡單來說，你的大腦看到別人做出某種行為時，[11]就會模擬**你自己**做相同行為的方式。這個過程會用到「鏡像神經元」（mirror neuron）——這些神經元除了在**你自己**做出某個行為時啟動以外，當你看到**別人**做出相同的行為也會啟動。經過鏡像神經元之後，你對他人行為的認知，會結合你在內心裡、自己做出相同行為的表徵——就像是你對「咖啡杯」的認知，會跟「拿咖啡杯的方式」結合在一起。

這樣的心智建模有一個優點：它讓你用有機的方式和別人

相連，讓你可以對別人同理、感同身受。換句話說，這種建模會把你放到對方的立場上去理解他。

在這裡我們又要回到〈導航〉一章談論的意義地圖了：在你大腦對世界的認知裡，地圖的中心就是**你**。當我們想要理解別人時，**預設**的做法就是把他們拉過來，放到以我們自己為中心的觀點上：假如我那樣做，**我**會有什麼想法或感受？先前提過內隱偏見可能會影響你對陌生人預設的猜想；同理，這種自我投射的過程又快又自動，你可能完全沒有意識到這件事件在發生。

過去五年以來，社會神經科學家開始研究和記錄一個現象，而自動鏡像程序多多少少可以說明這個現象──我們通常會跟頭腦運作方式相近的人相處。舉例來說，卡洛琳・帕金森（Carolyn Parkinson）等人設計了一個巧妙的實驗，以就讀同一個研究所學程的二百七十九名學生為對象。實驗先根據學生自己回報的資料建立一個社交網絡：[12]假如兩個學生互相把對方列為朋友，這兩個人就會連在一起，沒有互相列為朋友的人就沒有連結。假如兩個人本身不是朋友，但都列出同一位共同朋友，他們在網絡裡就會透過這個中間人相連。研究人員畫出了二百七十九名學生所有互相認識的友誼關係後，*從這個網絡裡挑了四十二名社交連結程度不一的學生，請他們參加一個腦

---

* 這個網絡裡只有一個人沒有任何連結，這讓我感到難過。我希望這個人寧可跟學術界以外的人鬼混，而不是跟這些壓力山大的同學！

造影實驗。在實驗裡，他們只需要觀看一系列的短片，內容從喜劇到辯論都有，研究人員同時會記錄他們的大腦活動。接下來，研究人員分析每一位受試者的資料，列出大腦八十個部位的啟動時間進程，並且逐部位觀察每一個時間進程，與這四十二名受試者所有可能的成對組合（總共八百六十一種組合）的關聯性。

　　研究的結果非常驚人。彼此是朋友的人，各方面的大腦反應都比雙方只有一名共同朋友的人更相似，而有共同朋友的人的大腦反應又比沒有共同朋友的人更相似，以此類推。事實上，當研究人員用大腦相似性來**推測**誰跟誰是朋友，即使在控制像年紀、性別、國籍等已知預測因子之後，光是大腦相似性就足以說明大半的差異。他們在大腦許多部位都觀察到這種模式，但基底核裡有幾個部位，在朋友之間的關聯性特別強。這個結果反映出來的事實，你大概也猜得到：有共同喜好的人，通常比起沒有共同喜好的人更喜歡彼此。這個研究還補充了一件事：彼此互相喜歡的人，其**大腦**對外部刺激的反應也相似。

　　這個研究團隊裡的一些科學家近年另外做的實驗，還讓我們看到另一個現象：大腦功能相似導致的吸引效應，[13] 不只是兩人對外在環境有相同的反應而已。舉例來說，萊恩・海恩（Ryan Hyon）等人（這個團隊裡又有卡洛琳・帕金森！）用同一個社交網絡的方式，研究了南韓某個小島上全村村民（總共七百九十八人）之間的人際關係，再挑選六十四個社交連結程度不一的人當受試者。研究人員分析了六十四人在無任務狀態

下的功能性MRI資料，結果同樣顯示任何兩人之間的大腦功能相似性，足以預測兩人是不是朋友的機率。但是，研究人員這次看的不是受試者看了某個喜劇演員或紀錄片之後的反應，而是讓受試者在無任務的狀態下神遊，同時記錄他們的大腦連結模式。用這樣的資料預測兩人是否有社交連結，甚至比看兩人的個性是否相似來得更準！

我們再回到坎特提出的成功人際關係模型，用這個脈絡來看看大腦鏡像可能有什麼作用。假如我們的**預設方法**是用鏡像的方式去理解別人，那麼當兩人的大腦相似，鏡像法就更常成功。光從這一點來看，兩人之間的正向互動可能就會因此增加，進而強化他們的關係。另外，同樣的外部刺激剛好對兩人都有酬賞的效果，這樣不難看出為什麼**大腦**也會物以類聚。

不過，假如你站到別人的立場上，結果你的感受卻跟他的感受不一樣呢？歷史上有很多人彼此的見解不同，但兩人合起來卻有一加一大於二的效果，我們又要怎麼解釋這樣的合作關係呢？在下一節裡，我們會再看看另一項重要機制，這項機制可以讓我們建立運作模式和自己不同的心智模型。我們會看到，若要和別人連結，特別是跟大腦運作方式不一樣的人連結，這項能力至為關鍵。

心智理論之發展

大多數人會漸漸學到鏡像法以外的逆推方法，這些方法比

鏡像法更精細，但不是直覺理解他人的方式。不過，這些能力不是與生俱來的，我們必須學習。假如你看過嬰兒遮住自己的眼睛，以為這樣就能「躲起來」，你就知道我們在無法凌駕鏡像機制之前，是用什麼方法去理解別人的觀點。事實上，年齡非常小的幼兒好像完全**不知道**[14]每個人的內心裝了不一樣的東西。但是到了兩歲至五歲時，*大多數人已經知道我們自己閉起眼睛時，雖然**自己**看不到東西，**別人**還是看得到**我們**。

這些方法究竟能不能幫我們了解他人觀點的更精微之處，[16]其程度當然因人而異，因為在模擬別人的心智時，我們可以從許多不同的**面向**下手。你大概也猜得到，假如你對面坐了一個人，「知道他眼睛看到什麼」跟「知道他心裡在想什麼」需要用到不同的心理程序。有越來越多證據顯示，理解別人的**感受**是什麼，[17]可能跟理解別人「看到什麼」和「想什麼」全然不同。不幸的是，在探討我們怎麼模擬觀點不同的他人心智時，**心智理論**（theory of mind）一詞被用來解釋各種相關，但不相同的程序。

我們先從一種心智建模方式談起，以此來稍微挖掘這當中各種不同的層次：這種建模方式用來推測別人在想什麼，或知道什麼。這是最常被用來研究個體差異的模型，其中一種針對發育時期常用的研究手法稱作「錯誤信念」（False Belief）。†當研究對象是兒童時，錯誤信念實驗通常會這樣進行：研究人員給孩子看一個他們常常看到的容器，像是裝蠟筆的盒子，再問他們覺得裡面裝了什麼東西。孩子會大叫：「蠟筆！」但研

究人員打開盒子一看，事情就沒那麼單純——盒子裡面是生日蛋糕蠟燭！即使是兩、三歲大的孩子看到也會嚇一跳，由此可見他們透過觀察資料來預測的機制正在賣力運作中。但好玩的事情還在後頭：研究人員把蠟燭放回蠟筆盒裡，蓋起蓋子，然後問孩子這個問題：在其他房間裡的人（像是他的父母或是兄弟姊妹）會覺得蠟筆盒裡裝什麼東西呢？四歲以下的孩子幾乎一定會回答：「蠟燭！」

兒童到多大才懂得把自己所知和別人所知的表徵區分開來，以及區分的能力有多準確，當然會因人而異。由於這項能力常常會和其他的額葉「控制」功能同時發育，有些人認為我們若要學會站在別人的觀點思考，就必須懂得**抑制**或推翻自己的觀點。[18] 換言之，你得先脫下自己的鞋子，才能穿上別人的鞋子走路！

為了驗證這個假說，史蒂芬妮・卡爾森（Stephanie Carlson）和路易・摩西（Louis Moses）找來超過一百名三到四歲的兒童，測量他們的抑制和心智模型能力。[19] 他們用了許多方式來測試這些孩子的抑制能力，像是抗拒現實的誘惑（例如在孩子背後打包一份禮物，但跟孩子說「不准偷看」），或

---

* 這個年齡範圍會這麼大，反映出有些測量觀點的試驗[15]比較困難，因此兒童到了什麼年齡有辦法理解別人的哪些事情，不同的試驗會有不同的推估值。

† 在一旁觀看這種實驗很好玩。如果你有興趣，請到 YouTube 搜尋「False Belief Test: Theory of Mind」（錯誤信念試驗：心智理論）看看實況。

者其他牽涉到認知功能的試驗，像是在研究人員說「雪」的時候指向綠色方塊，但研究人員說「草」的時候指向白色方塊。受試者也接受一系列的錯誤信念試驗，像是上面提到的蠟筆／蠟燭試驗。從結果來看，孩子抑制自動反應的能力越強，模擬他人想法的能力也越強。這樣**符合**「先脫下自己的鞋子」的概念，但由於這些只是統計上相關的資料，而且全都在同一個時間點上採樣，我們無法排除其他可能的解釋。舉例來說，孩子也有可能是因為有辦法模擬其他人的想法，所以才有辦法理解抑制能力試驗裡要做的事。假如你是三、四歲的小孩，大人叫你做出明顯是錯誤的事情（像是給你看一張黑夜的圖片，但叫你說出「白天」），我想你一定會覺得這很奇怪。假如你多多少少可以理解別人有可能知道你不知道的事，然後用這個來「整」你，像是在裝蠟筆的盒子裡放蠟燭，你大概也有辦法理解怎麼在**遊戲**裡做出跟你平常習慣相反的事。

　　幸好，行為遺傳學的研究發現了一些有趣的證據，可以佐證先天與後天因素分別怎麼影響模擬他人想法的能力。舉例來說，克蕾兒・休斯（Claire Hughes）等人進行的一項研究找來**超過一千對**五歲大的雙胞胎，[20]測量他們模擬心智的能力。*他們從龐大的樣本獲得非常豐富的資料，從中清楚看到兒童逆推他人思想的能力，怎麼分別受到先天和後天因素的影響。更具體來說，當研究人員比較同卵雙胞胎（人數佔整體樣本一半多一點），和異卵雙胞胎的心智模擬能力時，他們發現這兩個群體裡雙胞胎之間的關聯性**完全**一樣（$r=0.53$）！這就是非常

有力的證據，說明我們看到雙胞胎的相似之處並不是因為基因使然，而是跟他們共同的環境有關。

跟這個呈鮮明對比的，是測量抑制能力和其他額葉控制程序個體差異的研究，正如娜歐米・佛里曼（Naomi Friedman）等人的論文標題所言：「執行功能的個體差異[21]幾乎全部源自基因。」他們分析了五百八十二對雙胞胎的控制能力試驗相關資料，推算抑制能力的差異有高達99%可用基因來解釋，只有1%跟環境因素有關。如果把這兩方面的研究相提並論，我們可以推測在兒童身上，抑制能力和信念模擬能力彼此相關，但兩者背後的機制明顯不同。由於人與人互相理解是一件非常重要事情，我們得提出以下這個大哉問：有哪些環境特徵能促進我們學會模擬他人的心智？

學習心智的語言

理解別人的心智既十分困難，卻又非常重要。這麼困難又重要的能力幾乎全部由外在環境塑造出來，實在有點匪夷所思。在兒童的周遭環境裡有一件事，各種研究不斷將這個東西連結到模擬他人想法的能力：就是環境裡的語言內容。舉例來

---

* 以他們測量模擬心智的能力來看，我想稱讚一下這是多麼**偉大的壯舉**。研究團隊總共花了超過三千小時到府測試了超過二千二百位五歲兒童！假如你曾試過叫五歲的小屁孩聽你的話，你大概可以了解這是多麼艱困的挑戰。

說，休斯等人在那次大型實驗裡，還測量了那些五歲雙胞胎的語言能力。他們對相關資料進行精密分析，由此發現一個共同的環境因素，可以解釋語言能力和心智模擬能力大部分的差異。我覺得這樣有道理，畢竟在各種「觀察得到」的行為裡，語言是最有可能透露想法的行為之一。舉例來說，賈絲敏小時候非常有同理心，所以我可以跟她說像這樣的話：「你這樣做我會擔心，因為我怕你會受傷。」或是：「我壓力太大了，因為我在想辦法趕完作業。」她的同理心和鏡像神經元知道「擔心」和「壓力太大」是什麼感覺，因此可以引導她的行為。但我那時候沒有意識到，我也透過語言讓她窺見我的內心世界。

到頭來，能言善道的人可以利用這一項工具，有效地提供資訊，讓別人知道他的大腦裡發生什麼事。但反過來說，理解別人的心智也有可能促進**你**運用語言的能力，因為我們若要成功和別人溝通，多多少少也需要知道接收我們訊號的那顆大腦站在什麼立場。那麼模擬他人想法的能力和有效使用語言的能力，到底誰先誰後？

從珍娜‧亞斯汀頓（Janet Astington）和珍妮佛‧詹金斯（Jennifer Jenkins）進行的一項縱貫性研究來看，答案可能是語言能力在先。[22] 她們花了七個月追蹤一群三歲兒童，在三個時間點上測量他們的語言能力和模擬心智能力。從結果來看，較早測得的語言能力資料可以用來預測孩子日後在錯誤信念試驗裡的表現，但錯誤信念試驗的表現無法預估日後語言能力試驗的表現。

我們還能從育兒研究裡看到更具體的連結，知道語言環境和一個人學習怎麼模擬他人心智有什麼樣的關聯。伊麗莎白·麥恩斯（Elizabeth Meins）等人透過一系列的研究，提出**心智關注能力**（mind-mindedness）的概念，用來測量照護者對幼兒心智的關注和照顧程度。麥恩斯最初在一篇二○○一年的研究論文裡提出這種遞迴（recursive）的概念。[23]這篇研究探討母親與嬰兒依附度的預測因子，當中發現母親如果會談論自己六個月大的孩子的心智狀態，半年後在實驗室裡測量時，跟孩子的依附度會更高。接下來的研究找到關鍵的連結：在六個月時母親「心智關注度」較高的幼兒，三年半後在錯誤信念試驗裡的表現更好。[24]這個發現格外出乎意料，因為行為遺傳學認為心智模擬能力並沒有遺傳相關的元素。

　　綜合縱貫性研究和行為遺傳學研究，我們有強力的證據顯示，假如兒童沉浸在語言內容豐富的環境裡，他們就會更快學會怎麼理解別人的心智；假如環境裡有很多跟自己和他人心智相關的語言內容，這個效應會格外明顯。如此一來，學習怎麼**想**關於心智狀態的事，和學習怎麼**談論**心智狀態，兩者之間就有非常明確的連結。但是，所有的家長和教師都知道，他們向孩子教導和模擬行為時，有些人的學習過程會比其他人順利。但你可能不知道，教學互動若要成功，兩人的大腦是否方向一致其實是一個關鍵。

　　有一個我很喜歡的實驗展現了這一件事，這個實驗測量了嬰兒會不會接受父母像誇張的「網路評論」一般的建議。[25]梁

慧儀（Victoria Leong）等人找來四十七對母親和她們十至十一個月大的嬰兒，在母親和孩子交換關於全新物體的資訊時，記錄了母親和孩子的腦電活動。實驗開始時，母親會拿到兩個物體，這些都是嬰兒從來沒看過的東西。*母親拿起其中一個物體後，會給出以下兩種反應的**其中**一種：她可以強烈讚賞（「這個東西太棒了！我們喜歡！」），或者強烈反對（「這個東西好噁！我們不喜歡！」）。論文中有實驗進行時的照片，可以看到母親的表情所透露的資訊，能讓人確知這個物體好不好。接著，研究人員把兩個物體交給孩子，並且測量孩子把玩這兩個物體的時間分別有多久，藉此觀察孩子有沒有從母親誇大的評論裡學到什麼。結果發現，假如母親在評論的時候，母親和她孩子之間的同步性更強，孩子就越有可能從母親的評論裡學到東西。事後的分析也發現，當兩人互動成功時，眼神的接觸和母親說話的時間都有助於增強兩人的大腦同步性。換言之，嬰兒從母親的臉部和聲音獲得的資訊越多，兩人的大腦就越同步。†如此一來，兩人之間的資訊交換也會更順暢。

但在你將這些手法帶進你和嬰兒之間的互動之前，請記得這件「不太有趣」的事情：這些十至十一個月的嬰兒在學習時，不一定都會**模仿**母親的建議。事實上，母親和嬰兒的脾氣差越多（以母親自認的說法為依據），嬰兒就越有可能把玩母親不建議的那個物體！這個現象非常一致，因此表示他們確實有從母親的反應來**學習**，但他們小小的腦袋在決定要**怎麼**運用這些資訊時，竟然會考量他們和母親之間的相似度。‡即使只

是十個月大的嬰兒，可能已經懂得考慮要不要聽母親的話，這正好印證了下一節要討論的重點：不是所有人都有相同的**動力**，去讓自己和其他人的觀點一致！

帶動力的連結

到目前為止，我們談過的研究大多關注的是有哪些情況可以促進**學習**，以獲得理解他人想法所需的技能。但如〈導航〉一章所述，一個人**知道**要怎麼做一件事，未必表示他**一定會做**這件事。既然人類心智無形又無法捉摸，誤解又可能帶來**很糟糕**的後果，我們又怎麼會有動力去嘗試這件事呢？

若要回答這個問題，就要回到一開始的討論：在剛剛開始談論「你」的神經科學時，我們提到大腦裡一些最細小的設計特徵。在你的神經化學雞尾酒裡，還有一種我們沒談過的成

---

* 論文裡對這些物體沒有著墨太多，但從照片來看，它們看起來就只是沒什麼意思的塑膠而已——嬰兒在進行實驗之前，不太可能對這種東西有什麼強烈的看法，以這個實驗的目的來看，這種做法有其道理。

† 父親或其他照護者如果有固定和嬰兒互動，應該也會有這個現象，但大多數研究都只關注母親。這又是系統性的偏見影響科學研究的例子——至少在美國，願意把孩子帶到實驗室進行研究，而且又有辦法把孩子帶來的照護者幾乎都是母親。這裡一定要表揚一下我們的實驗室經理賈斯汀（Justin），因為他要請六個月的育嬰假，讓他的妻子回去上班！

‡ 我敢打賭，有小孩的人在讀這本書的時候，一定有不少地方會讓他們大叫：「啊！就是這麼一回事！」但假如你沒有小孩，我希望你讀了之後對你和你父母之間的互動有多一些認知。

分──**催產素**，有許多強力的證據說明這種神經傳遞物質最有助於促進哺乳類的社交依附性。為了讓我們願意**耗費力氣**[26]來獲得成功的人際關係，催產素既能模擬接收多巴胺的神經元，來增強社交互動中的愉悅感，同時還能影響杏仁核和其他跟反擊－逃跑反應有關的邊緣部位，來**降低**大腦天生對社交互動的抗壓反應。換句話說，只要催產素一出場，[27]當你靠近別人時，它就能降低大腦評估系統感受到威脅的可能性，進而增加你嘗試與對方連結的機率。

我們對於催產素促長社交連結的認知，大多是我們在某個人或動物處於關係中的重大事件時，測量他**體內**的狀態變化。「為人父母」是其中極為顯著的例子：[28]這件事需要付出**非常多**的心血，而且還攸關物種的存亡。但是，假如你覺得理解另一個成年人的心智已經夠難了，不妨想像一下關注一個嬰兒的心智又有多困難，特別是在他「吱喳作響的龐然炫惑」的階段。站在演化的觀點來看，假如這個時候稍稍給人家**推一把**，幫助他理解別人的觀點，應該是最好的時機吧？

事實上，就是因為催產素扮演這個角色，哺乳類才有辦法存在於世界上。在雌性動物體內，催產素名副其實，是一種催產的荷爾蒙，在泌乳時會釋放出來。不論是雌性或雄性動物，跟自己的幼兒撫觸和互動的時候，大腦裡的催產素都會增加，讓彼此間的連結感增加、壓力減少。從縱貫性研究的資料來看，在嬰兒出生後至少六個月內，父母體內的催產素分泌量會一直增加，[29]而且催產素分泌量也跟是否與父母同住相關。

但在這樣的人際關係裡，不只有父母需要來一劑催產素而已。你可以想像一下，嬰兒在完全無助的狀態下出生，但世界裡充斥著各種你無法理解的東西，這樣對他來說一定壓力極大。嬰兒周遭的其他**動物**全都巨大無比，所以嬰兒的第六感一定察覺到這些巨物有可能會傷害他。但是，這些巨大動物好像又能帶養分給他，而且還能在各方面讓他更舒適。嬰兒面對這些衝擊只有幾個工具可以用：一些本能反應，和一顆能在短時間內大量學習的大腦。若要讓自己存活的機率增加，嬰兒的大腦必須快速學到它應該**信賴**哪一個巨大動物。嬰兒雖然還要大概一年多才有辦法自己跑走，但這時他可以笑，可以咕咕叫，可以做出各種可愛又越來越複雜的行為，讓他選中的巨大動物有動力去照顧他。

針對人類和其他動物的研究都發現，在幼兒早期的連結過程裡，催產素扮演著關鍵的角色。剛出生的羔羊和牠們的母親就是一個十分有趣又顯著的例子，讓我們看到催產素在連結形成時的作用。羔羊和人類嬰兒不一樣：牠們在羊群中出生後不久，就要跟著群體移動，這樣的環境迫使牠們必須**馬上**認出哪一隻毛絨絨的生物才是「媽媽」！在生命最初的兩個小時內，羔羊只要有機會吸乳，就會開始認得自己的生母，並且偏好生母勝過周遭其他的巨大動物。雷蒙・諾瓦克（Raymond Nowak）等人在二〇二一年發表一項研究，從各種面向證實催產素在羔羊早期連結過程中的作用。[30]他們以新生的羔羊作為實驗對象，首先看到羔羊在吸乳後，催產素的分泌量會增加，

但跟母親發生餵食以外的互動則否。接著，他們再給一些羔羊餵食一種**阻擋**催產素在大腦內結合的藥物，發現這些羔羊較少去試探母親的身體，短期內也沒那麼偏好自己的母親。*

　　人類新生兒不會馬上用雙腳走路，迷失在人群之中，但有少量研究觀測人類嬰兒的催產素分泌量，發現這也對他們與父母的連結有類似的作用。舉例來說，有一項研究針對早產的新生兒，發現他們不論是跟母親或父親有皮膚接觸，[31]都會增加父母和嬰兒體內的催產素分泌量。這種親密接觸對**健康**還有其他好處：研究發現，皮膚接觸還會降低嬰兒體內的皮質醇。†這些發現合併來看，可以推得以下的結論：**平均而言**，個體體內催產素變化的時間點，跟重要的連結時刻相符。但在嬰兒出生之前（假設是用傳統的方式出生），他們的父母得先有連結才行！

　　正好催產素也是性關係和情愛的推手——我們會知道這一件事，大半要感謝田鼠。‡一九九二年時，托馬士・殷瑟爾（Thomas Insel）和勞倫斯・夏皮羅（Lawrence Shapiro）用田鼠的大腦，尋找單一伴侶關係的生理根據。[32]他們觀察了兩種不同的田鼠：草原田鼠（prarie vole）和山地田鼠（montane vole），這兩個物種在各方面都非常相似，唯一的差別只有社交模式。野生的草原田鼠通常會形成長久的單一伴侶關係，而且父母會一起照顧幼兒。而山地田鼠是獨居動物，就我們所知不會有單一伴侶關係，而且不會花太多時間照顧幼兒。殷瑟爾和夏皮羅研究這兩種田鼠大腦內三種不同神經傳遞物質的結合

模式，發現牠們的催產素通訊系統有著巨大的差異。他們總共觀察了十個大腦部位，單一伴侶的草原田鼠在其中六個部位裡有更多的催產素受器，依核裡的受器數量更是山地田鼠數量的逾**六倍**。前文曾經提過，依核是基底核裡跟接受多巴胺訊號和享樂感受最相關的部位。另外，在跟反擊－逃跑反應相關的側杏仁核（lateral amygdala）裡，牠們的催產素受器數量也是山地田鼠的兩倍。接續的實驗延伸了這個結果，藉由操弄的方式發現相關的因果關係。草原田鼠如果在無性關係共居之前獲得催產素，[33] 雙方會互相更偏好彼此；如果在牠們身上注射阻擋催產素結合的藥物，[34] 牠們雖然還是會交配，但交配之後就不會形成伴侶連結。換句話說，最起碼在單一伴侶的哺乳類身上，催產素似乎會驅動成年個體之間的連結，作用和父母與幼兒之間的關係一樣。

這些發現很快又催生出各種有趣的研究，檢視催產素在成年人的人際關係裡有什麼樣的作用。舉例來說，德克・薛勒（Dirk Scheele）等人設計了一系列巧妙的實驗，讓參與實驗的受試者服用催產素後，再測量催產素對他們的大腦和行為有哪些影響。[35] 在兩次相似的實驗裡，薛勒等人找來四十名有穩定

---

* 雖然看完會讓人**難過**，但不必擔心，藥物對大腦和母子連結都只有暫時性的作用。所有的改變會在四十八小時內消失，羔羊就會回到毛絨絨的母親身邊。

† 你可能還記得，皮質醇是一種跟長期壓力感受相關的神經傳遞物質。

‡ 田鼠是超可愛的齧齒動物，看起來有點像是龐克搖滾風的倉鼠。

伴侶、自稱「熱戀中」的男性，檢視催產素對他們大腦的反應有什麼樣的作用。每一位受試者躺在掃描機裡，看到以下各種照片：伴侶、他們認得但跟自己和伴侶都無關的女性、陌生人（經其他獨立人士認定，魅力和引起的興奮度接近受試者的伴侶），以及中性的提示物（像房子）。為了測量催產素會怎麼影響受試者對伴侶的觀感，每一位受試者會分別接受兩次掃描，一次有服用催產素，另一次沒有。一言以蔽之，實驗結果發現催產素會讓男性的大腦更像單一伴侶的草原田鼠大腦。更精確來說，* 兩次實驗發現受試者在服用催產素後，依核裡的大腦活動會增加† —— 草原田鼠就是在這個多巴胺酬賞中樞裡有大量的催產素受器。真正神奇的是，這個現象**只**發生在受試者看到自己的伴侶時——當他們看到他人客觀認定一樣漂亮的其他女性（無論是不是陌生人），這個現象就**不會**發生。‡

在另一個巧妙的後續實驗裡，薛勒等人使用了一種叫做「止步法」（stop distance paradigm）的試驗，測試催產素在現實中對受試者的效應。[36] 這個試驗觀察了好幾種情況，受試者每次分別和一位實驗人員面對面站著，再決定他和實驗人員應該相隔多遠才不會覺得不安。有時候，實驗人員會從很遠的地方慢慢靠近受試者，有時則從很近的地方慢慢走遠。不論是哪一種情況，等到實驗人員走到一個讓受試者覺得適當的距離後，受試者就會叫「停」。另一種情況是受試者從遠處靠近實驗人員，或者從近處漸漸後退，受試者覺得自己走到適當的距離就停下來。每次試驗結束後，就會有人測量兩人下巴到下巴

之間的距離。

有趣的事情來了。這個實驗裡所有的受試者都是異性戀男性，實驗人員則是一位經由一群**獨立人士**認定的漂亮女性。完成實驗的受試者總共有五十七人，其中大約半數有穩定單一伴侶，另一半則單身。這兩個群體分別服用了催產素後，你覺得會發生什麼事呢？

如果你猜催產素會讓有伴侶的男性離漂亮女性更遠，那你猜對了！在服用催產素後，有伴侶的男性跟那位漂亮的實驗人員之間的距離，平均多了大約十五公分。但在沒有催產素加持時，有伴侶的男性會跟單身男性站一樣的距離。整體看下來，這些結果顯示在實驗裡加入催產素後，受試者對伴侶感受到的酬賞值會更高，進而促使男性採取更選擇性、跟伴侶連結更強的行動。

西蒙妮‧夏梅－祖瑞（Simone Shamay-Tsoory）和艾穆德‧阿布－阿喀爾（Ahmad Abu-Akel）近年提出催產素影響社交連結的機制理論，[37]他們認為，催產素相關的計算會**增強**

---

* 一定要精確，因為草原田鼠的大腦超級小……

† 在這兩次實驗裡，研究人員還發現腹側蓋區（ventral tegmental area）的活動增加——腹側蓋區是基底核的一部分，遇到酬賞時負責釋放多巴胺。

‡ 我不想掃大家的興，畢竟這個結果很甜蜜，但我們**的確**該記得一件事：這些資料是所有受試者的平均值。假如《大腦要的就是這個！》變成一齣真正的電視實境秀，你能想像這會有多聳動嗎？把你另一半灌滿催產素，給他看你的照片和其他一樣漂亮的陌生人照片，看看他的大腦到底有多會挑！

環境裡社交相關資訊的突顯性（salience）。在〈注意力〉一章裡，我們談過基底核怎麼做到這件事——它會看當下哪些事情重要，據此將送往前額葉皮質的訊號調大或調小。根據**社交突顯性假說**（social salience hypothesis），基底核裡的催產素受器有辦法**綁架**這個過程，把社交相關的訊號放大。

仔細想想的話，從演化的觀點來看，這其實是聰明之舉。人類嬰兒被賦予了能幫他們學到哪些事情最有可能讓他們得利的工具，因此不會只把注意力放在第一個看到的東西上。如此一來，跟照護者有關的重要訊號就會變得更大聲，蓋過其他吱喳作響的炫惑，讓嬰兒知道該信賴誰。*這樣也可以說明，為什麼十個月大的嬰兒已經有跟照護者相關的資料，而且充足到可以讓他們決定是否要認同照護者對某個新物體的看法。

有一系列實驗的結果和這個猜想一致：催產素含量更高，與更強的心智模擬能力相關。[38]但是，針對這一種相關性的各種研究，其研究結果也不一致。舉例來說，葛雷格‧多姆斯（Gregor Domes）等人進行的一項實驗，發現男性服用催產素後，在回答眼神測驗裡最難的題目時表現更好。[39]但席娜‧拉德克（Sina Radke）等人進行的另一項實驗採用非常相似的做法，卻沒在整個群體裡看到這個現象；[40]不過他們發現，在同理心自評量表裡得到低分的男性，在服用催產素後，眼神測驗的表現**確實**更好。最後，有一項後設分析研究綜合檢視了許多其他研究的結果，這些研究的主題都是催產素與解讀他人情緒的關係。後設分析發現，催產素可能**只能**加強少數幾種與

杏仁核相關情緒的判讀能力，[41] 像是恐懼或憤怒。珍妮佛・巴茲（Jennifer Bartz）等人合著的一篇評論提出了一種可能的解釋，你看了應該完全不覺得意外。他們提到一種可能性：催產素**在不同人身上可能有不同效果**，[42] 這是因為不同的人在不同情境下，認為跟社交有關的資訊也會**有所不同**。

這本書都讀到這裡了，我想上面講的事情你一定覺得有道理。當你設法在社交情境中找到方向時，你的大腦會用到哪些線索，一定會跟你注意事情的方式和你的生命經驗有關。到了這裡，就要講到一件讓人失望的事──至少我會覺得失望──催產素似乎並非把**不同的人**拉得更近的萬靈丹；事實上，它的作用可能正好相反。

談到不同連結機制的利弊，這裡又有一個變數：有研究顯示，這個促進我們彼此連結的化學物質，似乎也會加強我們對「群體內」和「群體外」差異的覺察力。舉例來說，卡斯登・德卓如（Carsten de Dreu）等人進行的一系列研究，發現當成年男性服用催產素後，族群中心（ethnocentric）、「群體內」的偏見會增強。[43] 另一項研究發現，成年男性[†]服用催產

---

* 事實上，人類嬰兒確實有先天的偏好，會特別注意跟社交有關的外部刺激，像是臉部和語音。

† 如果你不懂為什麼這些研究好像都只有針對男性，有這個疑惑的人不只有你。我猜測這背後的原因事關生理、社會角色，或以上兩者兼具，使得男性和女性可能會有不同的反應。然後，假如你的經費不夠，或者可以用的刺激不夠多，無法針對男性和女性都做實驗，你就會針對男性來做，因為──對不起，我想不到科學上還有什麼理由了。

素後，他們對痛苦的表情更敏感，[44]但這個效應只發生在跟他們同一個種族的面孔上。

有一件事需要留意：催產素不會**製造**出這種群體內的偏見，但它很可能**增強**既有偏見的突顯性。在以上列舉的兩個實驗裡，控制組裡的男性本來就已經有群體內的偏見了。催產素導致偏見變得更強，可能反映出大腦原本就已經會用某種社會線索，把外在世界區分為「我們」和「他們」，催產素只是把這個線索「放大」而已。

與此相呼應的是米凱拉·普芬邁爾（Michaela Pfundmair）等人的研究。她的團隊將六十名男女受試者編組，並讓受試者**以為**分配的依據是每個人對藝術的喜好。[45]在這種情況下，催產素**並沒有**增強群體內的偏見。研究人員先給每位受試者看畫，每次會出現兩幅畫，請受試者選出自己偏好哪一幅。這樣挑選了十次之後，不管受試者究竟是怎麼選的，研究人員都會跟受試者說他們挑選了「佩希斯坦」（Pechstein）的畫作，然後把受試者分配到「佩希斯坦隊」。在各種暗示之下，受試者以為有另一個「黑克爾隊」（Heckel），裡面的成員是跟他們喜歡不同畫作的人，但其實這一個小組根本不存在。受試者分編組別後，就會再觀看一系列非常無趣的影片（這是製作給嬰兒看的），裡面會有一隻真人的手或一隻機械手臂伸入畫面，靠向畫面上兩個物體的其中一個。每次出現真人手臂之前，畫面上會寫出這個人屬於「佩希斯坦隊」或「黑克爾隊」。

受試者參與這個實驗的時候，基本上不太可能對這兩名

畫家有什麼樣子具體的認同感。但是，受試者被分配到「佩希斯坦隊」後，在自評的時候會覺得對「佩希斯坦隊」的其他成員更有同理心，對「黑克爾隊」則否。不過，受試者服用催產素之後，這個效應**並沒有**增強：事實上，跟機械手臂的影片相比，服用催產素的受試者會花更多時間觀看真人手臂的影片，不管影片中的人屬於哪一隊。不論受試者有沒有服用催產素，他們都會花比較多的時間看「佩希斯坦隊」的手；但服用催產素後，相關的效應不顯著，變化的大小也不顯著。換言之，在受試者的生命經驗裡，假如原本就不覺得「和喜歡佩希斯坦的人站在同一邊」會有什麼好處，那麼催產素就不會替他們生出這個好處。

也許我這顆樂觀過頭的多巴胺式大腦在耍我，但假如我們想跨越彼此間的差異來相互連結，以上的結果可能還能讓我們保有一絲希望。從這些研究結果來看，催產素可能會增強我們區分群體內／外時使用的社會線索，但假如你想修改你對「這種人才跟我同一群」*[46]的定義，它也會留出空間讓你學習哪些線索對**你**來說重要。我和我的大腦覺得這一點很重要，但假如你和你的大腦還沒看出這件事情的重要性，接下來我會談談當我們有辦法逆推另一個人的心智時，可以看到哪些好處。

---

* 這樣宛如「狗群」的譬喻在此格外貼切，因為研究一致發現，主人看自己的狗、狗看自己的主人時，雙方的催產素都會因此增加。我們**可以**把歸屬感拉得這麼廣，這件事是不是太美了呢？

團隊中有你有我

　　到目前為止，我們在這一章裡談過我們用來理解別人行為的先天機制會以自我為中心，因此讓人傾向和大腦相似的人相處。但是，我們也看到一些強力的證據，說明我們理解別人心智的能力，以及理解別人時會考慮哪些社會線索，有可能是靠**後天學習**而來的。所以，在我讓你自行判斷你能不能跟運作方式不同的人連結之前，請容我提出**集體社會智能**（collective social intelligence）的論證，以及模擬心智的能力在這方面已知會扮演什麼角色。套用一下瑪雅・安吉羅的話，假如更懂事後真的有辦法做得更好，現在講這些就值得了。

　　不論我們喜不喜歡，*我們一生當中一定會有被迫和其他人合作，但這些人不是我們挑選的時候。不論是課堂上的小組作業，或是在工作場合裡，人類經驗裡必定會有身處某個團隊的時候。當團隊裡一切**順利**時，團隊的表現真的會有「一加一大於二」的效果。由此來看，也難怪組織心理學家幾十年來一直在想辦法弄懂這件事：要組成一個成功的團隊，到底有什麼祕方呢？

　　過去十年以來，團隊合作的科學研究大幅躍進，其中一個重要因素是這方面的研究開始考量人的模擬心智能力。安妮塔・沃利（Anita Woolley）等人進行了兩個龐大的團隊合作實驗，正好印證了這一方面的進步。沃利的團隊首先設法以她定義的「集體智能」（collective intelligence），[47] 來衡量團隊的成

功程度。她先將六百九十九名受試者隨機組成小組，每一組有兩到五個人。接著，她要小組裡的人合力解決各種問題，這些問題經由實驗團隊挑選，小至視覺謎題，大至道德評斷，或是協調有限的資源要怎麼運用，這些問題的用途是測試在各種條件下的團體表現。實驗進行的時間可能長達五個小時，在此期間，這些完全由陌生人組成的小組必須合作，來完成由研究人員規範的目標。

沃利在這個研究領域最初的重要貢獻之一，是證明成功的團隊會不會表現得更好，跟他們被要求完成的任務是**獨立**變項。換句話說，這些被隨機分配的受試者，不會再自行分成「負責解謎的小組」或「負責做規畫的小組」。沃利根據每個小組在所有任務裡的表現，計算出每個小組的**集體智能**。在成功的團隊裡，這一個指標就足以解釋他們在**所有**任務當中40%的成功率。有了這個結果之後，她就有辦法再追問這個領域的學者長年以來一直研究的大哉問。

有什麼指標可以預測團隊會不會成功？

這項研究有一項相當出乎意料的發現：不管是團隊中所有成員的平均智能，或者隊中單一成員的最高智能，都跟集體智能**沒有**顯著關聯；[†]另外，團隊的平均動力、滿意度，或內聚

---

* 這很可能跟你的外向程度相關……

† 如果將這兩個實驗獨立開來看，這些變因跟集體智能無顯著相關。但是，將兩個實驗的結果平均後，這些變因就有達到顯著性了，分別足以解釋2.2%和3.6%的差異。

力也都和集體智能無關。以下三個變因可以穩定地預測團隊在各方面的表現：一、用眼神測驗測出逆推他人心智的能力之平均值，測驗表現與團隊表現正相關；二、團隊成員輪流講話的分布方式，輪流講話分布得越平均，團隊表現就越好；三、團隊中女性成員的比例，女性成員的數量與團隊表現正相關。[*]這些革命性的新發現又有更多的研究加以佐證：眼神測驗的結果也能用來預測課堂上小組作業的表現，[48]以及**線上合作**的表現。[49]在本章的最後一節裡，我們會把各種關於「理解別人」的知識連結在一起，我會盡可能用我的話，向你分享一些我腦袋裡的知識。

小結：鏡像反映他人心智的能力，取決於大腦之間的相似性；「心智關注能力」則會影響我們模擬他人的能力

把這一章裡各個研究發現串在一起後，就會發現這一切透露出非常深刻的啟示。首先，我們若想要理解別人，最直接的方法就是穿上他們的鞋子、站在他們的觀點。這樣可以產生出強烈「感同身受」的體驗，但如果別人穿的鞋子跟你的尺寸不一樣，就不太容易跟他連結了。另外，每個人的運作方式可能也不太一樣，也因此我們會覺得周遭的人同質性太高，可能就是這種「鏡像」機制使然。大腦運作方式相似的人，通常會聚集並形成想法相近的群體。

但是我們還有其他更費力的方法，從我們觀察得到的線索進行逆向工程，推敲出別人的大腦。這種「心論」的方法可能跟一個人的語言能力強烈相關，而且出乎意料的是，這些方法好像全靠後天學習而來。但是，知道別人在想什麼，或者有什麼感受，不一定表示你會利用這些資訊，在行為時顧及他們的感受。催產素產生的訊號有可能形成這方面的動力：多巴胺酬賞機制會促使你想要和別人連結，而催產素會增強這些機制，進而將社交相關的訊號放大——最起碼，假如你有動力想跟某些群體連結，你跟他們互動的時候就會產生這個現象。

　　最後，從團隊合作的研究文獻來看，擅長逆推他人心智的人，在各種合作環境裡也**更成功**。在線上合作時，團隊裡的成員互相**看不到**彼此，但眼神測驗的表現卻也能預測線上合作是否能成功；因此，我們從面部表情逆推他人感受的能力，很有可能反映了一種更全面的能力，亦即利用可觀察得到的社會線索（包括語言），來**推敲**出別人腦袋裡的內容。這些應該是後天學習而來的能力，因此我們應該有機會在這些方面更進步。這是一件好事，因為根據坎特的模型，人際關係取決於言語和非言語的溝通與互相理解能力。從我大腦的觀點來看，這件事帶來的啟示如下：就模擬心智的能力而言，多練習能讓人進步，只要你多練習，就會感受到你和別人的互動更成功。

　　講到跟別人的互動，我為你寫了這本書，在這個過程當中

---

*　我可沒有在這裡製造新聞喔，我只是據實報導而已。

學到不少關於你的事，我由衷希望你讀完這本書之後，也同樣學到更多關於**你自己**的事。如果你確實有學到，那麼當你把這一切知識裝進你的馬鞍袋，繼續向前邁進時，我希望你給自己一點挑戰，在你設法理解自己和別人的時候，試試看用**不一樣**的方法。讀完這本書後，希望你在這樣做的時候更能掌握到導航的方向。

你能不能根據你對大腦運作方式的認知，逆推出你的想法、感受和行為呢？這個念頭有時候可能會讓你感到不安，但你現在知道大腦怎麼建構出屬於你的現實真相，有了這個認知之後，你對於你自己的認知是否會改變呢？

接著，你能不能再往外推一步去理解別人：你也許覺得某個人的行為方式非常白癡，但這會不會只是因為驅動他的那顆大腦，是被不同的經驗塑造出來的呢？心智由大腦而生，因此，我相信當你這樣去理解別人時，就會得到非常強大的心智模擬能力。俗話說，要穿別人的鞋子走上一哩路，但如果別人的鞋子大小不合你的腳，你走這一哩路一定會滿腳水泡。我想要你跟我一起，試試看在別人的頭腦裡走上一哩路：只要一窺我們生而為人的「存在」可能有哪些生理上的差異，**你的**心智就有可能打開另一個未曾探索的新世界。

謝辭

　　我還年輕的時候，曾經開玩笑說我有一天要寫一本書獻給諾拉（Norah）——在「表面自由派、裡面保守派」的加州戴維斯市裡，她是當地的女童軍領袖，而且因為我和賈絲敏跟她圈子裡其他中產階級的「足球媽媽」不搭，她每次都讓我們兩個覺得自己像垃圾。但現在已經過了二十年，我也稍微沒那麼氣她了。事實上，我甚至還**有點**感謝她讓我有這個成長經驗，因為這讓我有動力想要知道**為什麼**有人會像她那樣。所以，雖然說我現在講這句話的動機可能沒有像以前**那麼**幼稚——謝謝你，諾拉。

　　但我比較想把焦點放在支持我的人，幸好這些人比唱衰我的人多了一千倍，我**太**幸運了。所以，我就先用最**真誠**的心感謝一輩子都支持我的人——我的父母。我會那麼好奇人與人之間的差異，一定是因為我爸和我媽的個性南轅北轍。他們兩個人會在一起，想必是因為他們住在小鎮裡，而且自由戀愛運動當時正如火如荼，但就算時間不長，我還是很高興他們有在一起過。你可能想像得到，管教我這樣的孩子很累。媽媽，謝謝你力盡所能地照顧我，即使我們兩人的「運作」有時候不太一樣。謝謝爸爸鼓勵我大膽做夢。也謝謝我的繼父吉姆（Jim），讓我知道各種跟車子有關的事，這樣我才能在書裡用

車子當譬喻，而且在我把這些譬喻寫進書裡之前還幫我確認過好幾個版本的草稿。

當然，還有我生下來的最好朋友——賈絲敏。我還記得當初夢想你未來會是什麼樣子，然後一路走來你總是讓我驚訝，因為你**遠遠**超越了我的夢想。謝謝你那麼在意我，讓我見識到人與人的連結可以有多強。也謝謝你對這本書最後三分之一的各種意見，你給意見雖然很慢，但詳細、有啟發性，而且**很搞笑**。希望你讀剩下的部分時也一樣會喜歡。

這就要帶出第一個讀完這整本書的人——安德烈。舉凡你畫的圖、我們在戶外健行時交換寫作建議，或是我忙著做兩份全職工作的時候，家裡幾乎所有大大小小的事都給你處理——沒有你的話，我不可能做到這一切。我有點擔心跟一堆陌生人講你有多棒會不會不太好，更何況我覺得自己實在配不起你，但我相信我們之間的連結除了有催產素加持之外，也因為沒有別人可以像我一樣那麼懂基底核。謝謝你當我最強力的支持者。我真希望我有辦法透過你的大腦來看這個世界（還有看我自己）。

接著，還要感謝超強的經紀人 Margo Beth Fleming，以及傑出的編輯 Jill Schwartzman ——這一對真的威力特強。謝謝你們願意接納一個沒什麼成果，只有各種奇特想法的人——我鐵定讓你們吃了不少苦頭。也謝謝你們跟我解釋各種**大大小小**的事，願意聆聽我，而且每次詢問我的進度時，都接受我附加各種無言的迷因圖和近日生活照。

　　我也要感謝Ray Perez和美國海軍研究辦公室（Office of Naval Research）的學習認知科學計畫（Cognitive Science of Learning Program），他們除了資助我的研究經費外，也補助了一部分寫作經費。還要感謝華盛頓州西南度假村（Sou'wester Lodge）的藝術家駐村計畫，在我如火如荼寫作的時候收留我和我的狗狗。

　　當然，還要感謝一路上幫我看過草稿，或者建議我應該談哪些內容的親朋好友和學生：Eddie、Jen K.、Jenni、Jeanne、Brianna、Katie（我的繆斯女神）、David和Judy（我在寫作的過程中跟你們變成一家人）、Caitlin、堂弟Danny、Shaya、Danny叔叔、Jen J.、Kira、Maria、Michelle、Jan阿姨、Tonya、Richard、Stacie、Robin、Holy A.、Julie、Larry叔叔、Kristy、Annamarie S.、Claire、Deanna、Deborah、Jeffrey、Obadiah、Kim（願你安息）、Dawn、Dina、Charlotte、Erik、Rabiah、Akira、Yinan、Olga、Zirui、Malayka、Lauren、Thea、Marissas、Margarita、Jim、Jay、Cher、Preston、Amanda、Mari和Shreya。我還要特別感謝Justin和Jim用他們的「鷹眼」幫我校對。全村人一起投入才能完成一件事，幸好我的村子很強大。

　　最後要感謝的對象絕對很重要：我的狗狗可可琳娜，我寫作中大概95%的時候都坐在我身旁。謝謝你讓我的大腦裡充滿催產素，也讓我知道有時候只需要待在一個人身邊，就已經是最美好的事了。

註釋

序

1. Kieran O'Driscoll and John Paul Leach, "'No Longer Gage': An Iron Bar Through the Head: Early Observations of Personality Change After Injury to the Prefrontal Cortex," *British Medical Journal* (1998): 1673–1674.
2. John M. Harlow, "Recovery from the Passage of an Iron Bar Through the Head," *History of Psychiatry* 4, no. 14 (1993): 274–281.
3. David M. Lyons et al., "Stress-Level Cortisol Treatment Impairs Inhibitory Control of Behavior in Monkeys," *Journal of Neuroscience* 20, no. 20 (2000): 7816–7821.

緒論

1. See, for example, Marcus E. Raichle and Debra A. Gusnard, "Appraising the Brain's Energy Budget," *Proceedings of the National Academy of Sciences* 99, no. 16 (2002): 10237–10239.
2. Este Armstrong et al., "The Ontogeny of Human Gyrification," *Cerebral Cortex* 5, no. 1 (1995): 56–63.
3. David C. Van Essen et al., "Development and Evolution of Cerebral and Cerebellar Cortex," *Brain, Behavior and Evolution* 91 (2018): 158–169.
4. Michael A. McDaniel, "Big-Brained People Are Smarter: A Meta-Analysis of the Relationship Between In Vivo Brain Volume and Intelligence," *Intelligence* 33, no. 4 (2005): 337–346.
5. Edwin G. Boring, "Intelligence as the Tests Test It," *New Republic* 35, no. 6 (1923): 35–37.

6. Eleanor A. Maguire et al., "Navigation-Related Structural Change in the Hippocampi of Taxi Drivers," *Proceedings of the National Academy of Sciences* 97, no. 8 (2000): 4398–4403.

7. Katherine Woollett and Eleanor A. Maguire, "Acquiring 'the Knowledge' of London's Layout Drives Structural Brain Changes," *Current Biology* 21, no. 24 (2011): 2109–2114.

8. Eleanor A. Maguire, Katherine Woollett, and Hugo J. Spiers, "London Taxi Drivers and Bus Drivers: A Structural MRI and Neuropsychological Analysis," *Hippocampus* 16, no. 12 (2006): 1091–1101.

9. American Psychiatric Association, *Diagnostic and Statistical Manual of Mental Disorders (DSM 5®)* (American Psychiatric Publishing, 2013).

10. Edward M. Hallowell, MD, and John J. Ratey, *Driven to Distraction: Recognizing and Coping with Attention Deficit Disorder from Childhood Through Adulthood* (New York: Anchor, 2011).

11. Joseph Henrich, Steven J. Heine, and Ara Norenzayan, "The Weirdest People in the World?" *Behavioral and Brain Sciences* 33, no. 2–3 (2010): 61–83, and Joseph Henrich, *The Weirdest People in the World: How the West Became Psychologically Peculiar and Particularly Prosperous* (New York: Farrar, Straus and Giroux, 2020).

12. Fred Rogers, *You Are Special: Neighborly Words of Wisdom from Mister Rogers* (New York: Penguin, 1995).

13. Steven Pinker, *How the Mind Works* (Penguin UK, 2003).

14. Pinker, *How the Mind Works*.

15. John G. White et al., "The Structure of the Nervous System of the Nematode Caenorhabditis Elegans," *Philosophical Transactions of the Royal Society of London, Series B, Biological Sciences* 314, no. 1165 (1986): 1–340. Also see Steven J. Cook et al., "Whole-Animal Connectomes of Both Caenorhabditis Elegans Sexes," *Nature* 571, no. 7763 (2019): 63–71.

16. （這類影片有很多，但我喜歡這部！）"Action Potentials in Neurons, Animation," Alila Medical Media, YouTube video, uploaded April 25, 2016, https://www.youtube.com/watch?v=iBDXOt_uHTQ.

17. Cornelia I. Bargmann, "Neurobiology of the Caenorhabditis Elegans

Genome," *Science* 282, no. 5396 (1998): 2028–2033; Anders Olsen and Matthew S. Gill, eds., *Ageing: Lessons from C. Elegans* (Springer International Publishing, 2017); and Lisa R. Girard et al., "WormBook: The Online Review of Caenorhabditis Elegans Biology," *Nucleic ACIDS RESEARCH* 35, no. suppl_1 (2007): D472—D475.

18. Roy J. Britten, "Divergence Between Samples of Chimpanzee and Human DNA Sequences Is 5%, Counting Indels," *Proceedings of the National Academy of Sciences* 99, no. 21 (2002): 13633–13635.

19. Debra L. Long and Kathleen Baynes, "Discourse Representation in the Two Cerebral Hemispheres," *Journal of Cognitive Neuroscience* 14, no. 2 (2002): 228–242.

20. Debra L. Long, Brian J. Oppy, and Mark R. Seely, "Individual Differences in Readers' Sentence-and Text-Level Representations," *Journal of Memory and Language* 36, no. 1 (1997): 129–145.

21. Chantel S. Prat, Debra L. Long, and Kathleen Baynes, "The Representation of Discourse in the Two Hemispheres: An Individual Differences Investigation," *Brain and Language* 100, no. 3 (2007): 283–294.

22. John Hughlings Jackson, "A Study of Convulsions," *St. Andrews Medical Graduates' Association Transactions 1869* (1870): 162–204.

23. Woollett and Maguire, "Acquiring 'the Knowledge.'"

24. Tim Wardle, dir., *Three Identical Strangers*, Neon, 2018.

25. G. Ferris Wayne and G. N. Connolly, "How Cigarette Design Can Affect Youth Initiation into Smoking: Camel Cigarettes 1983–93," *Tobacco Control* 11 (2002): i32–i39.

26. Jacqueline M. Vink, Gonneke Willemsen, and Dorret I. Boomsma, "Heritability of Smoking Initiation and Nicotine Dependence," *Behavior Genetics* 35, no. 4 (2005): 397–406.

27. V. E. Ellie et al., "U.S. Horseback Riders," *Wonder*, 2019, askwonder.com.

28. Jeffrey Z. Rubin, Frank J. Provenzano, and Zella Luria, "The Eye of the Beholder: Parents' Views on Sex of Newborns," *American Journal of Orthopsychiatry* 44, no. 4 (1974): 512. 二十年後的後續追蹤：Katherine Hildebrandt Karraker, Dena Ann Vogel, and Margaret Ann Lake, "Parents'

Gender-Stereotyped Perceptions of Newborns: The Eye of the Beholder Revisited," *Sex Roles* 33, no. 9 (1995): 687–701.

29. Brené Brown, B*raving the Wilderness: The Quest for True Belonging and the Courage to Stand Alone* (Random House, 2017). 這是我最喜歡的書籍之一，它為我帶來了深刻的影響。

第一部分：大腦的設計

1. Brian Levine, "Autobiographical Memory and the Self in Time: Brain Lesion Effects, Functional Neuroanatomy, and Lifespan Development," *Brain and Cognition* 55, no. 1 (2004): 54–68.

第一章：偏向一邊

1. Peter F. MacNeilage, Lesley J. Rogers, and Giorgio Vallortigara, "Origins of the Left & Right Brain," *Scientific American* 301, no. 1 (2009): 60–67, http:// www.jstor.org/ stable/ 26001465.

2. J. A. Nielsen et al., "An Evaluation of the Left-Brain Vs. Right-Brain Hypothesis with Resting State Functional Connectivity Magnetic Resonance Imaging," *PloS one 8*, no. 8 (2013), e71275.

3. S. Knecht et al., "Degree of Language Lateralization Determines Susceptibility to Unilateral Brain Lesions," *Nature Neuroscience* 5, no. 7 (2002): 695–699.

4. M. Annett, "Handedness and Cerebral Dominance: The Right Shift Theory," *Journal of Neuropsychiatry and Clinical Neurosciences* 10, no. 4 (1998): 459–469; and Marian Annett, *Left, Right, Hand and Brain: The Right Shift Theory* (Psychology Press, UK, 1985).

5. Fotios Alexandros Karakostis et al., "Biomechanics of the Human Thumb and the Evolution of Dexterity," *Current Biology* 31, no. 6 (2021): 1317–1325.

6. T. A. Yousry et al., "Localization of the Motor Hand Area to a Knob on the Precentral Gyrus. A New Landmark," *Brain: A Journal of Neurology* 120, no. 1 (1997): 141–157.

7. Katrin Amunts et al., "Asymmetry in the Human Motor Cortex and Handed-

ness," *Neuroimage* 4, no. 3 (1996): 216–222.

8. Richard C. Oldfield, "The Assessment and Analysis of Handedness: The Edinburgh Inventory," *Neuropsychologia* 9, no. 1 (1971): 97–113.

9. D. C. Bourassa, "Handedness and Eye-Dominance: A Meta-Analysis of Their Relationship," *Laterality* 1, no. 1 (1996): 5–34.

10. See, for example, Jerre Levy et al., "Asymmetry of Perception in Free Viewing of Chimeric Faces," *Brain and Cognition* 2, no. 4 (1983): 404–419.

11. Victoria J. Bourne, "Examining the Relationship Between Degree of Handedness and Degree of Cerebral Lateralization for Processing Facial Emotion," *Neuropsychology* 22, no. 3 (2008): 350.

12. Bourassa, "Handedness and Eye-Dominance."

13. Bourne, "Examining the Relationship." Also see S. Frässle et al., "Handedness Is Related to Neural Mechanisms Underlying Hemispheric Lateralization of Face Processing," *Scientific Reports* 6 (2016): 27153; Roel M. Willems, Marius V. Peelen, and Peter Hagoort, "Cerebral Lateralization of Face-Selective and Body-Selective Visual Areas Depends on Handedness," *Cerebral Cortex* 20, no. 7 (2009): 1719–1725; and Michael W. L. Chee and David Caplan, "Face Encoding and Psychometric Testing in Healthy Dextrals with Right Hemisphere Language," *Neurology* 59, no. 12 (2002): 1928–1934.

14. Debra L. Mills, Sharon Coffey-Corina, and Helen J. Neville, "Language Comprehension and Cerebral Specialization from 13 to 20 Months," *Developmental Neuropsychology* 13, no. 3 (1997): 397–445.

15. Stefan Knecht et al., "Handedness and Hemispheric Language Dominance in Healthy Humans," *Brain* 123, no. 12 (2000): 2512–2518.

16. P. Broca, "Remarks on the Seat of the Faculty of Articulated Language, Following an Observation of Aphemia (Loss of Speech)," *Bulletin de la Société Anatomique* 6 (1861): 330–357.

17. Nina F. Dronkers, "A New Brain Region for Coordinating Speech Articulation," *Nature* 384, no. 6605 (1996): 159–161.

18. Nina F. Dronkers et al., "Paul Broca's Historic Cases: High Resolution MR Imaging of the Brains of Leborgne and Lelong," *Brain* 130, no. 5 (2007): 1432–1441.

19. Myrna F. Schwartz, Eleanor M. Saffran, and Oscar S. Marin, "The Word Order Problem in Agrammatism: I. Comprehension," *Brain and Language* 10, no. 2 (1980): 249–262.

20. Ay e Pınar Saygın et al., "Action Comprehension in Aphasia: Linguistic and Non-Linguistic Deficits and Their Lesion Correlates," *Neuropsychologia* 42, no. 13 (2004): 1788–1804.

21. Knecht et al., "Handedness and Hemispheric Language Dominance."

22. Mari Tervaniemi and Kenneth Hugdahl, "Lateralization of Auditory-Cortex Functions," *Brain Research Reviews* 43, no. 3 (2003): 231–246.

23. David Poeppel, "The Analysis of Speech in Different Temporal Integration Windows: Cerebral Lateralization as 'Asymmetric Sampling in Time,' " *Speech Communication* 41, no. 1 (2003): 245–255.

24. Robert J. Zatorre, Pascal Belin, and Virginia B. Penhune, "Structure and Function of Auditory Cortex: Music and Speech," *Trends in Cognitive Sciences* 6, no. 1 (2002): 37–46.

25. "Siddharth Nagarajan," Wikipedia, accessed online April 15, 2021, https://en.wikipedia.org/wiki/Siddharth_Nagarajan/.

26. Elkhonon Goldberg and Louis D. Costa, "Hemisphere Differences in the Acquisition and Use of Descriptive Systems," *Brain and Language* 14, no. 1 (1981): 144–173.

27. Eliza L. Nelson, Julie M. Campbell, and George F. Michel, "Unimanual to Bimanual: Tracking the Development of Handedness from 6 to 24 Months," *Infant Behavior and Development* 36, no. 2 (2013): 181–188; and Jacqueline Fagard and Anne Marks, "Unimanual and Bimanual Tasks and the Assessment of Handedness in Toddlers," *Developmental Science* 3, no. 2 (2000): 137–147.

28. For example, Mills et al., "Language Comprehension and Cerebral Specialization," and Margriet A. Groen et al., "Does Cerebral Lateralization Develop? A Study Using Functional Transcranial Doppler Ultrasound Assessing Lateralization for Language Production and Visuospatial Memory," *Brain and Behavior* 2, no. 3 (2012): 256–269.

29. Judith Evans et al., "Differential Bilingual Laterality: Mythical Monster

Found in Wales," *Brain and Language* 83, no. 2 (2002): 291–299.

30. See, for example, Kentaro Ono et al., "The Effect of Musical Experience on Hemispheric Lateralization in Musical Feature Processing," *Neuroscience Letters* 496, no. 2 (2011): 141–145; Charles J. Limb et al., "Left Hemispheric Lateralization of Brain Activity During Passive Rhythm Perception in Musicians," *The Anatomical Record Part A: Discoveries in Molecular, Cellular, and Evolutionary Biology: An Official Publication of the American Association of Anatomists* 288, no. 4 (2006): 382–389; and Peter Vuust et al., "To Musicians, the Message Is in the Meter: Pre-Attentive Neuronal Responses to Incongruent Rhythm Are Left-Lateralized in Musicians," *Neuroimage* 24, no. 2 (2005): 560–564.

31. Stefan Klöppel et al., "Nurture Versus Nature: Long-Term Impact of Forced Right-Handedness on Structure of Pericentral Cortex and Basal Ganglia," *Journal of Neuroscience* 30, no. 9 (2010): 3271–3275.

32. Joseph Dien, "Looking Both Ways Through Time: The Janus Model of Lateralized Cognition," *Brain and Cognition* 67, no. 3 (2008): 292–323.

33. Helena J. V. Rutherford and Annukka K. Lindell, "Thriving and Surviving: Approach and Avoidance Motivation and Lateralization," *Emotion Review* 3, no. 3 (2011): 333–343.

34. Ian Mayes, "Heads You Win: The Readers' Editor on the Art of the Headline Writer," *Guardian*, April 13, 2000: and "Syntactic ambiguity," Wikipedia, accessed online November 3, 2021, https://en.wikipedia.org/wiki/Syntactic_ambiguity#cite_note13/.

35. Michael S. Gazzaniga, Joseph E. Bogen, and Roger W. Sperry, "Some Functional Effects of Sectioning the Cerebral Commissures in Man," *Proceedings of the National Academy of Sciences* 48, no. 10 (1962): 1765–1769.

36. "Basic Split Brain Science Primer: Alan Alda with Michael Gazzaniga," Scientific American/Frontiers Introductory Psychology Video Collection, YouTube video, uploaded by Michael Blackstone on January 5, 2017, https://www.youtube.com/watch?v=4CdmvNKwNjM/.

37. Chantel S. Prat, Robert A. Mason, and Marcel Adam Just, "Individual Differences in the Neural Basis of Causal Inferencing," *Brain and Language* 116,

no. 1 (2011): 1–13; Chantel S. Prat, Robert A. Mason, and Marcel Adam Just, "An fMRI Investigation of Analogical Mapping in Metaphor Comprehension: The Influence of Context and Individual Cognitive Capacities on Processing Demands," *Journal of Experimental Psychology: Learning, Memory, and Cognition* 38, no. 2 (2012): 282; and Chantel S. Prat, "The Brain Basis of Individual Differences in Language Comprehension Abilities," *Language and Linguistics Compass* 5, no. 9 (2011): 635–649.

38. Matthew E. Roser et al., "Dissociating Processes Supporting Causal Perception and Causal Inference in the Brain," *Neuropsychology* 19, no. 5 (2005): 591.

39. @KylePlantEmoji 的推特貼文寫到：「冷知識：有些人心裡會有一把聲音，但有些人不會。也就是說，有些人的思緒就像平常『聽到』的句子一般，有些人則只會有抽象的非語音思緒，得刻意注意才能聽到這些想法。大部份的人都不會注意到他們是哪一類人。」on January 27, 2020, https://twitter.com/KylePlantEmoji/status/1221713792913965061?s=20.

40. David Wolman, "The Split Brain: A Tale of Two Halves," *Nature News* 483, no. 7389 (2012): 260.

41. Maria Casagrande and Mario Bertini, "Night-Time Right Hemisphere Superiority and Daytime Left Hemisphere Superiority: A Repatterning of Laterality Across Wake–Sleep–Wake States," *Biological Psychology* 77, no. 3 (2008): 337–342.

42. See, for example, Eddie Harmon-Jones, "Unilateral Right-Hand Contractions Cause Contralateral Alpha Power Suppression and Approach Motivational Affective Experience," *Psychophysiology* 43, no. 6 (2006): 598–603.

第二章：調和的學問

1. 不完整但簡明的列表，見："Neurotransmitter" entry on Wikipedia, last accessed online November 4, 2021, https://en.wikipedia.org/wiki/Neurotransmitter/

2. Diane C. Mitchell et al., "Beverage Caffeine Intakes in the US," *Food and Chemical Toxicology* 63 (2014): 136–142.

3. O. Cauli and Micaela Morelli, "Caffeine and the Dopaminergic System," *Behavioural Pharmacology* 16, no. 2 (2005): 63–77. Also see Marcello Solinas et al., "Caffeine Induces Dopamine and Glutamate Release in the Shell of the Nucleus Accumbens," *Journal of Neuroscience* 22, no. 15 (2002): 6321–6324.

4. Mriganka Sur, Preston E. Garraghty, and Anna W. Roe, "Experimentally Induced Visual Projections into Auditory Thalamus and Cortex," *Science* 242, no. 4884 (1988): 1437–1441.

5. Laurie Von Melchner, Sarah L. Pallas, and Mriganka Sur, "Visual Behaviour Mediated by Retinal Projections Directed to the Auditory Pathway," *Nature* 404, no. 6780 (2000): 871–876. Also see Sandra Blakeslee, " 'Rewired' Ferrets Overturn Theories of Brain Growth," *New York Times*, April 25, 2000.

6. Jürgen Hänggi, Diana Wotruba, and Lutz Jäncke, "Globally Altered Structural Brain Network Topology in Grapheme-Color Synesthesia," *Journal of Neuroscience* 31, no. 15 (2011): 5816–5828.

7. Richard E. Cytowic and David Eagleman, *Wednesday Is Indigo Blue: Discovering the Brain of Synesthesia* (MIT Press, 2011). Also see David Brang and Vilayanur S. Ramachandran, "Survival of the Synesthesia Gene: Why Do People Hear Colors and Taste Words?" *PLoS Biology* 9, no. 11 (2011): e1001205.

8. P. A. MacFaul, "Visual Prognosis After Solar Retinopathy," *British Journal of Ophthalmology* 53, no. 8 (1969): 534.

9. Richard P. Atkinson and Helen J. Crawford, "Individual Differences in After-image Persistence: Relationships to Hypnotic Susceptibility and Visuospatial Skills," *American Journal of Psychology* (1992): 527–539. Also see Richard P. Atkinson, "Enhanced Afterimage Persistence in Waking and Hypnosis: High Hypnotizables Report More Enduring Afterimages," *Imagination, Cognition and Personality* 14, no. 1 (1994): 31–41.

10. David J. Acunzo, David A. Oakley, and Devin B. Terhune, "The Neurochemistry of Hypnotic Suggestion," *American Journal of Clinical Hypnosis* 63, no. 4 (2021): 355–371.

11. Statistic taken from the National Institute of Mental Health's 2019 Survey,

https://www.nimh.nih.gov/health/statistics/major-depression/.

12. Gerard Saucier, "Mini-Markers: A Brief Version of Goldberg's Unipolar Big-Five Markers," *Journal of Personality Assessment* 63, no. 3 (1994): 506–516.

13. Richard A. Depue and Yu Fu, "Neurobiology and Neurochemistry of Temperament in Adults," in *Handbook of Temperament*, eds. M. Zentner and R. L. Shiner (New York: Guilford Press, 2012), 368–399. Also see Irina Trofimova and Trevor W. Robbins, "Temperament and Arousal Systems: A New Synthesis of Differential Psychology and Functional Neurochemistry," *Neuroscience & Biobehavioral Reviews* 64 (2016): 382–402.

14. See, for example, Randall A. Gordon, "Social Desirability Bias: A Demonstration and Technique for Its Reduction," *Teaching of Psychology* 14, no. 1 (1987): 40–42.

15. Hans Jurgen Eysenck, "Biological Basis of Personality," *Nature* 199, no. 4898 (1963): 1031–1034. Also see Jeffrey A. Gray, "A Critique of Eysenck's Theory of Personality," in *A Model for Personality,* ed. H. J. Eysenck (Springer-Verlag, 1981), 246–276; and Gerald Matthews and Kirby Gilliland, "The Personality Theories of HJ Eysenck and JA Gray: A Comparative Review," *Personality and Individual Differences* 26, no. 4 (1999): 583–626, for review of the others.

16. Richard A. Depue and Paul F. Collins, "Neurobiology of the Structure of Personality: Dopamine, Facilitation of Incentive Motivation, and Extraversion," *Behavioral and Brain Sciences* 22, no. 3 (1999): 491–517.

17. See, for example, Troels W. Kjaer et al., "Increased Dopamine Tone During Meditation-Induced Change of Consciousness," *Cognitive Brain Research* 13, no. 2 (2002): 255–259; and Jeffrey M. Brown, Glen R. Hanson, and Annette E. Fleckenstein, "Methamphetamine Rapidly Decreases Vesicular Dopamine Uptake," *Journal of Neurochemistry* 74, no. 5 (2000): 2221–2223.

18. Michael X. Cohen et al., "Individual Differences in Extraversion and Dopamine Genetics Predict Neural Reward Responses," *Cognitive Brain Research* 25, no. 3 (2005): 851–861.

19. Link to NIH website describing MRI technology, https://www.nibib.nih.gov/science-education/science-topics/magnetic-resonance-imaging-mri/.

20. Luke D. Smillie et al., "Variation in DRD2 Dopamine Gene Predicts Extraverted Personality," *Neuroscience Letters* 468, no. 3 (2010): 234–237.

21. See, for example, Luke D. Smillie et al., "Extraversion and Reward-Processing: Consolidating Evidence from an Electroencephalographic Index of Reward-Prediction-Error," *Biological Psychology* 146 (2019): 107735.

22. Luke D. Smillie, Andrew J. Cooper, and Alan D. Pickering, "Individual Differences in Reward–Prediction–Error: Extraversion and Feedback-Related Negativity," *Social Cognitive and Affective Neuroscience* 6, no. 5 (2011): 646–652.

23. David Watson and Lee Anna Clark, "Extraversion and Its Positive Emotional Core," in *Handbook of Personality Psychology*, eds. Robert Hogan, John A. Johnson, and Stephen R. Briggs (Academic Press, 1997), 767–793. Also see William Pavot, E. D. Diener, and Frank Fujita, "Extraversion and Happiness," *Personality and Individual Differences* 11, no. 12 (1990): 1299–1306; and Michael Argyle and Luo Lu, "The Happiness of Extraverts," *Personality and Individual Differences* 11, no. 10 (1990): 1011–1017.

24. J. Olds and Peter Milner, "Positive Reinforcement Produced by Electrical Stimulation of Septal Area and Other Brain Regions in the Rat," *Comparative Physiology* 47, no. 6 (1954): 419–427.

25. James Olds, "Pleasure Centers in the Brain," *Scientific American* 195, no. 4 (1956): 105–117.

26. Xue Sun, Serge Luquet, and Dana M. Small, "DRD2: Bridging the Genome and Ingestive Behavior," *Trends in Cognitive Sciences* 21, no. 5 (2017): 372–384.

27. Andre Der-Avakian and Athina Markou, "The Neurobiology of Anhedonia and Other Reward-Related Deficits," *Trends in Neurosciences* 35, no. 1 (2012): 68–77.

28. Y Lan Boureau and Peter Dayan, "Opponency Revisited: Competition and Cooperation Between Dopamine and Serotonin," *Neuropsychopharmacology* 36, no. 1 (2011): 74–97.

29. See, for example, Jessica M. Yano et al., "Indigenous Bacteria from the Gut Microbiota Regulate Host Serotonin Biosynthesis," *Cell* 161, no. 2 (2015): 264–276.

30. Nuria de Pedro et al., "Inhibitory Effect of Serotonin on Feeding Behavior in Goldfish: Involvement of CRF," *Peptides* 19, no. 3 (1998): 505–511.

31. Jeffrey W. Dalley and J. P. Roiser, "Dopamine, Serotonin and Impulsivity," *Neuroscience* 215 (2012): 42–58.

32. J. A. Schinka, R. M. Busch, and N. Robichaux-Keene, "A Meta-Analysis of the Association Between the Serotonin Transporter Gene Polymorphism (5—HT TLPR) and Trait Anxiety," *Molecular Psychiatry* 9, no. 2 (2004): 197–202.

33. Alessandro Serretti and Masaki Kato, "The Serotonin Transporter Gene and Effectiveness of SSRIs," *Expert Review of Neurotherapeutics* 8, no. 1 (2008): 111–120.

34. Klaus-Peter Lesch et al., "Association of Anxiety-Related Traits with a Polymorphism in the Serotonin Transporter Gene Regulatory Region," *Science* 274, no. 5292 (1996): 1527–1531.

35. J. D. Flory et al., "Neuroticism Is Not Associated with the Serotonin Transporter (5—HT TLPR) Polymorphism," *Molecular Psychiatry* 4, no. 1 (1999): 93–96.

36. Flory et al., "Neuroticism Is Not Associated," xxxii.

37. Hymie Anisman and Robert M. Zacharko, "Depression as a Consequence of Inadequate Neurochemical Adaptation in Response to Stressors," *British Journal of Psychiatry* 160, no. S15 (1992): 36–43.

38. Nicole Baumann and Jean-Claude Turpin, "Neurochemistry of Stress: An Overview," *Neurochemical Research* 35, no. 12 (2010): 1875–1879.

39. Baldwin M. Way and Shelley E. Taylor, "The Serotonin Transporter Promoter Polymorphism Is Associated with Cortisol Response to Psychosocial Stress," *Biological Psychiatry* 67, no. 5 (2010): 487–492.

40. Steven E. Hyman and Eric J. Nestler, "Initiation and Adaptation: A Paradigm for Understanding Psychotropic Drug Action," *American Journal of Psychiatry* (1996).

41. Laura M. Juliano and Roland R. Griffiths, "A Critical Review of Caffeine Withdrawal: Empirical Validation of Symptoms and Signs, Incidence, Severity, and Associated Features," *Psychopharmacology* 176, no. 1 (2004): 1–29.

42. W. A. Williams et al., "Effects of Acute Tryptophan Depletion on Plasma and Cerebrospinal Fluid Tryptophan and 5 Hydroxyindoleacetic Acid in Normal Volunteers," *Journal of Neurochemistry* 72, no. 4 (1999): 1641–1647.

43. J. B. Deijen and J. F. Orlebeke, "Effect of Tyrosine on Cognitive Function and Blood Pressure Under Stress," *Brain Research Bulletin* 33, no. 3 (1994): 319–323, and J. B. Deijen et al., "Tyrosine Improves Cognitive Performance and Reduces Blood Pressure in Cadets After One Week of a Combat Training Course," *Brain Research Bulletin* 48, no. 2 (1999): 203–209. But see also Lydia A. Conlay, Timothy J. Maher, and Richard J. Wurtman, "Tyrosine Increases Blood Pressure in Hypotensive Rats," *Science* 212, no. 4494 (1981): 559–560.

44. See, for example, Romain Meeusen and Kenny De Meirleir, "Exercise and Brain Neurotransmission," *Sports Medicine* 20, no. 3 (1995): 160–188.

45. Saskia Heijnen et al., "Neuromodulation of Aerobic Exercise—A Review," *Frontiers in Psychology* 6 (2016): 1890.

46. Tiffany Field et al., "Cortisol Decreases and Serotonin and Dopamine Increase Following Massage Therapy," *International Journal of Neuroscience* 115, no. 10 (2005): 1397–1413.

47. Rose H. Matousek, Patricia L. Dobkin, and Jens Pruessner, "Cortisol as a Marker for Improvement in Mindfulness-Based Stress Reduction," *Complementary Therapies in Clinical Practice* 16, no. 1 (2010): 13–19; and Kenneth G. Walton et al., "Stress Reduction and Preventing Hypertension: Preliminary Support for a Psychoneuroendocrine Mechanism," *Journal of Alternative and Complementary Medicine* 1, no. 3 (1995): 263–283.

48. Valentina Perciavalle et al., "The Role of Deep Breathing on Stress," *Neurological Sciences* 38, no. 3 (2017): 451–458.

第三章：保持同步

1. Gyorgy Buzsaki, *Rhythms of the Brain* (Oxford University Press, 2006).

2. Duncan J. Watts and Steven H. Strogatz, "Collective Dynamics of 'Small-World' Networks," *Nature* 393, no. 6684 (1998): 440–442.

3. For a comprehensive overview, see R. Douglas Fields, "White Matter Matters," *Scientific American* 298, no. 3 (2008): 54–61.

4. See, for example, Brian A. Wandell, Andreas M. Rauschecker, and Jason D. Yeatman, "Learning to See Words," *Annual Review of Psychology* 63 (2012): 31–53.

5. J. Ridley Stroop, "Studies of Interference in Serial Verbal Reactions," *Journal of Experimental Psychology* 18, no. 6 (1935): 643.

6. Amalajobitha, "Who Is the Fastest Rapper in the World 2021?" *Freshers Live*, July 28, 2021, https://latestnews.fresherslive.com/articles/fastest-rap-perthe-world the-fastest-the-world-261359/.

7. Earl K. Miller, Mikael Lundqvist, and André M. Bastos, "Working Memory 2.0," *Neuron* 100, no. 2 (2018): 463–475.

8. 對此提出的說法眾多，以下是一篇研究一心多用的訊號干擾的論著：Menno Nijboer et al., "Single-Task fMRI Overlap Predicts Concurrent Multitasking Interference," *NeuroImage* 100 (2014): 60–74.

9. Kimron L. Shapiro, Jane E. Raymond, and Karen M. Arnell, "The Attentional Blink," *Trends in Cognitive Sciences* 1, no. 8 (1997): 291–296.

10. See, for example, Chantel S. Prat et al., "Resting-State qEEG Predicts Rate of Second Language Learning in Adults," *Brain and Language* 157 (2016): 44–50; and Chantel S. Prat, Brianna L. Yamasaki, and Erica R. Peterson, "Individual Differences in Resting-State Brain Rhythms Uniquely Predict Second Language Learning Rate and Willingness to Communicate in Adults," *Journal of Cognitive Neuroscience* 31, no. 1 (2019): 78–94.

11. E. Paul Torrance, "Predictive Validity of the Torrance Tests of Creative Thinking," *Journal of Creative Behavior* (1972).

12. Edward M. Bowden and Mark Jung-Beeman, "Normative Data for 144 Compound Remote Associate Problems," *Behavior Research Methods, Instruments & Computers* 35, no. 4 (2003): 634–639.

13. Damien Chazelle, dir., *Whiplash*, Sony Pictures Classics, 2014.

14. C. Richard Clark et al., "Spontaneous Alpha Peak Frequency Predicts Working Memory Performance Across the Age Span," *International Journal of Psychophysiology* 53, no. 1 (2004): 1–9.

15. Brian Erickson et al., "Resting-State Brain Oscillations Predict Trait-Like Cognitive Styles," *Neuropsychologia* 120 (2018): 1–8.

16. Roberto Cecere, Geraint Rees, and Vincenzo Romei, "Individual Differences in Alpha Frequency Drive Crossmodal Illusory Perception," *Current Biology* 25, no. 2 (2015): 231–235.

17. W. Klimesch et al., "Alpha Frequency, Reaction Time, and the Speed of Processing Information," *Journal of Clinical Neurophysiology* 13, no. 6 (1996): 511–518. Also see Thomas H. Grandy et al., "Individual Alpha Peak Frequency Is Related to Latent Factors of General Cognitive Abilities," *Neuroimage* 79 (2013): 10–18, 此篇論著為有關 alpha 波頻率和更廣義的認知的相關討論。

18. O. M. Bazanova and L. I. Aftanas, "Individual Measures of Electroencephalogram Alpha Activity and Non-Verbal Creativity," *Neuroscience and Behavioral Physiology* 38, no. 3 (2008): 227–235.

19. C. M. Smit et al., "Genetic Variation of Individual Alpha Frequency (IAF) and Alpha Power in a Large Adolescent Twin Sample," *International Journal of Psychophysiology* 61, no. 2 (2006): 235–243.

20. Smit et al., "Genetic Variation of IAF," xiv.

21. John R. Hughes and Juan J. Cayaffa, "The EEG in Patients at Different Ages Without Organic Cerebral Disease," *Electroencephalography and Clinical Neurophysiology* 42, no. 6 (1977): 776–784.

22. See, for example, Tim Lomas, Itai Ivtzan, and Cynthia H. Y. Fu, "A Systematic Review of the Neurophysiology of Mindfulness on EEG Oscillations," *Neuroscience & Biobehavioral Reviews* 57 (2015): 401–410.

23. Manish Saggar et al., "Intensive Training Induces Longitudinal Changes in Meditation State-Related EEG Oscillatory Activity," *Frontiers in Human Neuroscience* 6 (2012): 256.

24. For review, see B. Rael Cahn and John Polich, "Meditation States and Traits: EEG, ERP, and Neuroimaging Studies," *Psychological Bulletin* 132, no. 2 (2006): 180.

25. Cameron Sheikholeslami et al., "A High Resolution EEG Study of Dynamic Brain Activity During Video Game Play," in *29th Annual International*

Conference of the IEEE Engineering in Medicine and Biology Society (IEEE, 2007): 2489–2491.

26. Robert J. Barry et al., "Caffeine Effects on Resting-State Arousal," *Clinical Neurophysiology* 116, no. 11 (2005): 2693–2700.

第四章：注意力

1. Rajesh P. N. Rao et al., "A Direct Brain-to Brain Interface in Humans," *PLOS ONE* 9, no. 11 (2014): e111332.

2. "Direct Brain Brain Communication in Humans: A Pilot Study," YouTube video, uploaded by uwneuralsystems, August 26, 2013, https://www.youtube.com/watch?v=rNRDc714W5I/.

3. Elena Gaby and Taryn Southern, dirs., *I Am Human, Futurism Studios*, March 3, 2020.

4. "Pizzagate conspiracy theory," Wikipedia, accessed online November 5, 2021, https://en.wikipedia.org/wiki/Pizzagate_conspiracy_theory/.

5. S. P. Stone, P. W. Halligan, and R. J. Greenwood, "The Incidence of Neglect Phenomena and Related Disorders in Patients with an Acute Right or Left Hemisphere Stroke," *Age and Ageing* 22, no. 1 (1993): 46–52.

6. See Andrew Parton, Paresh Malhotra, and Masud Husain, "Hemispatial Neglect," *Journal of Neurology, Neurosurgery & Psychiatry* 75, no. 1 (2004): 13–21, 這篇論著涵括了引人入勝的試驗。

7. B. Gialanella and F. Mattioli, "Anosognosia and Extrapersonal Neglect as Predictors of Functional Recovery Following Right Hemisphere Stroke," *Neuropsychological Rehabilitation* 2, no. 3 (1992): 169–178.

8. Elisabeth Becker and Hans-Otto Karnath, "Incidence of Visual Extinction After Left Versus Right Hemisphere Stroke," *Stroke* 38, no. 12 (2007): 3172–3174.

9. Guido Gainotti, "Lateralization of Brain Mechanisms Underlying Automatic and Controlled Forms of Spatial Orienting of Attention," *Neuroscience & Biobehavioral Reviews* 20, no. 4 (1996): 617–622.

10. See control groups in Naren Prahlada Rao et al., "Lateralisation Abnormalities

in Obsessive–Compulsive Disorder: A Line Bisection Study," *Acta Neuropsychiatrica* 27, no. 4 (2015): 242–247; and Karen E. Waldie and Markus Hausmann, "Right Fronto-Parietal Dysfunction in Children with ADHD and Developmental Dyslexia as Determined by Line Bisection Judgements," *Neuropsychologia* 48, no. 12 (2010): 3650–3656.

11. Waldie and Hausmann, "Right Fronto-Parietal Dysfunction."

12. Eunice N. Simões, Ana Lucia Novais Carvalho, and Sergio L. Schmidt, "What Does Handedness Reveal About ADHD? An Analysis Based on CPT Performance," *Research in Developmental Disabilities* 65 (2017): 46–56; and Evgenia Nastou, Sebastian Ocklenburg, and Marietta Papadatou-Pastou, "Handedness in ADHD: Meta-Analyses," *PsyArXiv* (2020), https://psyarxiv.com/zyrvg/.

13. Saskia Haegens, Barbara F. Händel, and Ole Jensen, "Top-Down Controlled Alpha Band Activity in Somatosensory Areas Determines Behavioral Performance in a Discrimination Task," *Journal of Neuroscience* 31, no. 14 (2011): 5197–5204.

14. Rebecca J. Compton et al., "Cognitive Control in the Intertrial Interval: Evidence from EEG Alpha Power," *Psychophysiology* 48, no. 5 (2011): 583–590.

15. Brian Erickson et al., "Resting-State Brain Oscillations Predict Trait-Like Cognitive Styles," *Neuropsychologia* 120 (2018): 1–8.

16. For explanation see "Turtles all the way down," Wikipedia, accessed on 04/02/ 2020, https://en.wikipedia.org/wiki/Turtles_all_the_way_down/.

17. Robert M. Sapolsky, *Behave: The Biology of Humans at Our Best and Worst* (Penguin, 2017).

18. Andrea Stocco, Christian Lebiere, and John R. Anderson, "Conditional Routing of Information to the Cortex: A Model of the Basal Ganglia's Role in Cognitive Coordination," *Psychological Review* 117, no. 2 (2010):541.

19. Chantel S. Prat and Marcel Adam Just, "Exploring the Neural Dynamics Underpinning Individual Differences in Sentence Comprehension," *Cerebral Cortex* 21, no. 8 (2011): 1747–1760.

20. See, for example, Andrea Stocco and Chantel S. Prat, "Bilingualism Trains Specific Brain Circuits Involved in Flexible Rule Selection and Application,"

Brain and Language 137 (2014): 50–61; and A. Stocco et al., "Bilingual Brain Training: A Neurobiological Framework of How Bilingual Experience Improves Executive Function," *International Journal of Bilingualism* 18, no. 1 (2014): 67–92.

21. Rajesh K. Kana, Lauren E. Libero, and Marie S. Moore, "Disrupted Cortical Connectivity Theory as an Explanatory Model for Autism Spectrum Disorders," *Physics of Life Reviews* 8, no. 4 (2011): 410–437; and our commentary: Chantel S. Prat and Andrea Stocco, "Information Routing in the Basal Ganglia: Highways to Abnormal Connectivity in Autism?: Comment on 'Disrupted Cortical Connectivity Theory as an Explanatory Model for Autism Spectrum Disorders' by Kana et al.," *Physics of Life Reviews* 9, no. 1 (2012): 1.

22. Chantel S. Prat et al., "Basal Ganglia Impairments in Autism Spectrum Disorder Are Related to Abnormal Signal Gating to Prefrontal Cortex," *Neuropsychologia* 91 (2016): 268–281.

第五章：適應

1. See, for example, John Medina, *Brain Rules: 12 Principles for Surviving and Thriving at Work, Home, and School* (Seattle: Pear Press, 2011).

2. Jessica Ash and Gordon G. Gallup, "Paleoclimatic Variation and Brain Expansion During Human Evolution," *Human Nature* 18, no. 2 (2007): 109–124.

3. William James, *Principles of Psychology* (1863).

4. For a recent review, see Arun Asok et al., "Molecular Mechanisms of the Memory Trace," *Trends in Neurosciences* 42, no. 1 (2019): 14–22.

5. Decision Lab 的網站上有更淺明的解釋：https://thedecisionlab.com/reference-guide/neuroscience/hebbian-learning/.

6. 這段出自 Hebb（1949）本人刊登在 SuperCamp 上的文章，但我沒有找到其他來源可作佐證：https://www.supercamp.com/what-does-neurons-that-fire-together-wire-together-mean/.

7. Patricia K. Kuhl, "The Development of Speech and Language," *Mechanistic*

Relationships Between Development and Learning (1998): 53–73.

8. Patricia Kuhl, "The Linguistic Genius of Babies," TED Talk, uploaded to YouTube on February 18, 2011, https://www.youtube.com/watch?v=G2X BIkHW954/.

9. "How to do a Pullover on Bars," uploaded by TC2 on December 2, 2014, https://www.youtube.com/watch?v=DzW1TnJChD0/.

10. See, for example, Richard M. Suinn, "Mental Practice in Sport Psychology: Where Have We Been, Where Do We Go?" *Clinical Psychology: Science and Practice* 4, no. 3 (1997): 189–207; Lars Nyberg et al., "Learning by Doing Versus Learning by Thinking: An fMRI Study of Motor and Mental Training," *Neuropsychologia* 44, no. 5 (2006): 711–717; and Carl-Johan Olsson, Bert Jonsson, and Lars Nyberg, "Learning by Doing and Learning by Thinking: An fMRI Study of Combining Motor and Mental Training," *Frontiers in Human Neuroscience* 2 (2008): 5.

11. Viorica Marian, Henrike K. Blumenfeld, and Margarita Kaushanskaya, "Language Experience and Proficiency Questionnaire (LEAP Q)" (2018).

12. A. Stocco et al., "Bilingual Brain Training: A Neurobiological Framework of How Bilingual Experience Improves Executive Function," *International Journal of Bilingualism* 18, no. 1 (2014): 67–92; Brianna L. Yamasaki, Andrea Stocco, and Chantel S. Prat, "Relating Individual Differences in Bilingual Language Experiences to Executive Attention," *Language, Cognition and Neuroscience* 33, no. 9 (2018): 1128–1151; Kinsey Bice et al., "Bilingual Language Experience Shapes Resting-State Brain Rhythms," *Neurobiology of Language* 1, no. 3 (2020): 288–318; and Brianna L. Yamasaki et al., "Effects of Bilingual Language Experience on Basal Ganglia Computations: A Dynamic Causal Modeling Test of the Conditional Routing Model," *Brain and Language* 197 (2019): 104665.

13. Lexical facts, *The Economist*, May 29, 2013, https://www.economist.com/ johnson/2013/05/29/lexical-facts based on data collected from testyourvocab. com/.

14. Thomas Balmès, dir., *Babies*, Focus Features, April 14, 2010.

15. See, for example, Helmut V. B. Hirsch and D. N. Spinelli, "Visual Experience

Modifies Distribution of Horizontally and Vertically Oriented Receptive Fields in Cats," *Science* 168, no. 3933 (1970): 869–871; Helmut V. B. Hirsch and D. N. Spinelli, "Modification of the Distribution of Receptive Field Orientation in Cats by Selective Visual Exposure During Development," *Experimental Brain Research* 12, no. 5 (1971): 509–527; and N. W. Daw and H. J. Wyatt, "Kittens Reared in a Unidirectional Environment: Evidence for a Critical Period," *Journal of Physiology* 257, no. 1 (1976): 155–170.

16. Pascal Wallisch, "Illumination Assumptions Account for Individual Differences in the Perceptual Interpretation of a Profoundly Ambiguous Stimulus in the Color Domain: 'The Dress,' " *Journal of Vision* 17, no. 4 (2017): 5.

17. B. Keith Payne, "Prejudice and Perception: The Role of Automatic and Controlled Processes in Misperceiving a Weapon," *Journal of Personality and Social Psychology* 81, no. 2 (2001): 181.

18. B. Keith Payne, "Weapon Bias: Split-Second Decisions and Unintended Stereotyping," *Current Directions in Psychological Science* 15, no. 6 (2006): 287–291.

19. Malcolm Gladwell, *Blink: The Power of Thinking Without Thinking* (Little, Brown, 2006).

20. See, for example, Judith F. Kroll et al., "Language Selection in Bilingual Speech: Evidence for Inhibitory Processes," *Acta Psychologica* 128, no. 3 (2008): 416–430.

21. Andrea Stocco and Chantel S. Prat, "Bilingualism Trains Specific Brain Circuits Involved in Flexible Rule Selection and Application," *Brain and Language* 137 (2014): 50–61.

22. Bice, Yamasaki, and Prat, "Bilingual Language Experience."

第六章：導航

1. Oprah Winfrey, Oprah's Life Class, first aired October 19, 2011, https://www.oprah.com/oprahs-lifeclass/the-powerful-lesson-maya-angelou-taught-oprah-video/.

2. Eckhart Tolle, *A New Earth: Awakening to Your Life's Purpose* (Penguin, 2006).

3. Daniel Kahneman, on *Thinking Fast and Slow* (2011) as cited in Ariella S. Kristal and Laurie R. Santos, "GI Joe Phenomena: Understanding the Limits of Metacognitive Awareness on Debiasing," Harvard Business School Working Paper, 2021.

4. Andy Tennant, dir., Hitch, Sony Pictures, February 11, 2005. You can find this scene on YouTube: "Hitch (6/ 8) Movie CLIP-Dance Lessons (2005) HD," uploaded by Movieclips on October 6, 2012.

5. Michael J. Frank, Lauren C. Seeberger, and Randall C. O'Reilly, "By Carrot or by Stick: Cognitive Reinforcement Learning in Parkinsonism," *Science* 306, no. 5703 (2004): 1940–1943.

6. J. Raven, J. C. Raven, and J. H. Court, *Manual for Raven's Advanced Progressive Matrices* (Oxford Psychologists Press, 1998).

7. Andrea Stocco, Chantel S. Prat, and Lauren K. Graham, "Individual Differences in Reward-Based Learning Predict Fluid Reasoning Abilities," *Cognitive Science* 45, no. 2 (2021): e12941.

8. Roger Brown and David McNeill, "The 'Tip of the Tongue' Phenomenon," *Journal of Verbal Learning and Verbal Behavior* 5, no. 4 (1966): 325–337.

9. Meredith A. Shafto et al., "On the Tip the-Tongue: Neural Correlates of Increased Word-Finding Failures in Normal Aging," *Journal of Cognitive Neuroscience* 19, no. 12 (2007): 2060–2070; and Christopher J. Schmank and Lori E. James, "Adults of All Ages Experience Increased Tip the-Tongue States Under Ostensible Evaluative Observation," *Aging, Neuropsychology, and Cognition* 27, no. 4 (2020): 517–531.

10. "1,000,000 Dominoes Falling Is Oddly SATISFYING," YouTube, uploaded by Hevesh5 on December 2, 2017, https://www.youtube.com/watch?v=DQQN_79QrDY/.

11. Kazumasa Z. Tanaka et al., "Cortical Representations Are Reinstated by the Hippocampus During Memory Retrieval," *Neuron* 84, no. 2 (2014): 347–354.

12. Georg F. Striedter, "Evolution of the Hippocampus in Reptiles and Birds," *Journal of Comparative Neurology* 524, no. 3 (2016): 496–517.

13. Laura Lee Colgin, "Five Decades of Hippocampal Place Cells and EEG Rhythms in Behaving Rats," *Journal of Neuroscience* 40, no. 1 (2020):

54–60.

14. Jacob L. S. Bellmund et al., "Navigating Cognition: Spatial Codes for Human Thinking," *Science* 362, no. 6415 (2018).

15. Douglas L. Nelson, Cathy L. McEvoy, and Thomas A. Schreiber, "The University of South Florida Word Association, Rhyme, and Word Fragment Norms," http://w3.usf.edu/FreeAssociation/.

16. Charan Ranganath and Maureen Ritchey, "Two Cortical Systems for Memory-Guided Behaviour," *Nature Reviews Neuroscience* 13, no. 10 (2012): 713–726.

17. Mladen Sormaz et al., "Knowing What from Where: Hippocampal Connectivity with Temporoparietal Cortex at Rest Is Linked to Individual Differences in Semantic and Topographic Memory," *Neuroimage* 152 (2017): 400–410.

18. James V. Haxby et al., "Distributed and Overlapping Representations of Faces and Objects in Ventral Temporal Cortex," *Science* 293, no. 5539 (2001): 2425–2430.

19. Marcel Adam Just et al., "A Neurosemantic Theory of Concrete Noun Representation Based on the Underlying Brain Codes," *PloS one* 5, no. 1 (2010): e8622.

20. Marcel Adam Just et al., "Machine Learning of Neural Representations of Suicide and Emotion Concepts Identifies Suicidal Youth," *Nature Human Behaviour* 1, no. 12 (2017): 911–919.

21. Katherine L. Alfred, Megan E. Hillis, and David J. M. Kraemer, "Individual Differences in the Neural Localization of Relational Networks of Semantic Concepts," *Journal of Cognitive Neuroscience* 33, no. 3 (2021): 390–401.

22. Svetlana V. Shinkareva et al., "Using fMRI Brain Activation to Identify Cognitive States Associated with Perception of Tools and Dwellings," *PloS one* 3, no. 1 (2008): e1394.

第七章：探索

1. For a fun read with a video, see Emily Osterloff, "Immortal Jellyfish: The Secret to Cheating Death," *What on Earth?* Natural History Museum, viewed

November 9, 2021, https://www.nhm.ac.uk/discover/immortal-jellyfish-secretcheating-death.html/.

2. Kelsey Lucca and Makeba Parramore Wilbourn, "Communicating to Learn: Infants' Pointing Gestures Result in Optimal Learning," *Child Development* 89, no. 3 (2018): 941–960; and Kelsey Lucca and Makeba Parramore Wilbourn, "The What and the How: Information-Seeking Pointing Gestures Facilitate Learning Labels and Functions," *Journal of Experimental Child Psychology* 178 (2019): 417–436.

3. M. J. Gruber and C. Ranganath, "How Curiosity Enhances Hippocampus-Dependent Memory: The Prediction, Appraisal, Curiosity, and Exploration (PACE) Framework," *Trends in Cognitive Sciences* 23, no. 12 (2019): 1014–1025.

4. IFunny.co, https://ifunny.co/picture/when-you-rebad-day-just-CvV1MzAk4/.

5. 蘇格拉底悖論的翻譯眾多,諸如:「The wisest man admits that he knows nothing。」或:「I know that I know nothing。」儘管這句話被認為語出蘇格拉底,但其只見於《申辯篇》(*Apology*)——柏拉圖記載蘇格拉底語錄的著作——中。以下論著對此有更詳細的探討:Gail Fine, "Does Socrates Claim to Know That He Knows Nothing?" *Oxford Studies in Ancient Philosophy* 35 (2008): 49–88.

6. 亞里士多德在《形而上學》中的完整記載為:「求知為**所有人**之天性。我們好於使用我們的感官,就是一項證據。即使沒有實質的效用,人們依然喜好使用他們的感官,其中又以視覺最受重視。不只是為了要有所行動,即使是無所作為,我們依然傾向使用視覺,而不是其他感官。原因在於,感官能讓我們了解並分辨不同事物的差異。」這部作品在公元前四世紀寫成,並於一九二四年首次由 W. D. Ross 大量印刷。

7. Frank D. Naylor, "A State-Trait Curiosity Inventory," *Australian Psychologist* 16, no. 2 (1981): 172–183; and Jordan A. Litman and Charles D. Spielberger, "Measuring Epistemic Curiosity and Its Diversive and Specific Components," *Journal of Personality Assessment* 80, no. 1 (2003): 75–86.

8. The original "Ich habe keine besondere Begabung, sondern bin nur leidenschaftlich neugierig" appeared in a letter he wrote to Carl Seelig on March 11, 1952, *Einstein Archives* 39–013.

9. D. Falk, "New Information About Albert Einstein's Brain," *Frontiers in Evolutionary Neuroscience* 1, 3 (2009); D. Falk, F. E. Lepore, and A. Noe, "The Cerebral Cortex of Albert Einstein: A Description and Preliminary Analysis of Unpublished Photographs," *Brain* 136, no. 4 (2013): 1304–1327; and W. Men et al., "The Corpus Callosum of Albert Einstein's Brain: Another Clue to His High Intelligence?" *Brain* 137, no. 4 (2014): e268–e268.

10. Peter Schwenkreis et al., "Assessment of Sensorimotor Cortical Representation Asymmetries and Motor Skills in Violin Players," *European Journal of Neuroscience* 26, no. 11 (2007): 3291–3302.

11. Ashvanti Valji, "Individual Differences in Structural-Functional Brain Connections Underlying Curiosity" (PhD diss., Cardiff University, 2020).

12. See, for example, Michael F. Bonner and Amy R. Price, "Where Is the Anterior Temporal Lobe and What Does It Do?" *Journal of Neuroscience* 33, no. 10 (2013): 4213–4215.

13. Giovanna Mollo et al., "Oscillatory Dynamics Supporting Semantic Cognition: MEG Evidence for the Contribution of the Anterior Temporal Lobe Hub and Modality-Specific Spokes," *PloS One* 12, no. 1 (2017): e0169269.

14. 《維基百科》對此有清晰的說明："Diffusion MRI," Wikipedia, accessed on November 9, 2021, https://en.wikipedia.org/wiki/Diffusion_MRI/.

15. Ashvanti Valji et al., "Curious Connections: White Matter Pathways Supporting Individual Differences in Epistemic and Perceptual Curiosity," bioRxiv. org (2019): 642165.

16. Min Jeong Kang et al., "The Wick in the Candle of Learning: Epistemic Curiosity Activates Reward Circuitry and Enhances Memory," *Psychological Science* 20, no. 8 (2009): 963–973.

17. Lara Schlaffke et al., "Learning Morse Code Alters Microstructural Properties in the Inferior Longitudinal Fasciculus: A DTI Study," *Frontiers in Human Neuroscience* 11 (2017): 383.

18. Wolfram Schultz, Peter Dayan, and P. Read Montague, "A Neural Substrate of Prediction and Reward," *Science* 275, no. 5306 (1997): 1593–1599.

19. Kang et al., "The Wick in the Candle," xvii.

20. Romain Ligneul, Martial Mermillod, and Tiffany Morisseau, "From Relief

to Surprise: Dual Control of Epistemic Curiosity in the Human Brain,"
NeuroImage 181 (2018): 490–500.

21. Matthias J. Gruber, Bernard D. Gelman, and Charan Ranganath, "States of
Curiosity Modulate Hippocampus-Dependent Learning via the Dopaminergic
Circuit," *Neuron* 84, no. 2 (2014): 486–496.

22. Johnny King L. Lau et al., "Shared Striatal Activity in Decisions to Satisfy
Curiosity and Hunger at the Risk of Electric Shocks," *Nature Human
Behaviour* 4, no. 5 (2020): 531–543.

23. Jay J. Van Bavel and Andrea Pereira, "The Partisan Brain: An Identity-Based
Model of Political Belief," *Trends in Cognitive Sciences* 22, no. 3 (2018):
213–224.

第八章：連結

1. Malcolm Gladwell, *Talking to Strangers: What We Should Know About the
People We Don't Know* (Penguin UK, 2019).

2. 《權力遊戲》的粉絲應該會知道，這句在書中最初是內德‧史塔克
（Ned Stark）和艾莉亞（Arya）的對話內容，出自於以下這集：George
R. R. Martin, *A Game of Thrones* (A Song of Ice and Fire, Book 1) (Spectra,
1996); 不過在影集中，這句話由珊莎‧史塔克（Sansa Stark）說出。

3. See, for example, Jacqueline M. McGrath, "Touch and Massage in the
Newborn Period: Effects on Biomarkers and Brain Development," *Journal of
Perinatal & Neonatal Nursing* 23, no. 4 (2009): 304–306.

4. Jane Leserman et al., "Progression to AIDS: The Effects of Stress, Depressive
Symptoms, and Social Support," *Psychosomatic Medicine* 61, no. 3 (1999):
397–406.

5. Julianne Holt-Lunstad and Timothy B. Smith, "Social Relationships and
Mortality," *Social and Personality Psychology Compass* 6, no. 1 (2012): 41–53.

6. Jonathan W. Kanter et al., "An Integrative Contextual Behavioral Model of
Intimate Relations," *Journal of Contextual Behavioral Science* (2020).

7. *Westworld*, season 1, episode 6, dir. Frederick E. O. Toye, HBO, original
air date November 6, 2016. See "[Westworld] Maeve 'No one knows what

I'm thinking,' " YouTube, uploaded November 7, 2016, by Westworld Best Scenes, https:// www.youtube.com/watch?v=qVdlnH81ON0/.

8. Mark D. White, "What It Means to Know Someone," *Psychology Today*, December 2010, https://www.psychologytoday.com/us/blog/maybe-its-me/201012/what-it-means-know-someone/.

9. David Matheson, "Knowing Persons," *Dialogue* 49, no. 3 (2010): 435–53.

10. Simon Baron-Cohen et al., "The 'Reading the Mind in the Eyes' Test Revised Version: A Study with Normal Adults, and Adults with Asperger Syndrome or High-Functioning Autism," *Journal of Child Psychology and Psychiatry* 42, no. 2 (2001): 241–251.

11. Giacomo Rizzolatti, "The Mirror Neuron System and Its Function in Humans," *Anatomy and Embryology* 210, no. 5–6 (2005): 419–421.

12. Carolyn Parkinson, Adam M. Kleinbaum, and Thalia Wheatley, "Similar Neural Responses Predict Friendship," *Nature Communications* 9, no. 1 (2018): 1–14.

13. Ryan Hyon et al., "Similarity in Functional Brain Connectivity at Rest Predicts Interpersonal Closeness in the Social Network of an Entire Village," *Proceedings of the National Academy of Sciences* 117, no. 52 (2020): 33149–33160.

14. Janet W. Astington, Paul L. Harris, and David R. Olson, eds., *Developing Theories of Mind* (CUP Archive, 1988).

15. See Paul Bloom and Tim P. German, "Two Reasons to Abandon the False Belief Task as a Test of Theory of Mind," *Cognition* 77, no. 1 (2000): B25–B31; and Lynn S. Liben, "Perspective-Taking Skills in Young Children: Seeing the World Through Rose-Colored Glasses," *Developmental Psychology* 14, no. 1 (1978): 87.

16. Sara M. Schaafsma et al., "Deconstructing and Reconstructing Theory of Mind," *Trends in Cognitive Sciences* 19, no. 2 (2015): 65–72.

17. Juli Stietz et al., "Dissociating Empathy from Perspective-Taking: Evidence from Intra-and Inter-Individual Differences Research," *Frontiers in Psychiatry* 10 (2019): 126.

18. For review, see Josef Perner and Birgit Lang, "Development of Theory of

Mind and Executive Control," *Trends in Cognitive Sciences* 3, no. 9 (1999): 337–344.

19. Stephanie M. Carlson and Louis J. Moses, "Individual Differences in Inhibitory Control and Children's Theory of Mind," *Child Development* 72, no. 4 (2001): 1032–1053.

20. Claire Hughes et al., "Origins of Individual Differences in Theory of Mind: From Nature to Nurture?" *Child Development* 76, no. 2 (2005): 356–370.

21. Naomi P. Friedman et al., "Individual Differences in Executive Functions Are Almost Entirely Genetic in Origin," *Journal of Experimental Psychology: General* 137, no. 2 (2008): 201.

22. Jennifer M. Jenkins and Janet Wilde Astington, "Theory of Mind and Social Behavior: Causal Models Tested in a Longitudinal Study," *Merrill-Palmer Quarterly* 46, no. 2 (2000): 203–220.

23. Elizabeth Meins et al., "Rethinking Maternal Sensitivity: Mothers' Comments on Infants' Mental Processes Predict Security of Attachment at 12 Months," *Journal of Child Psychology and Psychiatry* 42, no. 5 (2001): 637–648.

24. Elizabeth Meins et al., "Maternal Mind-Mindedness and Attachment Security as Predictors of Theory of Mind Understanding," *Child Development* 73, no. 6 (2002): 1715–1726.

25. Victoria Leong et al., "Mother-Infant Interpersonal Neural Connectivity Predicts Infants' Social Learning," *PsyArXiv* (2019), https://doi.org/10.31234/osf.io/gueaq.

26. See Gerald Gimpl and Falk Fahrenholz, "The Oxytocin Receptor System: Structure, Function, and Regulation," *Physiological Reviews* 81, no. 2 (2001): 629–683; and Tiffany M. Love, "Oxytocin, Motivation and the Role of Dopamine," *Pharmacology Biochemistry and Behavior* 119 (2014): 49–60.

27. Markus Heinrichs and Gregor Domes, "Neuropeptides and Social Behaviour: Effects of Oxytocin and Vasopressin in Humans," *Progress in Brain Research* 170 (2008): 337–350.

28. Naomi Scatliffe et al., "Oxytocin and Early Parent-Infant Interactions: A Systematic Review," *International Journal of Nursing Sciences* 6, no. 4 (2019): 445–453; and Ilanit Gordon et al., "Oxytocin and the Development of

Parenting in Humans," *Biological Psychiatry* 68, no. 4 (2010): 377–382.

29. Gordon et al., "Oxytocin and the Development of Parenting."

30. Raymond Nowak et al., "Neonatal Suckling, Oxytocin, and Early Infant Attachment to the Mother," *Frontiers in Endocrinology* 11 (2021).

31. Dorothy Vittner et al., "Increase in Oxytocin from Skin-to-Skin Contact Enhances Development of Parent–Infant Relationship," *Biological Research for Nursing* 20, no. 1 (2018): 54–62.

32. Thomas R. Insel and Lawrence E. Shapiro, "Oxytocin Receptor Distribution Reflects Social Organization in Monogamous and Polygamous Voles," *Proceedings of the National Academy of Sciences* 89, no. 13 (1992): 5981–5985.

33. Jessie R. Williams et al., "Oxytocin Administered Centrally Facilitates Formation of a Partner Preference in Female Prairie Voles (Microtus ochrogaster)," *Journal of Neuroendocrinology* 6, no. 3 (1994): 247–250.

34. T. R. Insel et al., "Oxytocin and the Molecular Basis of Monogamy," *Advances in Experimental Medicine and Biology* 395 (1995): 227–234.

35. Dirk Scheele et al., "Oxytocin Enhances Brain Reward System Responses in Men Viewing the Face of Their Female Partner," *Proceedings of the National Academy of Sciences* 110, no. 50 (2013): 20308–20313.

36. Dirk Scheele et al., "Oxytocin Modulates Social Distance Between Males and Females," *Journal of Neuroscience* 32, no. 46 (2012): 16074–16079.

37. Simone G. Shamay-Tsoory and Ahmad Abu-Akel, "The Social Salience Hypothesis of Oxytocin," *Biological Psychiatry* 79, no. 3 (2016): 194–202.

38. See, for example, Sofia I. Cardenas et al., "Theory of Mind Processing in Expectant Fathers: Associations with Prenatal Oxytocin and Parental Attunement," *Developmental Psychobiology* (2021).

39. Gregor Domes et al., "Oxytocin Improves 'Mind-Reading' in Humans," *Biological Psychiatry* 61, no. 6 (2007): 731–733.

40. Sina Radke and Ellen R. A. de Bruijn, "Does Oxytocin Affect Mind-Reading? A Replication Study," *Psychoneuroendocrinology* 60 (2015): 75–81.

41. Jenni Leppanen et al., "Meta-Analysis of the Effects of Intranasal Oxytocin on Interpretation and Expression of Emotions," *Neuroscience & Biobehavioral Reviews* 78 (2017): 125–144.

42. Jennifer A. Bartz et al., "Social Effects of Oxytocin in Humans: Context and Person Matter," *Trends in Cognitive Sciences* 15, no. 7 (2011): 301–309.

43. Carsten K. W. De Dreu et al., "Oxytocin Promotes Human Ethnocentrism," *Proceedings of the National Academy of Sciences* 108, no. 4 (2011): 1262–1266.

44. F. Sheng et al., "Oxytocin Modulates the Racial Bias in Neural Responses to Others' Suffering," *Biological Psychology* 92, no. 2 (2013): 380–386.

45. Michaela Pfundmair et al., "Oxytocin Promotes Attention to Social Cues Regardless of Group Membership," *Hormones and Behavior* 90 (2017): 136–140.

46. Lauren Powell et al., "The Physiological Function of Oxytocin in Humans and Its Acute Response to Human-Dog Interactions: A Review of the Literature," *Journal of Veterinary Behavior* 30 (2019): 25–32.

47. Anita Williams Woolley et al., "Evidence for a Collective Intelligence Factor in the Performance of Human Groups," *Science* 330, no. 6004 (2010): 686–688.

48. Lisa Bender et al., Social Sensitivity and Classroom Team Projects: An Empirical Investigation," *Proceedings of the 43rd ACM Technical Symposium on Computer Science Education* (2012): 403–408.

49. David Engel et al., "Reading the Mind in the Eyes or Reading Between the Lines? Theory of Mind Predicts Collective Intelligence Equally Well Online and Face Face," *PloS One* 9, no. 12 (2014): e115212.

科普漫遊 FQ1082

解密「你」的大腦設計圖

你的大腦為何與眾不同？神經科學家帶你深入你的腦袋，
解開它的設計與運作之謎

The Neuroscience of You:
How Every Brain Is Different and How to Understand Yours

作　　　者	香蒂爾‧帕特（Chantel Prat）	
譯　　　者	王年愷	
責 任 編 輯	黃家鴻	
封 面 設 計	Dinner Illustration	
排　　　版	陳瑜安	
行 銷 業 務	陳彩玉、林詩玟、李振東	

發 行 人　　涂玉雲
編 輯 總 監　劉麗真
總 編 輯　　謝至平
出　　　版　臉譜出版
　　　　　　城邦文化事業股份有限公司
　　　　　　台北市民生東路二段 141 號 5 樓
　　　　　　電話：886-2-25007696　傳真：886-2-25001952
發　　　行　英屬蓋曼群島商家庭傳媒股份有限公司城邦分公司
　　　　　　台北市中山區民生東路 141 號 11 樓
　　　　　　客服專線：02-25007718；25007719
　　　　　　24 小時傳真專線：02-25001990；25001991
　　　　　　服務時間：週一至週五上午 09:30-12:00；下午 13:30-17:00
　　　　　　劃撥帳號：19863813　戶名：書虫股份有限公司
　　　　　　讀者服務信箱：service@readingclub.com.tw
　　　　　　城邦網址：http://www.cite.com.tw
香港發行所　城邦（香港）出版集團有限公司
　　　　　　香港九龍九龍城土瓜灣道 86 號順聯工業大廈 6 樓 A 室
　　　　　　電話：852-25086231　傳真：852-25789337
　　　　　　電子信箱：hkcite@biznetvigator.com
新馬發行所　城邦（新、馬）出版集團
　　　　　　Cite（M）Sdn. Bhd.（458372U）
　　　　　　41, Jalan Radin Anum, Bandar Baru Seri Petaling,
　　　　　　57000 Kuala Lumpur, Malaysia.
　　　　　　電話：+6（03）90563833
　　　　　　傳真：+6（03）90576622
　　　　　　電子信箱：services@cite.my

一版一刷　2024 年 1 月

ISBN　978-626-315-422-3（紙本書）
　　　　978-626-315-413-1（EPUB）

城邦讀書花園
www.cite.com.tw

售價：NT 480 元

版權所有‧翻印必究（Printed in Taiwan）
（本書如有缺頁、破損、倒裝，請寄回更換）

國家圖書館出版品預行編目資料

解密「你」的大腦設計圖：你的大腦為何與眾不
同？神經科學家帶你深入你的腦袋，解開它的設計
與運作之謎／香蒂爾‧帕特（Chantel Prat）著；王
年愷譯. -- 一版. -- 臺北市：臉譜出版，城邦文化事
業股份有限公司出版：英屬蓋曼群島商家庭傳媒股
份有限公司城邦分公司發行, 2024.01
　　面；公分．（科普漫遊；FQ1082）
　　譯自：The neuroscience of you : how every brain
　　　　is different and how to understand yours.
　　ISBN　978-626-315-422-3（平裝）

1. CST: 腦部　2. CST: 神經學
394.911　　　　　　　　　　　　　112019062